JN073240

創るためのＡＩ

機械と創造性のはてしない物語

徳井直生 著

Computational Creativity and Beyond

Nao Tokui

目次

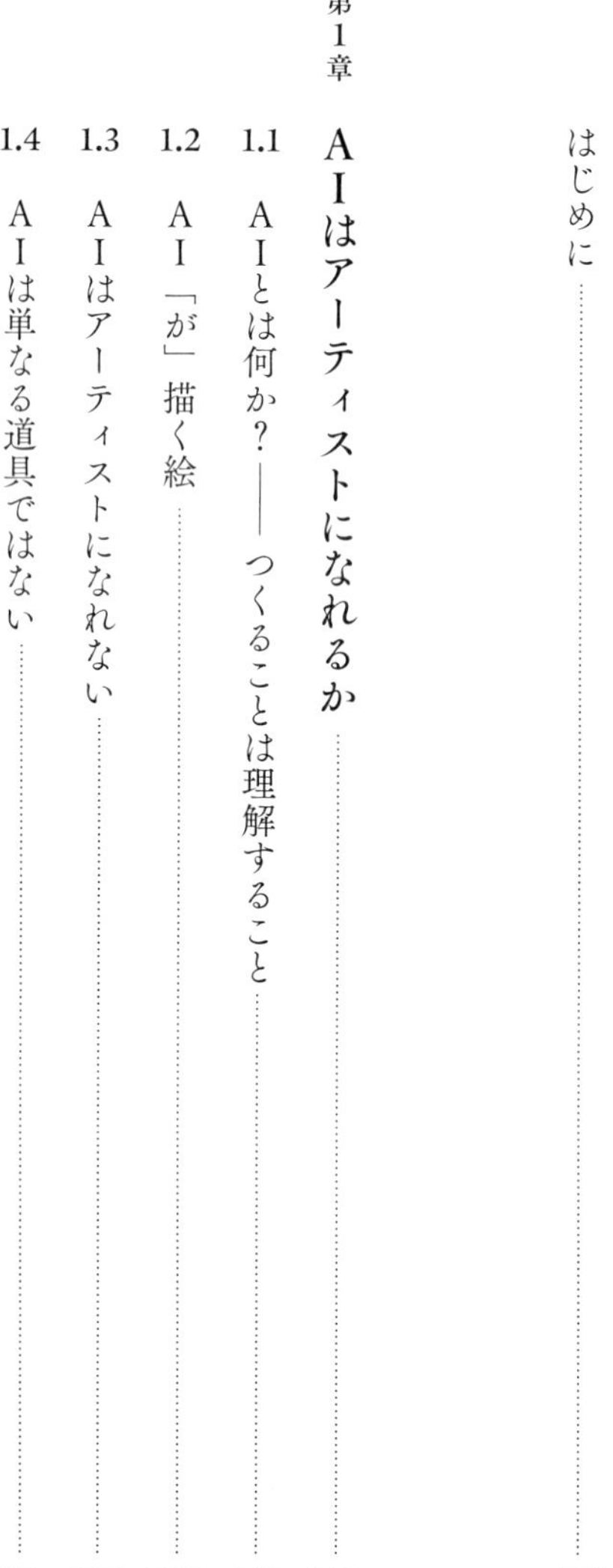

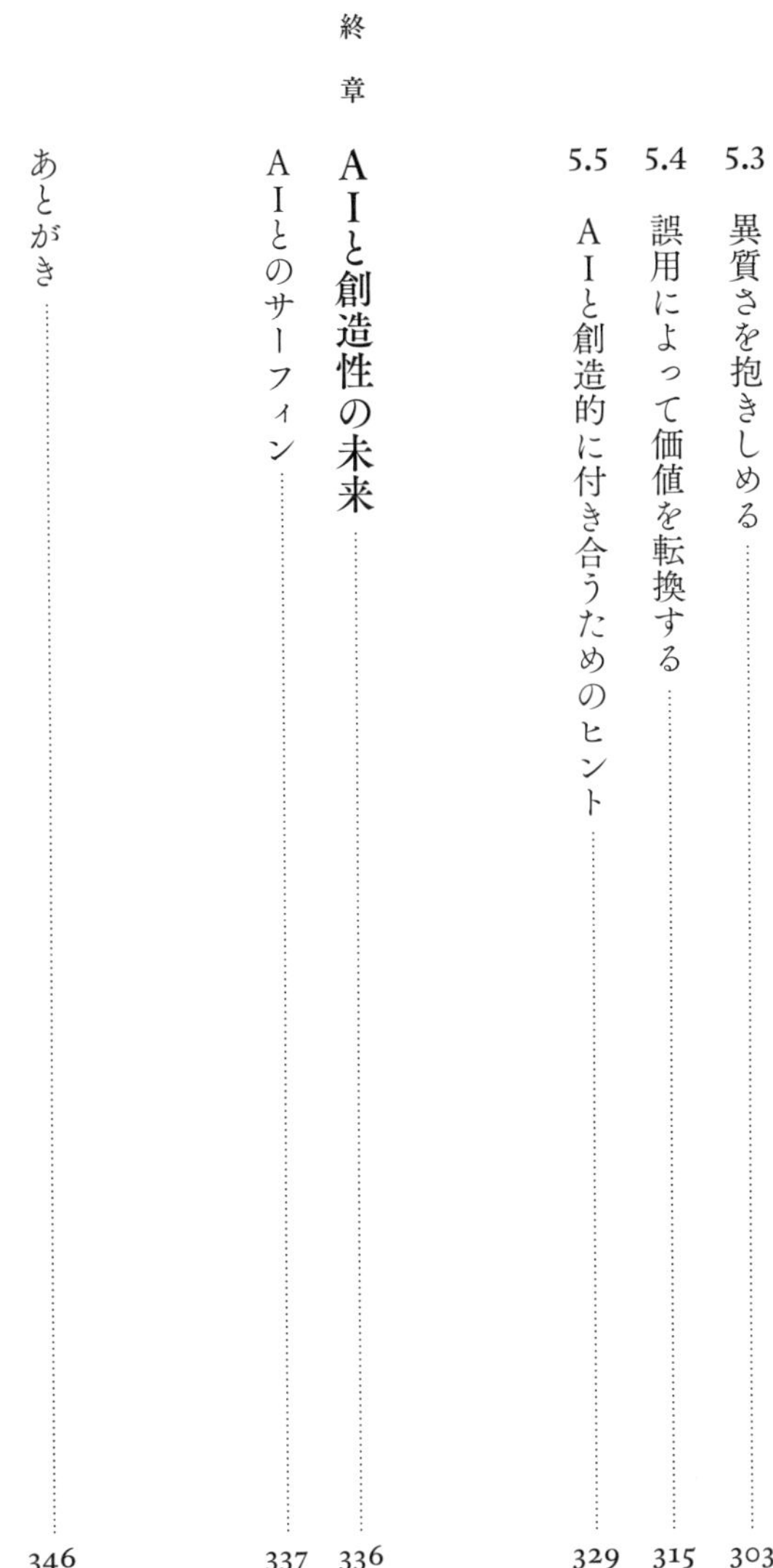

はじめに

この本は、Artificial Intelligence（ＡＩ）＝人工知能を用いたアートや音楽に関する取り組みを題材に、人間の創造性とＡＩの関係、その未来像についての考察をまとめたものです。世界中で行われている現在進行形の取り組みとともに、エポックメイキングな出来事や、筆者自身のプロジェクトも紹介します。

２０１０年代以降、社会におけるＡＩへの注目度は急速に増しています。日常の何気ない会話の中にも登場するほど、気づかないあいだに私たちの生活に浸透しつつあるＡＩ。一方で、ＡＩの実像について理解できている人は比較的少ないのではないでしょうか。

「近いうちにＡＩが人間の能力を凌駕する」、「ＡＩが仕事を奪う」といった話がマスメディアでまことしやかに囁かれ、「ＡＩ時代」を生き抜くために必要な能力を議論する書籍をよく目にするようになりました。機械的な計算を超人的なスピードと正確性でこなすＡＩに対して、「人間のアドバンテージは機械にはない創造性にある」、「ＡＩ時代を生き抜くためには創造性を養う必要がある」、そんな議論もよく耳にします。

本書はこうした類書とは、趣旨が大きく異なります。

本書では、創造性を持つ人間と、持たないＡＩという二項対立で捉えるのではなく、まずは「機械は創造性を持ち得ない」という先入観を疑ってみることとします。その上で、「ＡＩも人とは違う創造性を持ち得るのではないか」という仮説に基づいて議論を進めます。かといって、ＡＩ万能論に与しようというわけではもちろんありません。ＡＩの限界をよく理解した上で、ＡＩが持ち得る創造性とはどんなものかを考えてみようというわけです。創造性という極めて人間的な心の働きをＡＩという人工物の上で、模倣することで改めて見えてくるもの、ＡＩとは異なる人間ならではの特徴を見定めようという考えです。別の言い方をすると、ＡＩが持ち得る創造性にまで定義を広げて捉えることで、私たち人間の創造性について、新しい視座を得ようとする試みともいえます。

例えば、鳥たちが飛行機を見て、「あいつは真に空を飛ぶとはいえない。なぜなら羽ばたかないから」と話し合っていたとしたらどうでしょうか。たとえ鳥のように羽ばたく羽を持っていなかったとしても、飛行機を分析することで、空を飛ぶ仕組みの理解を深められるはずです。

そもそも、ＡＩをめぐる議論で気になる点があります。それは、ＡＩが私たちの仕事を奪うといった話にあるように、人間に対する対立項としてＡＩを扱いがちだという点です。囲碁や将棋における「ＡＩ対人間」の構図の印象が強すぎるのでしょうか。創造性に関わるような領域においても、ＡＩと人を対比する議論が支配的です。本書で大事にしたいのは、ＡＩか人か、ＡＩオア人ではなく、人プラスＡＩという見方です。ＡＩを用いることで、人の能力、特に創造性をどのように拡張できるのか、様々なＡＩを用いた作品や最新の事例を通して考察します。

あらゆる産業、商品がコモディティ化しつつある世界の流れの中で、今後ますます創造性が重要になるといわれます。その一つの解決策として、ＡＩを活用した創造性の拡張は、社会的なインパクトをもたらすでしょう。本書では、アートや音楽のような表現領域での議論を通して、より広い社会的なコンテクストにおける創造性一般についても言及します。創造性という極めて人間的な領域を捉え直すことは、これからさらに社会の隅々に入り込んでいくであろうＡＩと、私たち人間との関係性の未来を見据える上でも、重要な試金石になると信じています。一方で、ＡＩによる自動化がもたらす弊害から、創作の領域も無関係というわけにはいきません。ＡＩが生み出す新たな問題、歪みについても整理する必要があるでしょう。

本書ではＡＩについての技術的な話には深入りしていません。日進月歩のＡＩ技術を追いかけ、最新の研究成果を紹介する本でもありません。今となっては原始的で精度が低いＡＩの仕組みも含めて、本質的な違いがなく原理的に現在も変わっていない場合には、数年前の研究をもとに議論を進めています。裏を返せば、本質的な変化をもたらしたと考えられる場合には、まだ評価が定まっていないものも含めて、最新の研究や作品を紹介しています。

本書を読み進める上で、ＡＩ技術の知識は特に必要ありません。取り上げる技術に関しても、必要最小限の説明を加えるのに留めています。筆者としては、十年後、二十年後、たとえ現在の技術が時代遅れになったとしても残るであろう、本質的な考え方を提示することに取り組んだつもりです。

アートや音楽、デザインの領域などで、日常的に創造性を意識する機会が多い方々は、

ＡＩというレンズを通すことで、創造するという行為が全く新しい姿を見せてくれることに驚くはずです。また、「ＡＩがデザイナーやアーティストの仕事さえも奪う」「ＡＩは単に効率化のためのツールであり創造性とは無関係だ」、この両方が間違いであることもわかっていただけるでしょう。

一方で、ＡＩもアートも自分には縁遠いと思われるビジネスパーソンもいらっしゃるかもしれません。そういった皆さんには、１９９０年代末にタイムスリップした自分が、インターネットなんて関係ないと言っているところを想像していただきましょう。現在、インターネットと無関係なビジネスが皆無なように、やがてＡＩも当たり前で不可欠な存在になります。また、グローバル企業の幹部研修として世界のアートスクールに社員を送り込むことが珍しくなくなるなど、アート思考の重要性が幅広い文脈で語られています。本書は、アート思考を機械の観点から解釈し直した本でもあり、ビジネスの世界でも役に立つ視点を提供しています。

また、ＡＩ技術の研究開発に携わる研究者、エンジニアの方々にも、ぜひ本書を手に取っていただきたいと思います。普段皆さんがＡＩと接する際の姿勢と、本書で書かれていることの距離に驚かれるかもしれませんが、きっと新しい角度からＡＩ技術を眺められるようになるはずです。そうした視点の多様性が、より良いＡＩ技術の開発につながることを微力ながら期待しています。

ここで本書の大まかな流れを整理しておきましょう。

まず第1章では本書で用いる言葉を定義し、問題意識の共有を行います。「考える機械」とコンピュータの歴史、AIに対する世の中の人々のイメージ、AIが描いたとする絵画作品などから、AIと創造性に関する論点を探ります。またAIを単なる道具と捉えることの危険性にも触れます。第2章ではAIの観点で創造性そのものを定義することを試みます。生物の進化のメカニズムなどを引き合いに出しつつ、探索という概念で創造性をモデル化します。第3章は、蓄音器やカメラなどを例に、機械によるモノマネが人の創造性を拡張してきた歴史を振り返ります。続く第4章では、AIによる自動化が創作活動にもたらす影響を俯瞰します。そして、第5章では、筆者自身の取り組みを中心とする事例をもとに、AIと創造的に付き合うための具体的なヒントを提示します。

筆者は大学で人工知能を扱う研究室に所属し、その技術的な基礎を学ぶとともに、ニューラルネットワークと進化計算を組み合わせた音楽生成アルゴリズムの研究などに従事しました（それぞれの技術に関しては簡単にあとで触れます）。1990年代後半、いわゆる人工知能の「冬の時代」真っ只中のことです。その傍ら、研究成果を応用し、音楽やメディア・アートの作品を発表していました。こう書くと何だか格好よく聞こえますが、実際には表現への興味が先にあり、自分が好きな領域に関連する分野で卒業論文が書けたらいいなというくらいの軽い気持ちで選んだ進路でした。

当時、クラブミュージックにのめり込んでいた筆者は、自分がDJでかける曲をつくりたいと意気込んで音楽制作を始めました。ところが、小学生の頃にピアノを習った程度で音楽から遠のいていたせいもあり、理想と現実のギャップに阻まれます。楽器が弾けない、楽譜も読めないという自分の実力の限界を棚に上げ、ほかの人がつくれないような独創性のある音楽をつくるにはどうしたらよいか。悩んだ結果、たまたま出会った作品に触発され、人工知能を使って自分の創造性を拡張するというイメージをぼんやりと抱くようになります（この作品に関しても詳しくあとで取り上げます）。結果的にこれが研究室の選択の決め手になるばかりか、その後の人生のテーマになるとは当時は思ってもみませんでした。

当時の自分が取り扱っていたＡＩの技術と現在のそれとでは、性能の面で全く別物といっていいほど隔世の感があります。性能が向上することで、できることの量や質も併せて向上し、応用の幅も広がっているといえますが、ＡＩによって創造性を拡張するという当時の観点は今も変わらず有効だと考えています。一方で、ＡＩの社会実装が進む中で、偏ったＡＩ像が一人歩きしている感もあります。

「僕が思うＡＩの可能性ってそんなもんじゃない。もっと面白く格好よく使えるということを伝えたい」そうした思いから書き始めたのが本書です。ＡＩが私たちの創造性を拡張し、より豊かな生活をもたらす。本書を通して、そんな未来に向けてのヒントを提示できれば幸いです。

第1章

AIはアーティストになれるか

1.1

AIとは何か?——つくることは理解すること

ＡＩの定義

そもそも、人工知能、ＡＩとは何でしょうか？

ＡＩには様々な定義が存在するといわれます[1]。自分が大学四年生になり、ＡＩの研究室に入った際に、先輩に言われた言葉をよく覚えています。「人工知能とは何か、を定義するのが人工知能研究の本質の一つだ」と。

とはいえ定義を定めないと、このあとの議論が進まないので、一旦は「生物、特に人間の知能を人工物、特に計算機（コンピュータ）によって模倣しようとする試み」としておきましょう。

一旦は定義できたところで、次に気になるのは「知能とは何か」という問いです。知能を明確に定義することも、とても難しい問題です。一方で、知能がありそうかどうかは、比較的容易に判断することができます。例えば今、私の手元にあるコーヒーカップには知能がありませんが、庭で寝ている犬には知能があるように少なくとも見えます[2]。

知能を明確に定義することは難しい、でも知能がある振る舞いとない振る舞いは概ねすぐに区別がつく。こうした特徴から、人が見たときに「知能らしきもの」「知能を持っているかのように振る舞う存在」を人工的につくり出すことによって、知能の本質を理解しようとするのが、人工知能研究の根幹です。それが、先に述べた研究室の先輩の言葉につながるわけです。

また、今回の定義で「試み」としている点も重要です。

[1]
松尾豊『人工知能は人間を超えるか―ディープラーニングの先にあるもの』（KADOKAWA、２０１５年）
Massimo Negrotti『Understanding the Artificial: On the Future Shape of Artificial Intelligence』(Springer, １９９１年)
後者の本には百のＡＩの定義がリスト化されています。

[2]
「知能はポルノのようなもの。正確に定義することは難しいが、実際に向き合うと一目でそれとわかる。」
パメラ・マコーダック『コンピュータは考える―人工知能の歴史と展望』（培風館、１９８３年）

ある程度賢い振る舞いをする人工物として、例えばエアコンのサーモスタットのようなものを想起することもできますが、誰もサーモスタットを「ＡＩだ」とは言わないでしょう。では、オセロのプログラムはどうでしょうか。オセロはすでにコンピュータ相手に人は勝てない状況にありますが、そのプログラムをＡＩだと言う人も少ないでしょう。一方で、イ・セドル氏との歴史的な勝負が大きなインパクトを残した囲碁を打つプログラム（DeepMind AlphaGo）や、プロ棋士がソフトウェアから新しい戦術を学ぶことが常識化している将棋を指すプログラムは、未だＡＩという呼び名がしっくりくるように思えます。現在、莫大な研究予算が投じられ、多くの企業や国が研究を推進する自動運転の技術なども、やはりＡＩと呼ぶにふさわしい領域でしょう。ところがこれから三十年後、自律的に移動する車が当たり前になった世界では、自動運転技術はもはやＡＩとはみなされなくなっているかもしれません。

そう、ＡＩがある知的なタスクを完璧にこなせるようになると、人はそのタスクを知的なタスクだとみなさなくなるといわれています。こうした現象は、「ＡＩのジレンマ」あるいは「ＡＩエフェクト」と呼ばれます[3]。ゴールを決めた瞬間にゴールが移動する、そんなサッカーの試合をプレイし続けているのが、ＡＩ研究者たちなのです。試みという言葉には、そんなニュアンスが込められています。「もうちょっとで実現できそうな賢そうな振る舞いを生み出す技術」[4]といった言い方でＡＩを定義してもよさそうです。

[3]
名著として名高い『ゲーデル・エッシャー・バッハ』の中で、ダグラス・ホフスタッターは、「人工知能とはなんであれ、まだ為されていないところのものである」としています。

ダグラス・R・ホフスタッター『ゲーデル、エッシャー、バッハ―あるいは不思議の環 20周年記念版』（白揚社、２００５年）

[4]
「まだちゃんと動作しないものの集合をテクノロジーと呼ぶ」

並列計算機のパイオニアで、『思考する機械コンピュータ』などの著作で有名なダニエル・ヒリスの言葉。

「人工知能」という言葉が１９５６年のダートマス会議［5］において初めて公式に使われたことはよく知られています。会議というと堅苦しい場を想像してしまいますが、実際には、少数の研究者が集まり、一ヶ月半にもわたってざっくばらんに議論するブレインストーミングのような場だったようです。

１９５０年代というと、レイモンド・ローウィ（Raymond Loewy）の流線形で光り輝く自動車や機関車のデザインに象徴される時代であり［6］［fig 1-1］、人工樹脂や人工甘味料などが未来の素材としてもてはやされた頃でもあります。人工（Artificial）という言葉には、戦後のアメリカの技術に対する自信、工業製品がもたらす輝かしい未来のイメージが重ね合わされていたことでしょう。

オーガニックがもてはやされ、「人工」が見せかけだけのニセモノ、紛い物、フェイクといった毒々しいイメージを含むようになった21世紀の現在とは、語感が大きく違っているようです。ＡＩに対してネガティブなイメージを持つ人が少なからずいるのは、現在の「人工」という言葉に対するイメージが影響しているようにも感じます。本来であれば、より中立的な機械知能（Machine Intelligence）といった言葉を使うべきなのかもしれませんが、本書ではより一般的な人工知能、ＡＩで通すことにします。

なお、先に述べた通り、ＡＩが知能を模倣しようとする「試み」である以上、自動運転の

［5］
１９５６年の夏にアメリカ、ニューハンプシャー州のダートマスで開催されたワークショップ。ＡＩという言葉を考案したとされるジョン・マッカーシーによって企画され、マービン・ミンスキー、クロード・シャノンなど、著名なコンピュータ科学者が参加しました。

［6］
レイモンド・ローウイ『口紅から機関車まで―インダストリアル・デザイナーの個人的記録』（鹿島出版会、１９８１年）

［fig 1-1］
レイモンド・ローウィと彼がデザインした蒸気機関車
Morven「PRR-S1-Loewy」Fair use / Wikipedia https://en.wikipedia.org/w/index.php?curid=1213131

ＡＩが搭載された車、音楽生成ＡＩに関する研究といった言い方は不正確で、実際にはＡＩシステム、ＡＩ技術、あるいはＡＩモデル［7］とするのが正しいでしょう。しかし本書では、読みやすさを考え、これらを単にＡＩと呼称しています。適宜読み替えながら、読み進めていただければ幸いです。私個人としては、「Artificial Intelligence」ではなく、人の知能とは異なるオルタナティブな（代替の）知能という意味で「Alternative Intelligence」［8］とでも呼んだほうがよいのではとさえ思っているのですが、それについてはあとで詳しく書くことにしましょう。

ＡＩの技術的な側面については深入りしないと書きましたが、本書の議論を進める上で、必要最低限の言葉はここで触れておくことにします。

ＡＩと混同しやすい言葉として、機械学習（Machine Learning）があります。機械学習はＡＩのサブカテゴリーにあたり［fig 1-2］、入力データとそれに対応する答えの組み合わせから、データに内在するルールを導くことを目的とします。一般的なコンピュータのプログラミングが、人が定めたルールをもとにデータから答えを導くことを目的とするのと比較すると、わかりやすいでしょう［fig 1-3］。ＡＩには、初期のエキスパートシステムに代表されるように、人が一つひとつ定めたルールの集合によって処理を行う、いわゆる「ルールベース」の考え方も存在するため、すべてのＡＩが機械学習のカテゴリーに当てはまるとは限りません。

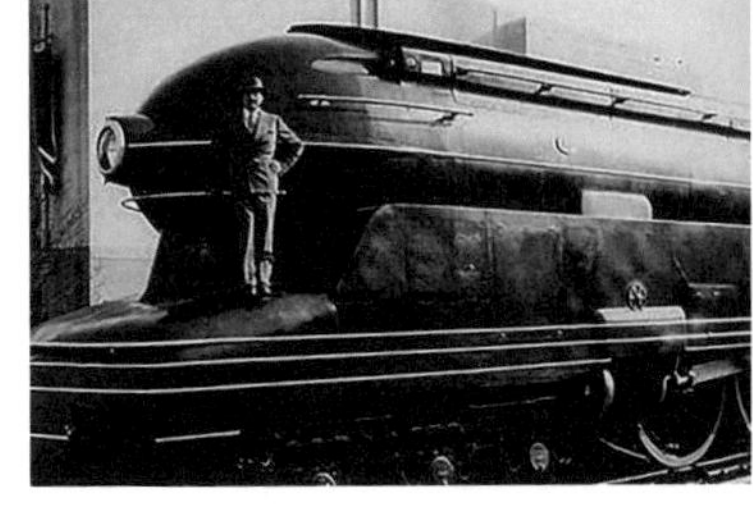

［7］
特定の機能を持ったＡＩのシステムはモデル（model）、モデルの構造はアーキテクチャ（architecture）と呼び、「学習済みモデルを配布する」、「新しい画像認識モデルのアーキテクチャを設計する」といった文脈で使われます。

［8］
Alternative Intelligenceという言葉は、［1］で紹介したMassimo Negrottiの著作にも登場します。

また、機械学習における教師あり学習（supervised learning）と教師なし学習（unsupervised learning）の区分も重要です。教師あり学習では、あらかじめ入力に対して「答え」にあたるデータを用意し、入力に対して正しい答えを出力するように学習を行います。一方で、教師なし学習の場合は、答えにあたるデータが与えられず、入力データの集合から何らかの有益なルールを導きます。教師なし学習の例としては、データの特徴に基づいてグループ化を行うクラスタリングのアルゴリズム[9]などがあります（そのほか、semi-supervised learning、self-supervised learningなどがありますが、ここでは割愛します）。機械学習において学習に用いるデータは、訓練データあるいは学習データ（training data）と呼ばれます。

本書で扱う技術の主役といえば、機械学習の一種、深層学習（Deep Learning）[10]です。２０１０年前後から研究が大きく盛り上がり、昨今のＡＩブームともいえる流れを生み出す原動力となった技術です。深層学習の土台には、脳の神経細胞の機構を数学的にモデル化した人工ニューラルネットワーク（Artificial Neural Network）があります。ニューラルネットワークの研究自体は、半世紀に及ぶ歴史がありますが、インターネットの普及によって学習データが増大したこと、ＧＰＵ[11]などの計算資源が充実したこと、効率的な学習アルゴリズムの発案などが重なり、現在の深層学習の急速な発展につながっています。

深層学習の盛り上がりは、スマートフォンやＳＮＳが広く社会に広まった時期と重なります。これらは深層学習モデルの学習に使える写真データなどがインターネット上に溢れる結果をもたらしました。また、高度な３Ｄグラフィックスを必要とするゲームの需要に応え

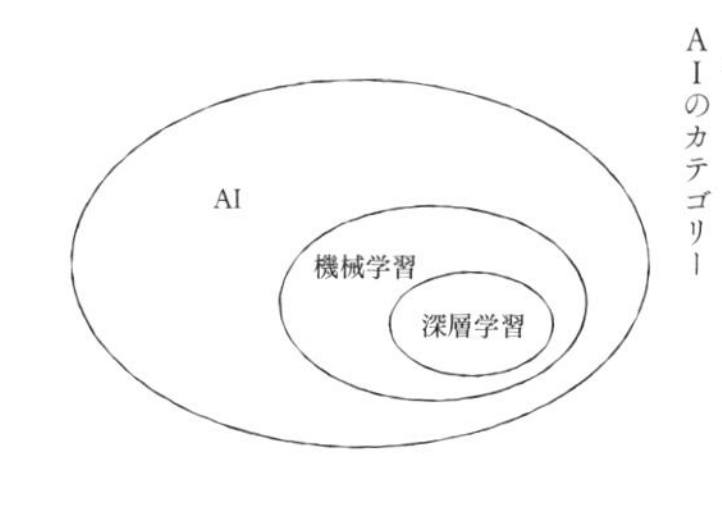

[fig1-2]
ＡＩのカテゴリー

ルール → データ → 従来のプログラミング → 答え
答え → データ → 機械学習 → ルール

[fig1-3]
機械学習と従来のプログラミング

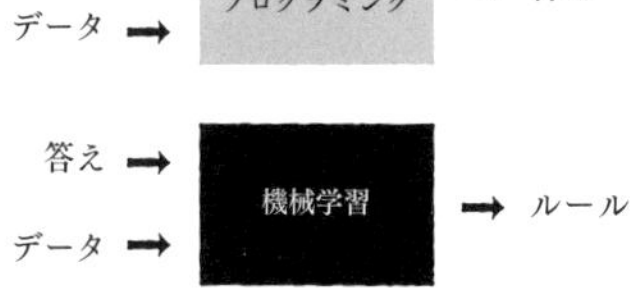

るかたちで発展したＧＰＵ技術が、結果的に深層学習の研究に大きく寄与することとなります。ＧＰＵが得意とする並列計算が、ニューラルネットワークの処理の高速化にも有効だったためです。

本書では、特に断らない限りにおいて、単にＡＩ技術として言及する場合、機械学習、特に深層学習を念頭に置いていることを留意してください。

[9] 計算の方法、手順のこと。

[10] Ian Goodfellow, Yoshua Bengio, Aaron Courville『Deep Learning』(MIT Press, ２０１６年)

[11] 「Graphics Processing Unit」の略で、３Ｄグラフィックスなどの画像描写に必要となる計算処理を行う半導体チップ。

「考える機械」とコンピュータ

一般に見過ごされがちですが、ＡＩとコンピュータそのものの歴史は切っても切り離せない関係にあります。

現在のコンピュータのほとんどが採用するコンピュータ・アーキテクチャは、発案者ジョン・フォン・ノイマン（John von Neumann）の名前をとってノイマン型と呼ばれます。のちにノイマン型と呼ばれることとなるアーキテクチャを発表した論文[12]の中で、すでにノイマンは、コンピュータの動作を「判断」、データの記録装置を「記憶」（メモリ）と呼ぶなど、コンピュータを人の思考に例えています。今となってはコンピュータの記憶装置のことをメモリと呼ぶことになんの抵抗もなく、人の記憶の比喩であることすら忘れているのではないでしょうか。コンピュータ＝機械仕掛けの脳という比喩は、現代の電子コンピュータが誕生した時点で生

[12] John von Neumann「First Draft of a Report on the EDVAC」（１９４５年）

まれていたのです。

コンピュータ科学のもう一人の父、アラン・チューリング（Alan Turing）も、コンピュータを脳と比較し、コンピュータが知性を持ち得るかを問いかけました。チューリングは、第二次世界大戦中にドイツ軍の暗号機械エニグマの解読に大きく貢献したことや、コンピュータ科学の領域におけるノーベル賞とも呼ばれる賞、チューリング賞にその名が残ることでも知られています。

「機械は考えることができるだろうか？」

ダートマス会議に先駆けること数年、１９５０年に発表した記念碑的論文「Computing Machinery and Intelligence（計算機械と知性）」[13]の冒頭で、チューリングはこう問いかけます。この問いに対して、想定される様々な反論を並べ、一つひとつ丁寧に反証していくとともに、「考える機械」の実現可能性を論じています。

機械が人の会話を真似できるようになれば、すなわち画面越しに文字で会話している相手を人間と会話していると勘違いさせることができた時点で、その機械には知能があるとみなしてよいだろう――この論文の中で提案されたイミテーション・ゲーム（Imitation Game）は、現在ではチューリング・テスト（Turing Test）と呼ばれ、ＡＩの知能の有無を測るテストとして広く知られています。

また、チューリングは１９５１年にＢＢＣのラジオ番組の中で行った有名な講演「Can

[13] A. M. Turing「Computing Machinery and Intelligence」／『Mind』Vol.59（１９５０年）

Digital Computers Think?」［14］の中で、デジタル・コンピュータがいずれ「思考する」ようになると考えるのが妥当だと話しています。ただし「今はまだ、コンピュータに思考させるためにどのようにプログラミングしたらいいのか、ほとんど理解が進んでいない」との留保つきではありましたが。

1951年といえば、世界最初の商用コンピュータ、UNIVAC Iが世の中に出たばかり。二十畳程度の部屋を埋め尽くすほどのUNIVAC Iも、今みなさんが手にしているiPhoneに比べるとクロック数で千分の一ほど、メモリに至っては数十万分の一程度しかありませんでした［15］。当時まだコンピュータを実際に見たことのある人がほとんどいない中で、大多数の視聴者がその能力に対して懐疑的だったのも無理はありません。情報処理のレベルで脳の働きとコンピュータの動作には多くの共通点があり、脳の仕組みへの洞察がコンピュータの仕組みへの洞察を高める——それでもチューリングはそう理解していたようです。

また同じ講演の中で、コンピュータが「考える」とする立場に懐疑的な人の多くは、単にその考えが気に食わないだけなのではないかとも語っています。

> もし機械が考えるようになれば、人よりもより賢く考えるようになるかもしれない。そうなれば私たちの存在は一体どうなるのか。少なくとも必要な時に電源を切ることで、機械を従属的な立場に留めておくことができたとしても、我々は種として謙虚にならざるを得ない。［16］

［14］「Turing Archive」 http://turingarchive.org/browse.php/B/5

［15］ https://en.wikipedia.org/wiki/UNIVAC_I https://en.wikipedia.org/wiki/List_of_iOS_devices

［16］ 前出の［14］より抜粋、筆者による日本語訳

現在のＡＩと私たちの関係性をめぐる議論を、先取りするかのような言葉です。

チューリングやノイマンの議論を追うと、コンピュータ自体の来歴と「考える機械」「知能を持つ機械」の実現を目指す取り組みが不可分であることがわかります。

そこから半世紀以上時代は下って現在。「考える機械」を目指す取り組みとともに生まれてきたコンピュータは、私たちの日常生活にすっかり溶け込んでいます。文書やプレゼンテーションを作成してオンライン会議で共有したり、スマートフォンで音楽を聴きながらウェブサイトをブラウズしたりと、コンピュータのない生活は考えられないでしょう。

そんな中、考える機械が再度脚光を浴びています。２０２０年代に入った今、ＡＩという言葉をニュースやメディアで聞かない日はないくらいです。AppleのSiriやGoogleアシスタントに代表されるボイスアシスタント、スマートフォンのカメラアプリに搭載されたＡＩ補正など、日々の生活の様々な場面でＡＩ技術が使われているのはご承知の通りです。個人的にも、私の90歳になる祖母の口から、ＡＩという言葉が飛び出して驚いた経験があります。

では、考える機械、ＡＩに対して世の中の人々はどのような印象を持っているのでしょうか。人々の認識から、現在の社会におけるＡＩの位置づけを確認してみましょう。ＡＩと聞いて、ドラえもんのような万能なロボットを想像する人は流石に少なくなってきたはずですが、ＡＩに対する理解に大きな幅があることは間違いありません。それが過剰な期待（ＡＩは決して間違いを犯さない）と、その裏返しでもある極端な不信感（ＡＩが仕事を奪う）、そして過剰な期待が裏切られることによるＡＩを軽視する見方（所詮ＡＩにはできない）などが入り混じった、よくあるＡＩ観につながっているように感じます。

ＡＩを扱う場合に、「強いＡＩ」、「弱いＡＩ」という言い方がされることがあります。「強いＡＩ」とは、人間と同じように自律的に考え、行動できる、ドラえもんのようなＡＩです。ドラえもんが意識を持つかどうかは、また難しい哲学論議になりそうなので深入りしませんが、少なくとも外見からは自意識を持っているかのように振る舞う、そんなＡＩが強いＡＩです（Artificial General Intelligence、ＡＧＩとも呼ばれます）。普段私たちが接しているＡＩは「弱いＡＩ」と呼ばれ、画像認識、音声認識などあらかじめ定められた特定の機能しか持ちません。AlphaGoなども、こうした弱いＡＩの一つです。いくら囲碁が強いといっても、それ以外の領域での能力は幼児以下です。

２０４５年には人間の能力を超えるＡＩが生まれるとする、いわゆるシンギュラリティ（技術的特異点）について語られる一方で、強いＡＩが実現するのがどのくらい先の未来なのか、そもそも強いＡＩが実現可能なのかどうかについても、研究者によって意見はバラバラです。いずれにしても、深層学習によってＡＩ技術が急速な進歩を見せているのは確かです。そうした新しいＡＩ技術が私たちの生活をより便利にしてくれる一方で、ＡＩが人の仕事を奪うのではないかという危惧が広まりつつあります。

例えば、２０１７年に日本の経済産業研究所が行った調査では、全体の約30％の人が、将来自分の仕事がＡＩによって奪われる可能性があると答えています[17]。特に若い世代ほど顕著で、20代だけに限定すると可能性があると答えた人は42％にも達します。また、２０１５年の野村総合研究所のオックスフォード大学との共同研究では、日本の労働人口の約49％の人が就いている職業は、ＡＩやロボットなどで代替することが可能であるという衝撃的な結果が示されました[18]。ホワイトカラーの職種の代表とされ、高い報酬や社会的な地位を確約されてきた、弁護士や医師といった職業もその例外ではありません。

これまですでに天敵と呼べる敵もなく、唯一無二の絶対的な存在だったはずの人類。その存在のあり方そのものがＡＩによって脅かされているように感じている人が少なくないようです（この原稿を書いている２０２０年4月現在、もう一つのより根源的な意味でその絶対性が脅かされる事態の真っ只中にあります。そう、COVID-19の世界的流行です）。

人間を人間たらしめている条件はどこにあるのか、人間にしかできないことは何か、という観点に多くの人が敏感になっているのかもしれません。そうした背景の中で、「創造性」という言葉、領域が、不可侵の聖域として浮かび上がってきているように感じます。前述の報告書においても、ＡＩによって置き換えられにくい仕事の筆頭として、教師などの対人のコミュニケーションを軸とする職業とともに、アーティストやデザイナーのようなクリエイティブセクターの職業が挙がっています。ＡＩ時代を生き抜くために、創造性を育むこと

[17]
森川正之「人工知能・ロボットと雇用：個人サーベイによる分析」（経済産業研究所、２０１７年）

[18]
「日本の労働人口の49％が人工知能やロボット等で代替可能に～601種の職業ごとに、コンピューター技術による代替確率を試算～」（株式会社野村総合研究所、２０１５年）

が重要だといった見解も広く聞かれるようになりました。

では、すでにそうした創造的とされる仕事に従事している人々、デザイナーやイラストレーターは、ＡＩや機械学習のことをどのように捉えているのでしょうか。２０１８年にアドビのコミッションで民間の調査会社が行った調査があります（アメリカとヨーロッパで、アップルやアディダスといった企業のプロジェクトに、デザインやモーショングラフィックスなどのクリエイティブとして関わる75名以上に聞き取り調査を行ったものです）[19]。「ＡＩや機械学習が今後クリエイティブ職にとってどの程度重要になるか？」という質問に対して、60％以上が「非常に重要になる」と答え、「多少重要」「全く関係ない」と答えた人は11％に留まっています。それに対して、「ＡＩがあなたの仕事を脅かす恐れがあると思いますか？」という質問に対して、「非常に／かなり／ある程度そう思う」と答えた人の合計は27％で、「全くそう思わない」と答えた人は54％に及びます。同様の調査を日本人のクリエイティブ職を対象に行ったアンケートでは、なんと84％の人が「全くそう思わない」と答えています[20]。一方で、「ＡＩや機械学習ベースのクリエイティブアシスタントを使用して作業をすることを想像できますか？」という質問に関しては、欧米では57％、日本人は75％が「非常に／かなり想像できる」と答えています。

つまり多くのクリエイターはＡＩをアシスタントとして使うことには積極的ですが、仕事をＡＩに奪われることはほとんど心配していないようです。ＡＩによって仕事が奪われることはあり得ないとする理由として、アンケートの参加者は次のような点を挙げます。

［19］
Creativity and technology in the age of AI / Pfeiffer Report (2018)
https://www.pfeifferreport.com/wp-content/uploads/2018/10/Creativity-and-technology-in-the-age-of-AI.pdf

［20］
ＡＩ時代のクリエイティビティとテクノロジー 主な調査結果 日本／Pfeiffer Report (2018)
https://www.pfeifferreport.com/wp-content/uploads/2018/11/Creativity_and_AI_Japan_Key_Findings.pdf

○ＡＩは、パターンを検出するものだが、多くの場合、クリエイティビティはこれを予想外の方法で壊すことを意味する。
○ＡＩは、面倒または繰り返しとみなされる多くの作業を減らす可能性がある。
○ＡＩと機械学習は、より速く、多くのものを制作してほしいという、増え続ける需要に対応することを支援する。

これらの回答から、ＡＩはあくまでも定型的な処理を効率よく行うもの、創造性は人間の側にある、という見方が浮き彫りになりました。

同調査の「クリエイティブではない繰り返し作業にどのくらいの時間を費やしますか？」という質問に大半の回答者が「50％以上」と答えていることを考えると、定型的な処理を機械にやらせたいという思いの強さは確かに納得できます。

しかし、こうしたＡＩに対する見方は果たして正しいのでしょうか。ＡＩは単に定型的な処理をアシストする存在に過ぎず、創造性は常に人間の側にあると考えるべきなのでしょうか。ＡＩが単なるアシスタントではなく、人の創造性の枠を超えた存在として、新たな創造性を獲得することはありえないのでしょうか。

創造する機械をつくる試み

改めて、本書はＡＩ技術の全体像、ましてやＡＩビジネスの最前線を描いた本ではありません。アートや音楽などの領域における様々な取り組みを題材に、ＡＩと人間の創造性の関係を考察する本です。

もっとも、ＡＩと創造性について語る前に、そもそも「創造性とは何か」を定義することが必要です。ただし、本書では、心理学、社会学の観点から広く創造性について考察する「創造学」的な議論には深入りしません。創造性について必要最小限の定義を与えつつも、あくまでここでは、機械、特にＡＩによって創造的に振る舞っているように見えるシステムを「つくる」「実現する」試みを通して、創造性の本質を理解するという立場をとることにしたいと思います。

「思考のプロセスは謎に包まれているが、思考する機械をつくる試みは我々がどのように思考するのかを理解する上で大いに役立つと信じている。」

チューリングが先述の講演で述べたこの言葉は、ＡＩ研究自体の構成論的なアプローチ（賢く振る舞うシステムとしてのＡＩに取り組むことで、知能とは何かを理解しようとする）を象徴しています。

この文章の思考を創造に置き換えてみると、こうなります。

「創造のプロセスは謎に包まれているが、創造する機械をつくる試みは我々がどのように創造するのかを理解する上で大いに役立つと信じている。」

これが本書でのアプローチです。「創造する機械」をつくる試みを通して、創造性についての理解を深めるとともに、そうした機械が人間の単なるアシスタントであることを超え、創造性の拡張に大きく寄与する未来を提示します。

また創造性が人の本質に深く関わるのだとするならば、人の創造性とＡＩの未来像を考えることは、人とＡＩの関係性そのものの未来を考察することにつながります。我々はどうＡＩと向き合っていくべきなのか。ＡＩがアーティストの仕事さえ奪いかねないといった扇動的な報道の誤りを示しながら、現実に起こり得る問題についても触れたいと思います。

次節ではまず、ＡＩを用いたアート作品を取り上げ、ＡＩと創造性に関する論点を炙り出すことにしましょう。

1.2

AI「が」描く絵

ＡＩアートの主体

ＡＩ技術の進歩によるＡＩ自体に対する関心の高まりも相まって、現在世界の多くの美術館で、ＡＩをテーマにした作品展が開催されています。そこで扱われる作品には、深層学習に代表されるＡＩ技術を制作過程に取り込んだ作品だけでなく、伝統的な絵画や彫刻などの手法を用いてＡＩやロボットのある未来に間接的に言及する作品も含まれます。いささか乱暴ではありますが、ＡＩや機械学習を作品の主たる制作手法として用いたアート作品や音楽作品を、以下ではＡＩアートと総称することにしましょう［1］。

特に、２０１９年5月から8月にかけて、ロンドンのバービカン・センター（Barbican Centre）で開催された「AI: More than Human」展［2］（以下、バービカン展）は、マリオ・クリングマン（Mario Klingemann）、メモ・アクテン（Memo Akten）といった昨今のＡＩアート界隈で著名なアーティストの作品が一堂に会する展覧会として注目を集めました［fig 1–4］。幸いなことに筆者が代表を務めるQosmoも作家として招待され、ＡＩを用いたインタラクティブな音楽作品［3］を展示しています。

ほぼ同時期にスイスのバーゼルにあるHouse of Electronic Arts Basel（HeK）でも、同様のコンセプトの「Entangled Realities」展［4］が開催されたほか、同年11月には上海の明当代美術館（McaM）［5］で「Mind the Deep: Artificial Intelligence and Artistic Creation」が開催されました［fig 1–5］。またメディアアートの世界的なコンペティションであるアルスエレクトロ

［1］
「ＡＩアート」と書くと、ＡＩ「を」使ってではなく、ＡＩ「が」創作したアートと誤解される危険性がありますが、ＡＩが主体的に創作することは少なくとも現時点ではあり得ません。ＡＩの自律性については後述します。

［2］
「AI: More than Human」Barbican Centre https://www.barbican.org.uk/whats-on/2019/event/ai-more-than-human

［3］
『Neural Beatbox』 https://www.neuralbeatbox.net/

［4］
「Entangled Realities – Living with Artificial Intelligence」/ HeK https://www.hek.ch/en/program/events-en/event/entangled-realities-leben-mit-kuenstlicher-intelligenz.html

［5］
明当代美術館 http://mcam.io/ こちらでもQosmoとして作品を展示しました。

ニカでも、2017年には人工知能がメインテーマとされています[6]。

筆者も参加したバービカン展のオープンニングイベントでは、センターの広いロビーが人で埋め尽くされ身動きがとれないほどで、展示に対する興味の高まりと熱気を感じました。センターの関係者によると、この展示は三ヶ月間の会期中に、九万人を超える来場者を数え、これまでのセンターの歴史の中でも最も成功した展示の一つだったそうです[7]。2020年のオランダを皮切りに、世界数カ所をツアーする予定となっています[8]。

こうした展示の人気には、アートとしての作品を楽しむ、鑑賞する以外に(以上に?)、人とAIの関係性がこの先どのように変化していくのかといった興味が前提にあることは述べるまでもありません。バービカン展も、AIにつながるコンピュータの歴史(2.5節で触れるバベッジの解析機関など)から、DeepMind AlphaGoが世界有数の棋士を破ったという「事件」まで、AI技術の背景の解説に展示の前半の大部分があてられていて、まるで科学博物館の展示のようでもありました。

一方で、こうした展示に対する評価はまちまちであったようです。バービカン展に関しても地元イギリスの新聞『ガーディアン』の著名なアート担当記者は「(AIよりも)アリのほうが自意識を持っている[9]」と題する記事を掲載し、かなり手厳しい批評を下しています。記事の一部を引用し、日本語に訳してみます。

[fig1-4]
[AI: more than human]

「この展示が明らかにしているのは、コンピュータが考えたり、アートをつくったりといったサイエンスフィクションの世界に、我々は全く近づいていないということだ。（クリングマンの作品を挙げて）この作品の背後にある〝知性〟は、コピー機が偶然〝興味深い〟画像を生み出すことがあるというのと大差がない。AI〝アート〟の退屈さは、AI技術自体の現状に何らかの示唆を与えてくれるのか。なぜこんなにAIの創造性について語ることに労力を費やしているのかという疑問を持って会場をあとにした。」

この文章からは、ＡＩ自体が自律的にアート作品をつくり出す姿を期待して、批評家が展覧会に臨んでいたことがわかります。ＡＩアートと聞くと、多くの人がそうした構図を期待するのは無理もないことかもしれません。しかし、ここで語られている批評は妥当でしょうか。

一方で、この記事の中で酷評されていたクリングマン自身は、自身のインタビューの中で次のような趣旨の発言をしています。

「音楽家がピアノを使って曲をつくったときに、人はピアノが音楽を生み出したとは考えない。AIを使った作品も同じで、AIが作品を生み出すわけではなく、AIを使ったアーティストこそが創造のプロセスの主役なのだ。[10]」

[fig1-5]
「Mind the Deep: Artificial Intelligence and Artistic Creation」
撮影：Robin Jungers (Qosmo)

[6]
Gerfried Stocker, Christine Schoepf, Hannes Leopoldseder『Ars Electronica 2017: Festival for Art, Technology, and Society』(Hatje Cantz, ２０１７年)

[7]
同センターで以前開催されたバスキア展の来場者数を越えたと聞いています。

技術に長けたＡＩアーティストよりも、批評家のほうがＡＩ技術に対して高い期待（作家の力を借りずに、自律的に作品を生成する）をかけていたというのは皮肉なことのように感じます。ライト兄弟が飛行機を試作しているのを見て、これでは大西洋を渡れそうもないと言って呆れている傍観者のようです。

　一方で、なぜ批評家がそうした期待を抱いたのかという観点から考えることも重要でしょう。一つには、ＡＩが占める「考える機械」というポジションの特殊性が理由として挙げられます。これまで、ものを考え新しいアイデアや表現を生み出すのは、人間だけに許された能力とみなされてきました。創造性こそが人を人たらしめるものである、と。この万物の霊長たる人間の特殊性、独自性が、ＡＩによって崩されてしまうのではないかという不安が生まれている点は、前節でも触れた通りです。そうした不安が、批評家をしてあいった批評を書くことで溜飲を下げる結果に結びついたのかもしれません。もちろん展覧会の主催者側も、そうした不安を動員に結びつけているという側面も否めません。

　もう一つは、ＡＩの持つ自律性、あるいは自律性という幻想です。クリングマンの例えに倣うと、ピアノは自動的に音を鳴らすことはできないが、音楽を学習したＡＩは人の手を借りずに音楽を生成し続けることができる、という違いです。少なくとも多くの人がＡＩと聞くとそのように考えるのではないでしょうか。車にＡＩが搭載されると、自分で運転しなくてもＡＩが勝手に運転してくれる。ＡＩ搭載の炊飯器は、炊き上がりの好みさえ指定したらあとはよしなに火加減を調整してくれる。ＡＩという言葉は、自動化と同義の言葉

[8]
コロナ禍で巡回のスケジュールが遅れているものの、今後も巡回は続く予定です。

[9]
Jonathan Jones「'I've Seen More Self-Aware Ants!' AI: More Than Human – Review」/ The Guardian（２０１９年５月）https://www.theguardian.com/artanddesign/2019/may/15/ai-more-than-human-review-barbican-artificial-intelligence

[10]
Martin Dean「Artist Mario Klingemann on Artificial Intelligence, Technology and Our Future」/ Sotheby's（２０１９年２月）https://www.sothebys.com/en/articles/artist-mario-klingemann-on-artificial-intelligence-art-tech-and-our-future

Katharine Schwab「The Future of AI Art Goes up for Auction at Sotheby's for $50,000」/ Fast Company（２０１９年２月）https://www.fastcompany.com/90305344/the-future-of-ai-art-goes-up-for-auction-at-sothebys-for-50000
著者による抜粋と日本語訳

であるかのように使われています。ＡＩが自律的に考える機械なのであれば、ＡＩが自動的にアートを生成する様子を想像するのもあながち不自然ではないでしょう。

ＡＩ「が」描いた絵

ＡＩがアート作品を制作できるか。ＡＩの自律性と表現に関して、もう一つ象徴的な出来事を紹介します。

２０１８年10月。ＡＩ「が」描いたとする絵が、世界的なオークションハウス、クリスティーズに出品されるという出来事が、世界中でニュースとなりました[11][fig 1-6]。この絵を出品したのは、フランスで機械学習を学ぶ学生、ビジネススクールに通う学生らから構成された「アーティスト集団」、The Obvious（以下、オブビアス）[12]です。当初予想された、７０００から1万ドルという予想をはるかに超え、結果的にこの絵は４３２５００ドル（日本円で４８００万円あまり）[13]で落札されました。

『Edmond de Belamy』と名付けられたこの絵の生成には、２０１４年にイアン・グッドフェロー（Ian Goodfellow）が提案した、生成的敵対ネットワーク（Generative Adversarial Networks、以下ＧＡＮ[14]）というアルゴリズムが用いられています。

ＧＡＮは今、最も注目を集めるＡＩのアルゴリズムの一つで、本書でも度々出てくる

[11]
「Is Artificial Intelligence Set to Become Art's next Medium?」/ Christie's（２０１８年12月）
https://www.christies.com/features/A-collaboration-between-two-artists-one-human-one-a-machine-9332-1.aspx

[12]
The Obviousは「Creativity isn't only for humans（創造性は人間のためだけにあるわけではない）」をモットーとしています。
https://obvious-art.com/

[13]
Gabe Cohn「AI Art at Christie's Sells for $432,500」/ The New York Times（２０１８年10月）https://www.nytimes.com/2018/10/25/arts/design/ai-art-sold-christies.html

[14]
Ian J. Goodfellow, Jean Pouget-Abadie, Mehdi Mirza, Bing Xu, David Warde-Farley, Sherjil Ozair, Aaron Courville, Yoshua Bengio「Generative Adversarial Nets」/ arXiv:1406.2661v1 [stat.ML]（２０１４年6月）
https://arxiv.org/abs/1406.2661

[fig 1-6]

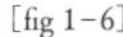

[fig 1-6]
『Edmond de Belamy』

ことになるので、簡単に説明しておきましょう。あまり聞き慣れないかもしれませんが、「Adversarial」は敵対する、対立するといった意味の単語です。GANは生成器（Generator）と識別器（Discriminator）という二つのニューラルネットワークをまさに「敵対」させることで学習を行うアルゴリズムになります［fig 1-7］。

生成器は学習データに含まれるデータのパターンを学習し、ランダムなノイズ（乱数）を入力として学習データに類似するデータを生成するように学習を進めます。それに対して、識別器のタスクは、入力されたデータが生成器の学習データに含まれるいわば「本物」のデータなのか、生成器が生成した「偽物」なのかをより正確に識別することです。この二つのネットワークがお互いを出し抜こうとすることで学習が進み、最終的には学習データにそっくりなデータを生成できるようになる、というのが大まかな枠組みです［15］。

今回の絵画の生成には、15000枚の14世紀から19世紀までのヨーロッパの肖像画が学習データとして用いられました［16］。パブリックドメインになっている絵画を中心に、絵画のWikipedia、WikiArt［17］が公開しているデータセットを利用したそうです［fig 1-8］。

GANの枠組みを今回の設定に当てはめると、生成器は肖像画らしい画像を生成しようと学習を進め、識別器は入力された画像が学習データにもともと含まれていた本物の肖像画なのか、それとも生成器が生成した肖像画なのかを識別することになります。本物そっくりな贋作をつくることに執念を燃やす贋作家・生成器と、騙されまいとして目を凝らす鑑定士・識別器の競争と考えるとわかりやすいでしょう。

［15］
この段落自体も、AIを擬人化して考えがちだという好例です。

［16］
Ciara Nugent「The Painter Behind These Artworks Is an AI Program. Do They Still Count as Art?」/ TIME（2018年8月）
https://time.com/5357221/obvious-artificial-intelligence-art/

［17］
https://www.wikiart.org/

［fig 1-7］

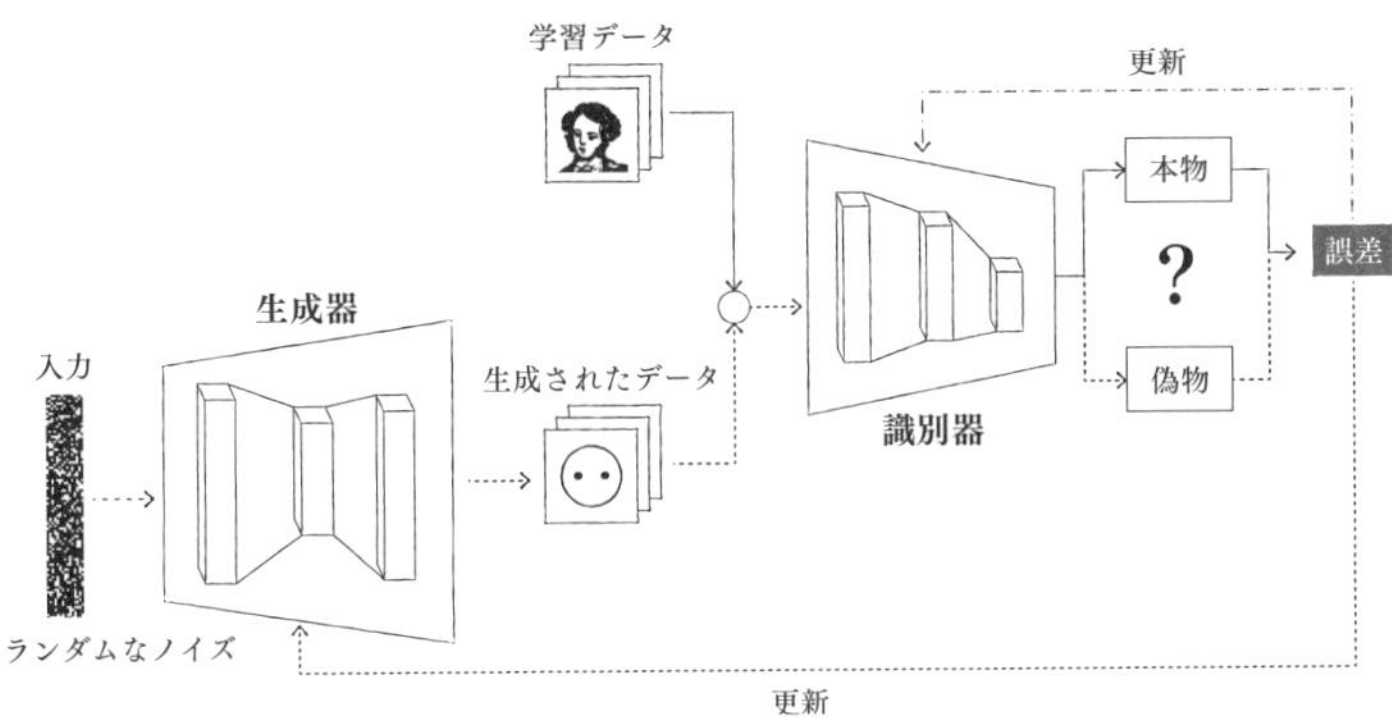

［fig1-7］
GANのアルゴリズム

大量の顔写真をGANで学習して生成した、実在しない人たちの顔。GANの表現力の高さを証明しています。

[fig 1-8]

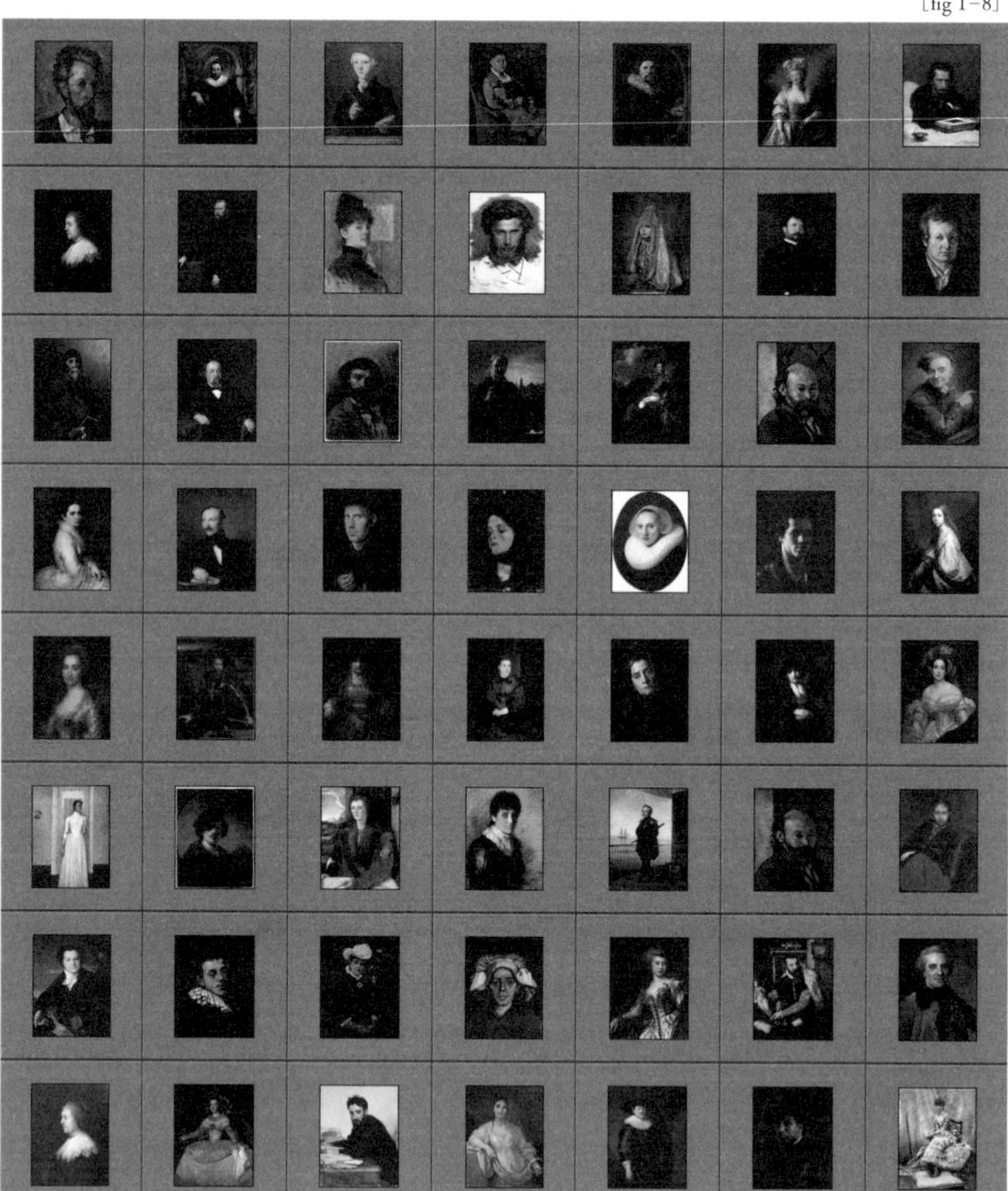

[fig 1-8] WikiArtが公開している肖像画のデータ

学習が終われば、あとは生成器に入力する乱数を変えることで、様々なバリエーションを無数に生成できます。実際に『Edmond de Belamy』は、Belamy家という架空の貴族の家系の一連の肖像画のうちの一枚として、出品したアーティスト集団によって位置付けされています[18]。

注目したいのは絵の右下です。ここにはグッドフェローの元論文の中でGANのモデルを数学的に記述するために使われた数式が、アーティストのサインの代わりに書き入れられていました[fig 1-9]。「AIがアートをつくり出すことに初めて成功した」というプレスリリースの文言を裏付けると同時に、GANのモデル自体が「作者」であることを誇示するかのようです。絵が発表された当初のインタビューでは、オブビアスは「これらの絵はAIが描いたもので自分たちは創作の過程には関与していない」という趣旨の発言までしています。

しかし、これらは果たしてAIが描いたといえるのでしょうか? 確かにこの絵、画像のデータを出力したのは、GANのモデルです。どのピクセルをとってもアーティストが直接塗った、色を指定したピクセルはないはずです（右下の数式は例外です）。コンピュータのプログラムの実行ボタンを押す度に、毎回異なる絵が「自動的に」出力されたことでしょう。

一方で、学習する環境を整え、アルゴリズムを設定し、学習データを与えたのはこのアーティスト集団のメンバーたちです（後述しますが実際には学習も行っていない可能性が高そうです）。表現の意図を持ってGANのアルゴリズムを設定して動かした人の関与なしに、AI自体が絵を生成することはありません。

[18]
ちなみにBelamyという名前も、GANのアルゴリズムの提唱者に敬意を称して、Goodfellowを「good」→「belle＝素敵」な「fellow」→「ami＝仲間」といった具合にフランス語の単語に置き換えてつくった名前だとのことです。

こうした背景を意図的に無視して、あくまでもＡＩが絵を描いたと主張するオブビアスの態度には、ＡＩアートを手掛けるほかのアーティストらから強い反発の声が上がりました。特に問題視されたのは、次に述べるように彼らの行為に創作性が著しく乏しい点と、あたかも彼らがＡＩを作品に使い始めたパイオニアであるかのような印象を与える宣伝戦略でした。過去のメディアアートやコンセプチュアルアートの作品を挙げ、本作がアルゴリズムによってつくられた作品がオークションにかけられた最初の例というのは真っ赤な嘘だ、と指摘する声も上がっています。

さらにその後、オブビアスが別のＡＩアーティストがGitHub上[19]で公開していたソースコードを用いたばかりか、合わせて公開されていた学習済みモデルをそのまま使ったのではないかという疑惑が持ち上がります[20]。ＧＡＮのソースコードと学習済みモデルを公開していたのは、当時19歳の学生だったロビー・バラット（Robbie Barrat）です。オブビアスのメンバーは否定しているようですが、実際にバラットのモデルをダウンロードして動かすことで、オークションにかけられた作品と非常に似通った絵が生成できることが確認できます[21][fig1–10]。そうなると、このアーティスト集団がやったことは、学習済みモデルを動かす計算環境と入力の乱数[22]を提供したことだけということになりかねません（ちなみにバラットはオブビアスの売り上げからは一銭も受け取っていないそうです）。

こうなってくると、この『Edmond de Belamy』の創作の主体が誰なのか、ますますわからなくなってしまいます。オブビアスが主張するように学習済みのＧＡＮの生成器なのか、

[fig1–9]
上｜サインの代わりに記されたＧＡＮのアルゴリズムの数式
下｜元論文の数式

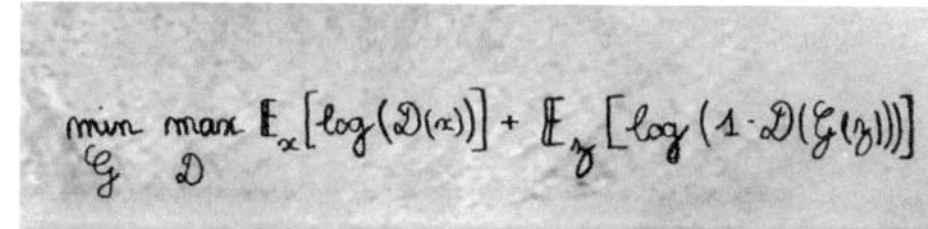

In other words, D and G play the following two-player minimax game with value function $V(G, D)$:

$$\min_G \max_D V(D,G) = \mathbb{E}_{\boldsymbol{x}\sim p_{\text{data}}(\boldsymbol{x})}[\log D(\boldsymbol{x})] + \mathbb{E}_{\boldsymbol{z}\sim p_{\boldsymbol{z}}(\boldsymbol{z})}[\log(1 - D(G(\boldsymbol{z})))]. \quad (1)$$

In the next section, we present a theoretical analysis of adversarial nets, essentially showing that the training criterion allows one to recover the data generating distribution as G and D are given

[19]
コンピュータ・プログラムのソースコードを管理するためのオンライン・プラットフォーム。ソースコードを第三者が利用・改変できるように公開するいわゆるオープンソースの活動に広く使われています。

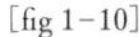
［fig 1–10］

［20］
James Vincent「How Three French Students Used Borrowed Code to Put the First AI Portrait in Christie's」/ The Verge（2018年10月）
https://www.theverge.com/2018/10/23/18013190/ai-art-portrait-auction-christies-belamy-obvious-robbie-barrat-gans

［21］
バラットがGitHub上に公開しているソースコードと学習済みモデル。
https://github.com/robbiebarrat/art-DCGAN
実際にオブビアスのメンバーが学習済みモデルの動かし方をGitHub上でバラットに質問しているのも確認されています。

［22］
GANの生成器がノイズを入力として画像を生成することは先述の通りです。

［fig 1–10］
バラットが公開している学習済みモデルをそのまま用いて、筆者が出力した画像例

GANのソースコードと学習済みモデルをGitHubで公開したバラットなのか、はたまたGANのアルゴリズムを考案したグッドフェローなのか。

穿った見方をすると、すでに存在している学習済みモデルを用いて、AIがつくり出したと銘打ってオークションに出展した行為にこそ、このアートグループの創造性があったといえるのかもしれません。便器に『泉』という大層なタイトルをつけて展覧会に出展したマルセル・デュシャンの行為になぞらえて[fig 1-11]、AI時代の究極のレディメイド作品だともいえます。残念なのは、オブビアス自身が、そうしたアートとAI、創造性と人の関係について、批評性を意識してオークションに出品したわけではないように見える点です。もし、仮に彼らがそのあたりを意識していたとしたら、アートビジネスの現状に対して、バンクシーのシュレッダー事件[23]のような強い批評性を持った作品になったのかもしれません。

AIの定義と同様に、アートにはアートとは何かを定義するという自己言及的な目的がある[24]とされます。この観点に立てば、オブビアスがもし批評性を明確に意図してオークションに出品していたのだとしたら（仮にバラットが学習したモデルをそのまま使っていたとしても）、間違いなくアートを創作する行為であり、非常に創造的な行為だったといえたはずでした。AIブームの渦中で上手にマーケティングを行うことで、アートの名の下に大金を稼いだ事案といえばそれまでなのですが、この出来事はAIと創造性の関係において様々な観点を提供してくれます。

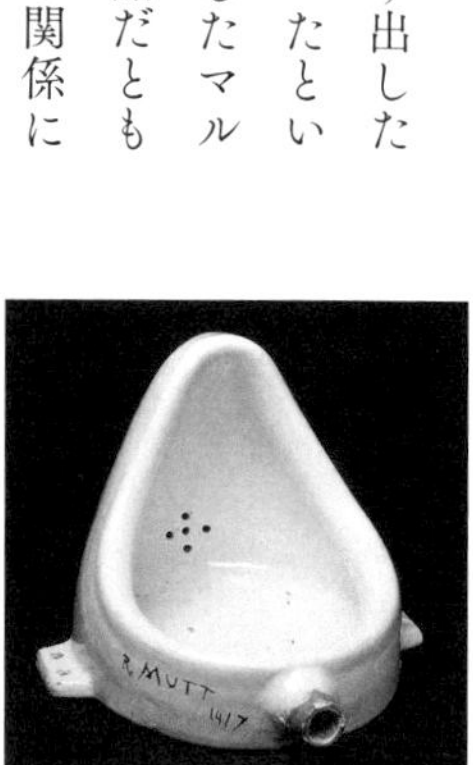

[fig 1-11]
デュシャンの『泉』

[23]
2018年10月、バンクシーの作品がオークションで落札された直後に、内部に隠されたシュレッダーが作動して作品を切り刻むという「事件」が起きました。

[24]
アーサー・C・ダントー『アートとは何か―芸術の存在論と目的論』（人文書院、2018年）

バービカン展に話を戻すと、私も展覧会に出展したアーティストの一人として、批評家の視点に一定の事実があるのは認めざるを得ません。確かにＡＩが自律的に人の手を借りずにアート作品を生成するには至っていませんし、近い将来にそうなることもないでしょう。ＡＩが自律的に創造するアートの展覧会を期待して足を運んだのだとしたら、がっかりする結果になったとしても仕方ありません。アリが自意識を持つのかわかりませんが、確かに少なくとも現状のＡＩよりは自律しているといってよいでしょう。だからといって、展覧会に意味がなかったり、退屈だとは思えません。特にこの批評家と意見を異にするのは、ＡＩの創造性について時間や労力を費やすことの重要性についての認識です。

ＡＩそのものが、知能とは何かを定義づけるための試みである、と前節で述べましたが、ＡＩがつくった、またはＡＩによってつくったとする作品を通して創造性について考えることが、翻って人の創造性や表現活動についての思考を深めることにつながるはずです。ＡＩが独立してアート作品を生み出すことが可能か。ＡＩは創造的になり得るのか。データセットの中にある絵を模倣する仕組みが新しいアートを生み出し得るのか。そもそもアートとは何か。創造性とは何か。

学習済みのモデルを利用することで類似する「作品」が無限に生成できるとなったときに、その作品の価値はどこにあるのか。また人間のアーティストに託される役目とは何か。そういった議論の材料を与えてくれたという意味で、オブビアスの「事件」は記憶されるべき出来事なのだと思います。

1.3

AIはアーティストになれない

意図と実行

前述の通り、オークションにかけられたオブビアスの作品では、ＧＡＮのアルゴリズムをサイン代わりに入れるなどして、ＡＩ「が」描いたという点が強調されていました。ここで、もう一度、果たしてＡＩが描いたといえるのか、言い換えると、ＡＩがアーティストになれるのか、という疑問をもう少し深掘りしてみましょう。

強いＡＩ、弱いＡＩの比較の際にも触れましたが、現在のＡＩシステムはすべて特定の目的に特化したものであり、その用途以外の領域では役に立ちません。また、人間のような意思や感性、目的意識などは持っていません。

したがって、オブビアスの例でも、ＡＩ自体が「よし、中世の肖像画を学習データに使って肖像画を描こう」とか、「一旦学習してしまえば生成はいくらでもできるのだから、架空の貴族の家系ということにして肖像画の連作にするとよさそうだ」などと考えたわけではありません。ましてや、「クリスティーズに出品して一儲けするぞ」、「これで私も有名になれるかしら」などと欲を持っているわけでもありません。

これらは、このＧＡＮのシステムを使ったこのアーティスト集団が考えていたであろうことです。ＡＩのモデルはあくまでも、人が設定した条件と与えられた学習データの中で学習し画像を生成しただけで、ＡＩを使って、人が／アーティストが描いたというのが一般的な見方になります。

2016年、AIを利用して書かれた短編SF小説が、星新一賞の一次審査を通過し、話題になりました。『コンピュータが小説を書く日』と題された小説は、AIが高性能化した近未来、AIが「エーアイによるエーアイのためのノベル」、「アイノベ」を書き始めるお話です。

文章の生成システムの詳細は、『コンピュータが小説を書く日――AI作家に「賞」は取れるか』[1]に詳しく書かれていますが、最近の機械学習を用いたものではなく、人の手によって定められたルールを中心とする仕組みになっていたようです。この「きまぐれ人工知能プロジェクト作家ですのよ」の中心人物、松原仁氏は、書き上がった作品に対する貢献度を「人間が八割、AIが二割程度」と評します。また、プロジェクトのメンバーで文章生成エンジンを担当した佐藤理史氏は、コンピュータが意思を持って、何かをするなど現時点ではあり得ない、『コンピュータが小説を書く日』は全くのフィクションであるとした上で、「コンピュータを使って私が書いた」、「ワープロで文章を書くのと本質的には変わらない」とまで明言されています。

コンピュータは意識を持ちませんし、自由意志も持ちません。「書きたい」「知りたい」と思うこともなければ、「退屈さ」「悲しさ」といった感情を理解しているわけでもありません。作品内でAIを「エーアイ」としているのも、このお話がパロディーであることを示すためであり、その上で、人がAIを擬人化して考えるきらいが強いことを指摘しています。

実際にやっていることは、「人が与えた学習データに合うように、あらかじめ設定した学

[1] 佐藤理史『コンピュータが小説を書く日―AI作家に「賞」は取れるか』(日本経済新聞出版社、2016年)

習アルゴリズムによって、内部のパラメータの変更を繰り返す」ことでしかないのに、それを人は「ＡＩが学習する」と擬人化して考えがちです。もしかしたら、ＡＩの研究者や技術者側にも非があるのかもしれません。実際に十分そのことを理解しているはずのＡＩ研究者も、「〇〇ＡＩモデルが学習する」という言い回しをよく使います。「ＡＩが判断する」や「ＡＩが文章を生成する」といった言葉の場合も同じです。

「学習する」「判断する」「思考する」……人工知能研究のパイオニアの一人、マーヴィン・ミンスキーは、こうした単語を「スーツケース・ワード」と呼び、その曖昧さを早くから指摘していました[2]。中を開けてみると、実はいろいろな意味の寄せ集めであって、それ自体は上辺だけで中身は何もない、そんな単語というわけです。ピアノの演奏をマスターしたり、幼児が言葉を覚える行為を指して使う「学習」と、ＡＩの「学習」。同じ学習という言葉で表現される現象や行為でも、それぞれ異質なものであることを常に意識する必要があります。

[2] Rodney Brooks「The Seven Deadly Sins of AI Predictions」/ MIT Technology Review（２０１７年10月）https://www.technologyreview.com/2017/10/06/241837/the-seven-deadly-sins-of-ai-predictions/

ＡＩシステム自体は意図を持たないことを確認したところで、今度は、アートとは、創作活動とは何かという別の角度から考えてみましょう。「アート」や「創作」といった言葉も、もしかしたらスーツケース・ワードの一つなのかもしれません。どちらも定義が難しい言葉です。アートと聞いて思い浮かべるイメージは人によって大きく異なることでしょう。それでもかねてからアートと紐付けられるコンセプトとして、「美」が挙げられます。〝アートとは美しいもの〟というイメージが一般的なのではないでしょうか。これは美術館で見られるような絵画や彫刻などだけでなく、音楽やダンス、文学作品などにも当てはまります。

もちろん、「美」の概念は今も重要な要素ではありますが、美術批評家、哲学者のアーサー・ダントーによると、美がアートから切り離されたのが20世紀のアートです[3]。岡本太郎の「芸術はいやらしくなければならない」「芸術はうまくあってはならない」[4]という言葉がまさに象徴的です。前節でも触れたデュシャンの『泉』は、アートには作者の意図と作品のコンセプトだけが必須であり、それ以外の表現のスキルやテクニック、ましてや費やした労力などは副次的なものに過ぎない、という新しい観点を暴力的なまでの手法で示しました。それ以降、絵の表面に残された目に見えるかたちや色といった表象やその表現技術ではなく、絵の背景にある、直接は見えない作者の心象や意図に鑑賞の対象の中心が移っていくことになります[5]。とはいっても、ノイズ・ミュージックやパンク・ロックが生まれたからといって、バッハやモーツァルトの価値が下がるわけではないように、デュシャンによって、ダヴィンチやレンブラントの評価が変化したわけではなく、アートの概念が拡張したと考えられます。

ここでは、創作活動をその意図（Intent）、すなわち作品のコンセプトや目的意識と、それを作品として目に見える・聴こえる・触れる・読めるかたちにする具体的な行動（Execution）に分けて考えることにしましょう。作品を美しく仕上げるためのスキルや労力といったExecutionよりも、意図を重視するのが20世紀以降のアートだといえます[6]。

[3]
アーサー・C・ダントー『アートとは何か―芸術の存在論と目的論』（人文書院、2018年）

[4]
岡本太郎『今日の芸術―時代を創造するものは誰か』（光文社、1954年）

[5]
メディアアートの領域でも、特に日本では、せっかく先端的なテクノロジーを使っているのにもかかわらず、19世紀以前の美の概念に囚われた作品が多く見られる点は少し残念です。

意図と実行のうち、目的や意思を持たないＡＩに可能なのは実行の部分だけです。オブビアスの場合も、実際に画像を生成する、すなわちピクセルごとの色を決めているのは学習済みのＧＡＮのモデルです。それに対して、意図の部分には前述のようにＡＩは関与していません。こう考えると、表現の意図を持たないＡＩはアーティストになり得ないというのが明確になります。同様に、ＡＩは作家にはなり得ないことになります。

人間のように意識を持つ（それがどういうことなのか厳密には判明していませんが）ＡＩが万が一できたとすれば、そのＡＩは表現しようとする意思や感性を持つはずです。そうなれば、ＡＩがアーティストになることも考えられるかもしれません。しかし、そうした意識を持つ強いＡＩがつくるアートは、私たち人間の理解を超えていることでしょう。どこか遠い異星のエイリアンのアートと同じように（小説『コンピュータが小説を書く日』でエーアイが書く美しいストーリーも、人の目には単なる数字の列にしか見えません）。

いずれにしてもこうしたＡＩが空想上の存在でしかない以上、今のＡＩの枠組みの中で、ＡＩアーティストをつくろうとするのは無理がありそうです[7]。

別の例として、カメラについて考えてみましょう。風景を写真として紙の上に固定させる実行の部分を司るのはカメラ（や現像のプロセス）です。それに対して、撮影の意図を持っ

［6］
Aaron Hertzmann「Can Computers Create Art?」/ Arts（２０１８年５月改訂）https://doi.org/10.3390/arts7020018

［7］
アーティストのジーン・コーガンは、P2Pネットワークを利用して、特定の人の関与を可能な限り減らすことによって、より自律的な「ＡＩアーティスト」を実現するプロジェクト『Abraham』に取り組んでいます。
https://abraham.ai/
ちなみに、Abrahamという名前は、あとの章で述べるハロルド・コーエンの『AARON』に敬意を表し、アルファベット順でAARONの次にくる名前を選んだそうです。

て被写体やシャッターを切るタイミングを定めるのが人間です。やはりこの場合も、カメラが写真家、アーティストであるとは考えません。

もしもカメラ自体が、被写体やタイミングを選んで自動的に写真を撮るようになった場合はどうでしょうか。人が何もしなくても、カメラが勝手にアングルを決めて、これぞというタイミングで美しい写真を撮るようになったら。カメラが写真家に近づくのでしょうか。

２０１７年にGoogleが発売した小型のカメラ、Google Clipsがまさにそうした存在を目指した商品でした［fig1-12］。Clipsには被写体の「良さ」「面白さ」を判断するＡＩモデルが搭載されており、体に身に付けたり部屋に置きっぱなしにしておくだけで、ここぞというタイミングで勝手に写真を撮ってくれる、という触れ込みでした。Clipsがいつの間にか撮影した我が子のとっておきの一枚に驚き、破顔する持ち主の様子が、広告の中では繰り返し描写されています。しかし、実際には期待したほどにはうまく動作しなかったようで、２０１９年には市場から姿を消しました。

もしClipsが触れ込み通りに動作し、「いい写真」をたくさん撮ったとしたら、果たしてClipsは写真家になった、といえるのでしょうか。

結局ここでも機械学習モデルや学習データをつくった人が背後にいるじゃないか、そうした指摘はもっともです。確かに一般的なカメラに比べると、アウトプット（撮られた写真）に対する人の関与の度合いは軽くなっているといえますが、人の形跡を消すことはできません。それでも、Clipsに対してある種の自律性を認め、「Clipsが写真を撮った」と言いたくな

［fig1-12］
Google Clips
提供：Google

る気持ちも理解できます。それはClipsの撮った写真がClipsの持ち主を驚かせることがあるという事実にも表れています（ここでは、単に自動的に動くという非常に狭い意味で自律という言葉を使っていることに注意してください）。

一般のカメラとGoogle Clips、ワープロと「作家ですのよ」、あるいはAdobe PhotoshopとGANモデルを比較して、いずれも独立した創作主体ではないものの、後者のほうがより自律していると考えるのは、決して不自然ではありません。後者のほうがそのアウトプットに「予測不可能性」、使い手がコントロールできない部分を含んでいると言い換えてもよいでしょう。単なる道具か独立したアーティストかの二択ではなく、そのあいだにグラデーションがあると考えられます。

このグラデーションの部分に、ＡＩ（やその他のテクノロジー）に人の創造性を拡張するヒントがある、というのが本書で繰り返し登場するテーマになります。ＡＩがアーティストになり得るかや、ＡＩが作品をつくることがあるのかを問うよりも、より大事なのは、コンピュータにＡＩのある種の自律性、主体性をあえて認めることで（実際にはその背後に人がいて、根源的な意味での自律性でなかったとしても）、何が得られるかを考えることだと筆者は考えています。

本節では、ＡＩがアーティストになることはあり得ないという点を確認しました。では、ＡＩは単なる道具なのか。前述の主張を胸に、次節では、ＡＩを単なる道具であると考えることの危険性に改めて言及します。

1.4

ＡＩは単なる道具ではない

逸脱する道具

> 「画家が絵筆で絵を描いているのを見て、絵筆が絵をつくり出したとはいわない。ピアニストがピアノで演奏しているのを見て、ピアノが音楽をつくり出したとはいわない。AIの場合になぜAIがつくり出したといわなければいけないのか。[1]」

AIアーティスト、クリングマンの言葉は1.2節でも取り上げました。クリングマンは、GANを使った映像作品など、AIを使うアーティストの代表格として広く知られています。GANを独自の手法で拡張し、フランシス・ベーコンの作品を彷彿とさせる幻想的な映像をつくり出す彼の作品は、世界的に高く評価されています。

オブビアスから半年遅れの2019年春、クリングマンの作品が同じく世界的なオークションハウスの一つであるサザビーズでオークションにかけられ、5万ドルあまり（およそ570万円）で落札されました[2] [fig 1-13]。しかし、冒頭の発言からも明らかなように、クリングマンはAIの利用に対してオブビアスとは真逆ともいえる立場をとっています。

オブビアスが自分たちが使うAIを「独立したアーティスト」として描こうと苦心しているのに対して、AIは「単なる道具」に過ぎないと言うクリングマン。前節で見たように、強いAIが実現しない限り、AIには何かをつくり出そうとする意図や目的意思は存在しないことを考えると、クリングマンの主張のほうが説得力を持って響きます。少なくとも、

[1]
Martin Dean「Artist Mario Klingemann on Artificial Intelligence, Technology and Our Future」/ Sotheby's（２０１９年2月）https://www.sothebys.com/en/articles/artist-mario-klingemann-on-artificial-intelligence-art-tech-and-our-future
Katharine Schwab「The Future of AI Art goes up for auction at Sotheby's for $50,000」/ Fast Company（２０１９年2月）https://www.fastcompany.com/90305344/thefuture-of-ai-art-goes-up-for-auction-atsothebys-for-50000 より抜粋、筆者による日本語訳

[2]
Naomi Rea「Sotheby's First Auction of an AI Artwork Fails to Incite a Robo-Frenzy, Fetching a Modest $51,000」/ artnet News（２０１９年3月）https://news.artnet.com/market/artificial-intelligence-sothebys-1481590

[fig 1-13]

[fig1-13]
落札されたクリングマンの
『Memories of Passersby Ⅰ』
Namile 17「Memories of Passersby
by Mario Klingemann.」CC BY-SA
4.0 / Wikimedia Commons
https://upload.wikimedia.org/
wikipedia/commons/0/01/
Memories_of_Passersby_by_Mario_
Klingemann..jpg

ＡＩを故意に擬人化し、偽りの人格を与えようとするよりもよほど真摯な態度だといえるのではないでしょうか。

そのほかにもＡＩと絵画の有名な例としては、広告代理店J. Walter Thompsonと、マイクロソフトやオランダのデルフト大学の研究者らによるＡＩレンブラントのプロジェクト（２０１６年）があります[3]。17世紀のオランダ絵画の巨匠、レンブラントが描いた４００もの顔を解析し、６０００以上の要素から、レンブラントらしさを算出したそうです[fig 1-14]。最終的には3Dプリンタを使って、油絵ならではの絵具を重ね塗りして生まれる質感を再現しています。この『The Next Rembrandt』プロジェクトに関しても、メディアはコンピュータがレンブラントの新作を描いたといった見出しで報道していますが[4]、実際には研究者やエンジニアが、コンピュータを使って描いたと書くのが妥当でしょう。繰り返しですが、ソフトウェアやコンピュータには絵を描こうという意図はありません。ＡＩが描いたとして擬人化することで、センセーショナルな話題としてニュースの価値を高めようとする意図が働いているように見えます。

ＡＩをアーティストとして擬人化するメディアと、ＡＩを単なる道具だというアーティスト[5]。後者のほうが正しいように感じますが、筆者はこのどちらの見方も十分ではない、

[3]
『The Next Rembrandt』
https://www.nextrembrandt.com

[4]
Chris Baraniuk「Computer paints 'new Rembrandt' after old works analysis」/ BBC News（２０１６年４月）https://www.bbc.com/news/technology-35977315

[fig 1–14]

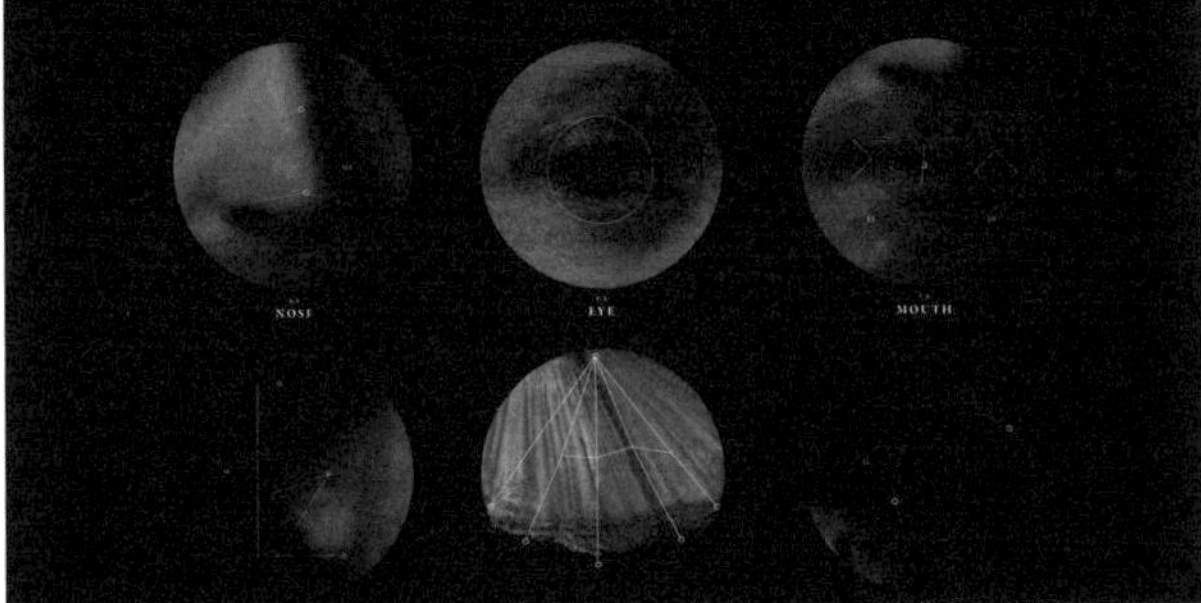

[5]
同様に、ＡＩが生成した音楽の権利について質問されたSpotifyの研究所の所長は、ＡＩは単なる作曲の道具に過ぎず、もしＡＩに権利を認めるのだとしたら、マイルス・デイビスのトランペットにも同じことをする必要があるだろうと答えています。

Tim Ingham「Spotify's Scientist: Artificial Intelligence Should Be Embraced, Not Feared, by the Music Business」/ Music Business Worldwide（２０１８年１月）
https://www.musicbusinessworldwide.com/spotifys-scientist-artificial-intelligence-should-be-embraced-not-feared-by-the-music-business/

[fig 1–14]
「The Next Rembrandt」
ING Group「The Next Rembrandt」
CC BY-SA 2.0 / flickr
https://www.flickr.com/photos/inggroup/26011850460/in/photostream/

という立場をあえてとりたいと思います。ＡＩが意図を持った独立したアーティストではないのはもちろんのこと、ＡＩを絵筆やピアノと同じように従来の意味での単なる道具としてみるのは、単純化し過ぎだと考えます[6]。ＡＩを擬人化して考えてしまう危険性と同様に、ＡＩを道具、ツールとしてみる見方は、ＡＩの可能性を矮小化する結果になり得るというのが本書の主張です。

ＡＩを単なる「道具」として扱うのは、もったいないと思うのです。前節で述べたように、道具とアーティストの中間にグラデーションがあり、ある程度の独立した要素を持つのがＡＩであり、そうした要素を最大限活用することこそが、ＡＩの利用、特に人間の創造性の拡張という観点で重要になる。そう言い換えてもよいでしょう。

一時期、世の中に広がった「ＡＩが仕事を奪う」、「ＡＩが人を支配する」といった極端なＡＩ悲観論や、その反対に「ＡＩがあらゆる問題を解いてしまう」といったＡＩユートピア論に抗うかたちで、「ＡＩは道具に過ぎない」という意見をよく耳にするようになりました。ＡＩはそのモデルの構造（アーキテクチャ）を意図を持って設計する人、学習データを集め学習環境を構築する人がいて、初めて学習を行うことができる――学習済みのモデルを実環境に配置し利用するのも人であり、人の存在なしにＡＩが自律的に動くことはあり得ない――そういった人（たち）の意図や目的に沿って、ＡＩは道具として使われているに過ぎないというわけです。

２０１９年には人工知能学会倫理委員会、日本ソフトウェア科学会機械学習工学研究会

[6] ただし、ＡＩが普及することで、道具という言葉の意味が拡張することは考えられます。

などの機械学習技術に関する複数の学会が、「機械学習は道具にすぎない」という共同声明を出しています[7]。ＡＩを万能視する見方に釘を刺し、正しく使う人の存在が必要不可欠であると伝えるための声明です。

私はこの議論の正当性を認めつつ、あえて本書では「ＡＩはピアノや絵筆のような単なる道具ではない」と主張したいと思います。

ここでいう「道具」とは、人の意図に沿って[8]、物をつくったり、環境に変更を加えたり、人の能力を増強するために使われるものです。例えば、絵筆は画家のイマジネーションを、本人以外の目にも見えるかたちでキャンバスの上に固定するために使われる道具です。ピアノも譜面として記号化された音楽を、演奏家の演奏意図に基づくかたちで実際に聴こえる音に変換する道具といえるでしょう。表計算のソフトウェアも、並べられた数字から合計や平均を算出し、グラフ化する道具です。一方で、もし絵筆が画家の意図や目的に関係なく動き、絵を描くようなことがあれば[9]、（少なくとも従来の意味での）道具とは呼べないでしょう。

この意味で、自動運転のためのＡＩや顔認識のためのＡＩは、道具となることを意図してつくられているといえます。音声認識などもそうでしょう。一般にあらかじめ定められた特定の仕事をこなすＡＩは、そのＡＩシステムのつくり手の意図通りに動くことこそが求められます。もしつくり手の意図から外れることがあれば、それは不具合ということになります。

ここで主張したいのは、ＡＩが持つこの予期せぬ不具合にこそ、人の創造性を高めるヒントが隠されているという点です。自動運転のＡＩが不具合で事故を起こしては困りますが、

[7]
「機械学習は道具にすぎない―学会が共同声明」／日本経済新聞電子版（２０１９年12月）https://www.nikkei.com/article/DGXMZO53206230R11C19A2000000/
人工知能学会 倫理委員会「機械学習と公平性に関する声明」（２０１９年12月）http://ai-elsi.org/archives/888

[8]
人間以外の動物にも道具を使う種がありますが、ここでは考えません。

[9]
「私が絵を描く際、自分がこれから何をしようとしているかという全体像が見えている。絵具の流れをコントロールしていて、そこには偶然の入り込む余地はない。」そう語るジャクソン・ポロックは、筆から滴る絵具を道具として使いこなしていたといえるでしょう。

後述するように絵を描くプロセスにおける間違いは、新しい表現の創出につながります。

私は何も人の意図通りに動く道具としてのＡＩのあり方そのものを否定するつもりはありません[10]。ただし、創作活動においてはそれが大きな制限になってしまう可能性があることを大いに危惧しています。人の意図通りに動くといったときに、一体それが誰の意図なのかをよくよく考える必要があると思うのです。

絵筆のつくり手がこう動作してほしいと考えていた意図と、その絵筆を使う画家の意図にどのくらい違いがあるでしょうか。もしかしたらどのくらい絵具を含むか、あるいは書き心地の部分で食い違いがあるかもしれませんが、きっとそれほど大きくはないでしょう。ピアノの場合も同じです。

一方で、ＡＩをベースにした道具の場合はどうでしょうか。ＡＩが自動的に動く領域が大きくなればなるほど、つくり手の意図と使い手の意図が乖離する余地が大きくなっていくのではないでしょうか。

それが自動運転の場合であれば、それほど問題にはなりません。なぜなら、車のメーカーが考える安全運転の基準と一般のドライバーが考える安全運転にそれほど大きな違いはないからです（交通ルールを遵守する、ほかの車や人を避けるなど）。しかし、ＡＩ作曲ツール

[10] 1.1節のアンケート結果にもあったように、面倒な繰り返し作業を自動化してくれるＡＩツールは有意義でしょう。

の開発者が考える作曲は、あなたが考える作曲と常に合致するといえるでしょうか。AI作曲ツールは、「音楽とはこういうものである」というツールの製作者の概念によって、その表現の枠を規定することにならないでしょうか。

別の見方をしてみましょう。AIが今よりもずっと進化した場面を想像してください。最初のアイデアを指示さえできれば、色を塗ったりアレンジメントをつくったりといった面倒な作業を、AIがやってくれるというわけです。脳波を読み取ってコンピュータをコントロールするBCI（Brain Computer Interface）も、その頃には実用化されているかもしれません[11]。そうなると、メロディーを想像しただけで、音符の列へと変換され、伴奏やリズムを伴う曲に変換されて出力されるという未来も荒唐無稽な夢物語ではなさそうです[12]。あなたが思い付きがちな画題や好きなメロディーのパターンすらも、学習によってAIが生成するようになるかもしれません。そこには前の月のヒットチャートを分析し、よりリスナーにウケるメロディーを生成するように手が加えられているかもしれません。そこまでくると、どこまでがあなたの作品だといえるでしょうか。

自分自身でそうしたAIシステムをつくることができる一握りのエンジニアやクリングマンのようなアーティストはよいかもしれません。しかし、あなたがもしパッケージ化されたシステムを使う一ユーザーだったとしたらどうでしょうか。あなたの指示通り正しく最適に動作するAIツールが反映する意図とは、実はツールを制作したソフトウェア会社、AIエンジニアの意図に沿う範疇内での、あなたの意図ということになるのです。

[11]
1998年に、米エモリー大学とドイツのチュービンゲン大学の科学者が、脳卒中を起こして身体不随になった男性の脳に電極を直接差し込みました。訓練を経て、彼は考えるだけでディスプレイ上のカーソルを動かすことができるようになりました。史上初めて、脳とコンピュータが直接接続された例です。

ミチオ・カク『2100年の科学ライフ』（NHK出版、2012年）

[12]
映画『バック・トゥ・ザ・フューチャーPART2』で、アーケードゲームをプレイする主人公に対して、「手を使ってるよ！」「赤ちゃんの玩具かよ」と周囲の子どもが言い放つシーンを思い出します。ちなみに映画内の設定では2015年の場面です。

言い換えれば、ツールが高度になればなるほど、ツールの設計時の想定の枠から逃れることが難しくなるということです[13]。スプーンはスープを飲むのに使うという制作者の意図通りに使えるのはもちろんですが、そこから逸れてナイフの代わりにしたり、食器を叩いて楽器にしたりすることができます（お行儀が悪いと叱られるかもしれませんが）。これがコンピュータのワープロソフトや表計算ソフトになると、想定されている以外の使い方をするのは難しくなります。それはソフトウェアが物理的な存在ではないこと、動作の一部がブラックボックス化されていて、道具を使う側が直接触れないという点が影響しています。さらにこれがＡＩになるとどうなるでしょうか。表計算ソフトで音楽編集ソフトやゲームをつくる強者はいますが[14]、頭に思い浮かべたメロディーが音楽になるＡＩシステムを、それ以外の別の用途に使うことができるでしょうか。

創作活動に関わる人々のあいだで、必ずしもＡＩの評判が高いわけではないというのは、仕事を奪う可能性があること以上に、創作活動を誰かが決めた型にはめるものというイメージがあるからなのかもしれません。

振り返ってみれば、新しい表現は得てして、道具の間違った使い方から生まれています。例えば、今や世界のヒットチャートを席巻する音楽ジャンル、ヒップホップは、道具の誤用

[13] François Osiurak, Jordan Navarro, Emanuelle Reynaud「How Our Cognition Shapes and Is Shaped by Technology: A Common Framework for Understanding Human Tool-Use Interactions in the Past, Present, and Future」Frontiers in Psychology（２０１８年３月）https://doi.org/10.3389/fpsyg.2018.00293

[14] Dylan Tallchief「I Made an Entire DAW in Excel」/ YouTube https://www.youtube.com/watch?v=RFdCM2kHL64

から生まれました。ターンテーブル（レコードプレイヤー）に乗せた回転しているレコードを手で押さえて前後に動かすことで独特のノイズを出す、いわゆるスクラッチの技法が、ヒップホップの誕生を振り返る上でターニングポイントになる出来事として挙げられます［fig1-15］。この技法によって、好きなタイミングで曲を頭出しできるようになるとともに、同じ曲のレコードを二枚用意し、リズムだけの間奏（ブレーク）を交互にかけることで、歌がないバックトラックを延々と鳴らすことが可能になりました。そこにラップと呼ばれるボーカルを乗せるという現在のヒップホップにつながる形式が生まれてくるわけです。

そもそもレコードの盤面を指で触ること自体、なるべく避けるべきものとされている中で、レコードを「擦る」行為は、ターンテーブルのもともとの設計意図からすると問題外の使い方だったといえるでしょう［15］。また、もともとモーターの個体差などに起因する回転速度のズレの微調整用として用意されていた「ピッチ・アジャスト」の機能も、異なるテンポ（BPM）の曲をつなげるために再生スピードを積極的にコントロールする機構として使われるようになっていきます［16］。こうしたターンテーブルの「間違った使い方」が、ヒップホップのみならずほかのダンスミュージックやクラブ文化が生まれる過程で果たした役割の大きさは、いくら強調しても強調し過ぎることはありません。

現在では、コンピュータ上でDJを行うためのソフトウェアが多数発売されています。今ではDJといえば、データ化された音源やパソコンを使う形態が一般的で、レコードやCDを使うDJのほうが少数派です［17］。

［fig1-15］
スクラッチを発明したグランド・ウィザード・セオドア
Flintmi「Grand wizzard theodore」CC BY-SA 3.0 / Wikimedia Commons https://commons.wikimedia.org/wiki/File:Grand_wizzard_theodore.JPG

もし歴史の流れがどこかで少しだけズレて、スクラッチという手法が考案される前に、ＤＪ行為がソフトウェア上で行われるようになっていたとしたらどうでしょうか。果たしてスクラッチという表現形式が、ＤＪソフトウェアを使う過程で生まれてきたでしょうか。ＤＪソフトウェアの開発メーカーは、再生位置を前後に動かしたときに生まれる音をノイズとして抑制し、それこそソフトウェアの機能として打ち出していたかもしれません（「再生位置を動かしてもノイズが出ない、ＡＩアンチ・スクラッチ機能を搭載！」）。

これは単なるたらればの話でしかありませんが、ソフトウェアとして実装されたターンテーブルのほうが、ターンテーブルそのものより誤用しにくいというのは、納得してもらえると思います。高度なＡＩが実装された表現のためのツール、楽器や絵筆を使って、果たしてジミ・ヘンドリクスのギターアンプのフィードバックやジャクソン・ポロックのアクション・ペインティングのような表現が果たして生まれるでしょうか。

ＡＩは道具に過ぎない、それは創作のプロセスにおいても同じである、したがって、アーティストの存在価値は未来においても変わらない……こういった見解は、一見正当性があるように見えますが、私には無責任な言い分に聞こえます。ＡＩを創作行為における道具としてみなすのであれば、ＡＩシステムの制作者ではなく、そのユーザー、使う側の人間の意図を最大限に汲み取るものである必要がある、そしてその延長線上には、「誤用」を許す余地を担保する必要があります。しかし、残念ながら現時点ではそういった意見を聞くことは少ないようです。

[15]
日本のヒップホップの歴史を語る上で避けて通れない大御所、DJ Krushも、１９８６年頃に自身が原宿の歩行者天国でＤＪパフォーマンスを始めた頃の思い出としてこう語っています。
「見たことのないおじさん、おばさんが寄ってきて、そんなにレコード触って大丈夫なの?と何度も言われたりして（笑）」
細川克明『Technics SL-1200の肖像―ターンテーブルが起こした革命』（リットーミュージック、２０１９年）

[16]
TECHNICS SL-1200の初期バージョンでは、ピッチ・アジャスト（調整）という名称が付いていましたが、１９７９年に発売されたSL-1200MK2以降は、ピッチ・コントローラーと呼ばれるようになりました。

もちろん、ここでいう誤用はあくまでも表現の領域においての話であり、他人のプライバシーを侵害するようなＡＩの利用や、ましてやＡＩの兵器への転用といった誤用を推奨しているわけではありません。

もう一つ、ＡＩを単なる道具であるとみなすことに違和感を持つのは、ＡＩシステム自体にある程度の自律性を認めるからです。自律性といっても、ＡＩが意図を持って自律的に動いていると言いたいわけではありません[18]。ＡＩシステムをつくる人、使う人の意図から外れて、あるいはそれを超えて勝手に動作する、ある程度の予測不可能性を兼ね備えているのが、ＡＩの面白いところだといえます。

「ＡＩ、あるいはより広くコンピュータは、やれと命じられたことをやるだけであり、新しいものをつくり出すことはない」。ＡＩが人を駆逐するといった極端な見方をたしなめる目的からでしょうか、こうした意見もよく聞かれます。コンピュータがそのつくり手であるところの人を驚かすことがあるかという疑問は、コンピュータの歴史の始まりから問われ続けてきました（これについては2.5節で詳しく述べます）。

確かにワープロソフトの動作は完全に予測がつきます（毎回表示結果が異なるワープロソフトなんて、怖くて使えないですよね）。これらに比べると、ＡＩのアウトプットは予測不可能性が高いといえます。確かにクリングマンやオブビアスの例では、学習したデータの内容に基づいて、どのような画像が生成されるのか、事前に彼らにはある程度予測がついたことでしょう。しかし、実際に生成された画像をすべて正確に予測することは不可能なはずで

[17] タイムコードが入った専用のレコードをターンテーブルで再生することで、コンピュータ内の楽曲データを専用のソフトウェアで再生する、Digital Vinyl Systemと呼ばれる仕組みも一般的です。

[18] 前節同様、自動的に動く、予測不可能性を含むといった狭い意味で「自律」という言葉を使っています。

すし、中には予測し得なかったようなタイプの画像が生まれて驚かされたこともあるはずです。

この緩やかに意図に添いながらも意外なアウトプットをもたらす可能性、予測不可能性を含んだ動作こそが、ＡＩの特徴です。「道具」という言葉からは、使う人の思い通りに動くものというイメージが想起され、得てしてそれ自体の自律性、予測不可能性を見落としてしまう可能性があります。

ただ改めて考えてみると、従来の道具、絵筆や楽器などにもある程度の予測不可能性や偶発性はつきものでした。画家が絵具のかすれ具合を完璧に予測することができないのと同様に、同じ楽器でドの音を弾いても／吹いても、毎回全く同じドの音になることはありません。こうした揺らぎが表現をより豊かにしてきたといってもいいはずです。見方によれば、一般的なソフトウェアがなくしてしまった、ある種の揺らぎを取り戻す存在として、ＡＩを捉えることも可能です。

まとめると、ＡＩを独立したアーティストのようにみなすことは間違いですが、単なる道具として矮小化してしまうと、ＡＩシステムの制作者の意図によって、表現の幅が制限される可能性がある。ＡＩの道具性を認めた上で、あえて／むしろＡＩの単なる道具ではない要素に着目し、そうした要素をどう最大限利用するかを考えることこそが、アーティストの創作活動を助け、その存在意義の担保につながる、ということになります。

人の知能の模倣を試みるＡＩは、私たちの知能を拡張する「道具」として機能する一方で、私たちの複雑で豊かな知能のあり方を映し出す「鏡」としても機能します。

ＡＩを単なる道具として扱うのではなく、そこにある種の自律性を認めることが新しい表現につながる。ＡＩは、誤用の可能性を許す道具のような存在であるべきである。本節で述べたこの相矛盾する二つの観点は、鏡としてのＡＩ、道具としてのＡＩ、それぞれに対応するといえるでしょう。この二つの側面から、人の創造性とＡＩの未来について考えるのが本書の目的です。

「私たちは道具を形づくり、その後、道具が私たちを形づくる。」

有名なマクルーハンの言葉のように[19]、私たちがＡＩを形づくり、ＡＩが私たちを形づくる。そんな相互作用の中で、どのようにＡＩと向き合うことが、より創造性に富んだ豊かな生活・文化・社会につながるのか。ともに考えていくことにしましょう。

[19]
We Shape Our Tools, and Thereafter Our Tools Shape Us.
実際は、マクルーハンの友人であり同僚のカルキンが、マクルーハンの思想を紹介する文章の中で紹介した言葉とされます。
John M. Culkin「A Schoolman's Guide to Marshall McLuhan」/『The Saturday Review』(１９６７年３月)

第2章

バベルの図書館
——AIを通して考える創造性の本質

2.1

創作とバベルの図書館

バベルの図書館

昔々あるところに巨大な図書館がありました。それはそれは広大な図書館で、過去に書かれた本はもちろん、これから書かれるかもしれない本、いえ書かれる可能性がある本すべてが収められていたといいます。すなわち、abcから始まる26のアルファベットとスペース、クエスチョンマークなどを含む30文字のありとあらゆる可能な組み合わせを網羅するすべての本の集合です。しかも蔵書はすべてそれぞれに異なっていて、同一の本が二つとないことがわかっていました。

ある日この図書館に迷い込んだわたしは、適当に書架から本を取り出してみました。最初に手に取った本は、こんな書き出しで始まっていました。

aatlewpukwhze p,uvtpqstymfhmpfbrteleaiswxu xxkouufdcg.opi djwn,prgjigdo,yldyhptn mrvvcejsa.xxchmxoihesl xsdckue bqsrbe..

次に手に取った本はこうでした。どうやら本の並びに、わかりやすい規則はないようです。

nidfug joukdfa hguwa fkjda outrqd kjfafdas gldaop gj qdfa buiokdsjaf faqeq

この図書館にある本のほとんどは、こんなでたらめな文字列で構成されていることでしょう。すべての可能な組み合わせの本が収められているのであれば、どこかに最初から最後まで「a」が続く本が必ずあるはずですし、その最後の一文字だけが「b」に変わっている本だってあるはずです。すべてがスペース「」から構成された空っぽの本もあることでしょう。

一方で、『ハリーポッターと賢者の石』もあれば『聖書』もきっとこの図書館のどこかに収められていたはずです。さらには明日の『ニューヨーク・タイムズ』の朝刊も明後日の朝刊も収蔵されていたことでしょう。

こうして、わたしはどこかに存在している、ハリーポッターの新作『ハリーポッターとAIの黒魔術』、夏目漱石のパロディ『嬢ちゃん』、太宰治の『グッド・バイ』完結篇を探して、この図書館の中を探し歩くことになりました（それぞれ英語のアルファベットで書かれているものとします）。

数十年かけて寝食を忘れて探し回った結果、ある日、「この本は、Artificial Intelligence（AI）=人工知能を用いたアートや音楽に関する取り組みを題材に、人間の創造性とAIの関係、その未来像についての考察をまとめたものです。」で始まる本に出会います（この本もアルファベットで書かれています）。

誰がこの本を書いたのか、わたしは訝しがりますが、本には著者の名前が書かれていません。そもそも、ありとあらゆる組み合わせの本が存在している中で、誰が書いたのかは重要なことなのだろうかとも考えます。わたしが「新しい」本をこれから書いたとしても、その本はすでにこの図書館のどこかに存在しているのです。だとしたら、この世の中に「新しい」本、まだ書かれていない本という概念自体があり得ないことになるのでしょうか。

わたしはこの本を出版社、ＢＮＮの編集者に見せてみることにしました。編集者は「こんな本は見たことがない。話題が飛躍しすぎるきらいもあるが、時代のニーズにも合っていることだから、出版しよう」とわたしに言います。

こうして出版された本が、あなたが今、手に持っている本です。

仮にそうだとしたら、誰がこの本を書いたことになるのでしょうか。「わたし」の行為は創造的なのでしょうか。

お気づきの方もいらっしゃるかもしれませんが、ここまでの設定はアルゼンチンの作家、ルイス・ボルヘス（Luis Borges）の短編小説『バベルの図書館（La biblioteca de Babel）』[1]をベースにしています[fig 2-1]。この小説の主人公は、一人の司書です。文字のあらゆる組み合わせをすべて網羅する図書館の中で生を受け、仲間の司書同様、意味のある本を探して図書館を彷徨いながら一生を過ごす定めにある、という設定です[2]。

もしあなたがこの司書だったとしたら、どのように本を探すでしょうか。ランダムに図書館を歩いて、面白い本に出会う可能性はどのくらいあるのでしょう。それはこの図書館の「蔵

[1]
J.L.ボルヘス『伝奇集』（岩波書店、２００３年）
バベルの図書館との対比は、慶應義塾大学ＳＦＣの松川昌平さんとの対談の中でアイデアを得ました。また次の本での著者とボルヘスの架空の対話も参考にしています。
ケヴィン・ケリー『「複雑系」を超えて―システムを永久進化させる９つの法則』（アスキー、１９９９年）

[fig2-1]
右｜『バベルの図書館』
Lamro「The library of babel」Fair use / Wikipedia https://en.wikipedia.org/wiki/File:The_library_of_babel_-_bookcover.jpg
左｜エリック・デマジエールによる挿絵
Erik Desmazières and Jorge Luis Borges「La salle des planètes」/ Library of Congress https://www.loc.gov/item/2004676847/

書数」を算出すると想像がつきます。

小説の設定をそのまま引き継いで、一冊の本が400ページからできていて、一ページに80行、一行40文字から構成されると決まっているものとします。一行の中にあり得るパターンの総数（重複順列）は30文字の40乗で、それだけで121576654590569288010000000000000000000000000000000000000000通りのパターンが存在します。一ページあたりではその80乗、一冊の本ではそのまた40乗となり、合計で、すなわち1.60掛ける10の1,890,715乗の異なる本があり得ることになります。これがどのくらい大きな数なのかは、観測できる宇宙に含まれる陽子の総数として予想されている数、エディントン数＝1.574掛ける10の79乗と比較すると自明でしょう。分厚いとはいえ、手の上に乗る400ページの本の中に、これだけのバリエーションが存在していることに驚きを覚えます。

一方ですでに述べたように、これだけの本のほとんどはでたらめな文字が並ぶだけで、意味のある本の数はかなり限られていることでしょう。実際に現時点でこの地球上に存在している出版された本の総数は、Googleの研究者らによって129,864,880冊、約1.30掛ける10の8乗冊と推定されています[3]。

もしこの司書が、聖書や未発表のハリーポッターの新作をこの図書館の中で見つけられたとしたら、彼または彼女は何か特別な方法を使ったに違いないといえます。でたらめに図書館を歩き回るだけで、そうした意味のある本に出会えるとは到底思えません。適当に手に取った本が聖書であることを祈るのは、ジャクソン・ポロックのように絵の具をキャンバスに投

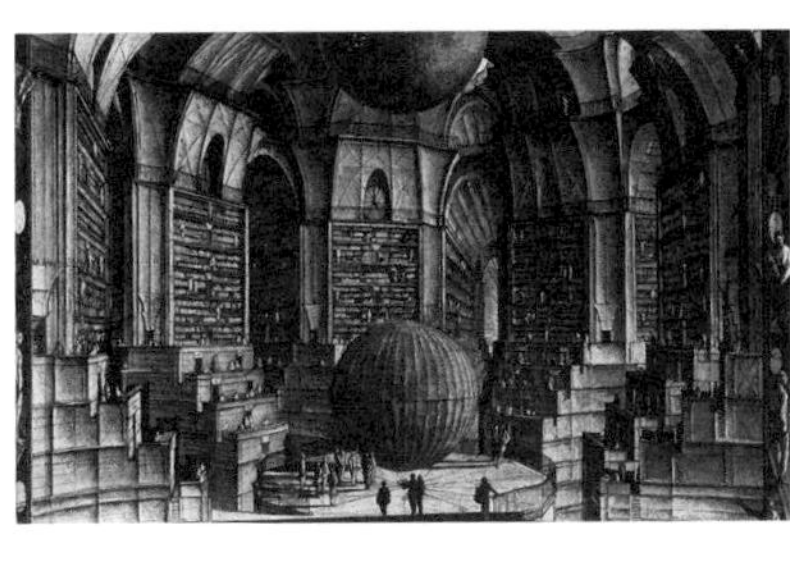

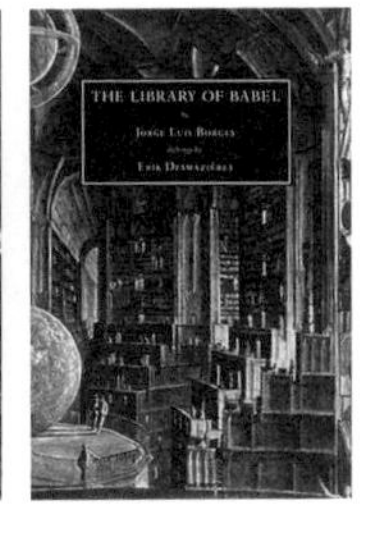

げつけて、モナリザが描き上がるのを期待するようなことです。

もちろん、この宇宙に含まれるすべての陽子の数を遥かに凌ぐ蔵書を誇る図書館が存在するはずはありません。一方で、本が特定の文字の組み合わせで成立している以上、その組み合わせ自体の総数は、膨大とはいえ無限ではなく、有限であるといえます。私がこの本を書く以前から、この本が書かれる可能性、すなわち連続する文字の組み合わせの可能性としてはすでにそこに存在していることになります。私はこの巨大な有限の図書館から、この本に書かれている文字の連なりに該当する本を探し出し、光を当てただけともいえます。

創作と探索

このバベルの図書館の寓話はかなり極端な例だと思われたかもしれません。そんな図書館は存在するはずがないし、ほとんどがでたらめな本だったら無意味だろうと。それでもこの寓話は、ＡＩの創造性を考える上で三つの観点で非常に示唆的です。

一つは、創作行為を「探す」「探索する」行為に置き換えている点です。直感的には、ただそこにあるものを「探す」行為を創造的な行為と呼ぶのは抵抗があると思います。創作、創造というと無から何かをつくり出すようなイメージがありますが、バベルの図書館のように、あらゆる可能な表現のパターンの総体を定義できれば、創作行為は探索する行為と同義

［2］
『バベルの図書館』では、英語よりも少ないラテン語のアルファベットが使われている設定になっています。
同様の逸話は、映画『ネバーエンディング・ストーリー』の原作、ミヒャエル・エンデの『はてしない物語』にも登場します。この逸話では、サイコロを振って無作為にアルファベットを綴る老若男女を監督する、一匹のサルが登場します。この設定は、タイプライターとサルと無限の時間があればシェークスピアの作品を打ち出すだろうとする、いわゆる無限の猿定理を念頭に置いていると思われます。

［3］
Ben Parr「Google: There Are 129,864,880 Books in the Entire World」/Mashable（２０１０年８月）https://mashable.com/2010/08/05/number-of-books-in-the-world/

とみなせるということです。

これは何も文章だけに限ったことではありません。例えば、コンピュータ上で扱う画像のことを考えてみましょう。話を簡単にするために、GIF画像のように256色の色のパレットを扱うとします。縦横2ピクセル、合計4ピクセルの小さな画像のあり得るパターン（ここでも重複順列になります）は256の4乗で、これだけでも43億パターンの可能性があります（回転は考慮に入れていません）。ピクセル数が増えて画像が大きくなれば、あり得る画像のパターンの数は指数関数的に大きくなり、まさに天文学的数字になります。それでも色数とピクセル数が有限であれば、あり得る画像の「バベルの美術館（？）」に収蔵されている画像の数は有限なはずです。したがって、コンピュータ上で絵を描くという行為も、バベルの美術館のキュレーターとして想像できるはずです。

コンピュータの外の実世界で絵を描くことを考えると、色数は無限にあります。赤と一言でいってもそのバリエーションは数え切れません。またピクセルもいくらでも細かく考えることができるでしょう。先の例では、ピクセルという単位で画像を区切り、かつ256色に色数を限定することで、巨大な数とはいえ、有限のパターンに限定することができました。「バベルの図書館のように、あらゆる可能な表現のパターンの総体を定義できれば」と書いたのはそういう意味です。あらゆる可能な表現のパターンの総体、バベルの図書館やバベルの美術館のことをコンピュータ・サイエンスの言葉を使って「探索空間」と呼ぶことにすると、「創作の探索空間を定義でき、それが十分に大きければ、創作は探索として考えられる」

と言い換えることができます。

探索空間の定義次第で、探索される表現のかたちは大きく変わります。256色で表現できる画像はかなり限られていますし、一ページだけの本では言いたいことは伝えられません。表現に必要な十分な広さを持つとともに、十分に探索できる、広大すぎない探索空間を持つことが望ましいといえます。探索空間の定義自体も創作行為の一部といってよさそうです(制限が創造性の母といわれるように、上手に制限を設けることは重要です)。

音楽も同様です。ヒップホップからハウスまで、数多くの音楽ジャンルを通して世界の音楽の歴史を変えたとされるドラムマシンの名機、Roland TR-808には[fig 2-2]、キック、スネア、ハイハット[4]など、同時に使える11種類の音が収録されています[5]。TR-808では16分音符単位で一小節、すなわち16音に対して、打点の有無を設定できるようになっています。キックのパターンの総数は、そこに音があるかどうかの2パターンが16個連続するので、2の16乗で65536通り存在することになります。11トラックすべてを合計すると9.5掛ける10の52乗のパターンがあることになります。これも大きな値ですが、有限です。アフリカ・バンバータから、ファレル、そしてディプロらに至るまで、TR-808を使うアーティストは皆、この有限のパターンの中から、格好いいリズムパターンを探してきたといえるでしょう[6][fig 2-3]。その中で、ヒップホップからハウス、ドラムンベースといった多様な音楽ジャンルが生まれてきたと考えると非常に興味深いと思いませんか。

検索エンジンなどの例を挙げるまでもなく、探索はコンピュータが得意とする処理です。

[4]
それぞれ一般的なドラムセットにあるドラムの種類。

[5]
一部の音は種類を切り替えて使えるようになっているので、収録数の総数は16種類になります。

[6]
実際には各ドラム音の音程やディケイ(長さ)を変更することで、より多様なリズム、グルーブが構築できます。

[fig 2-2]

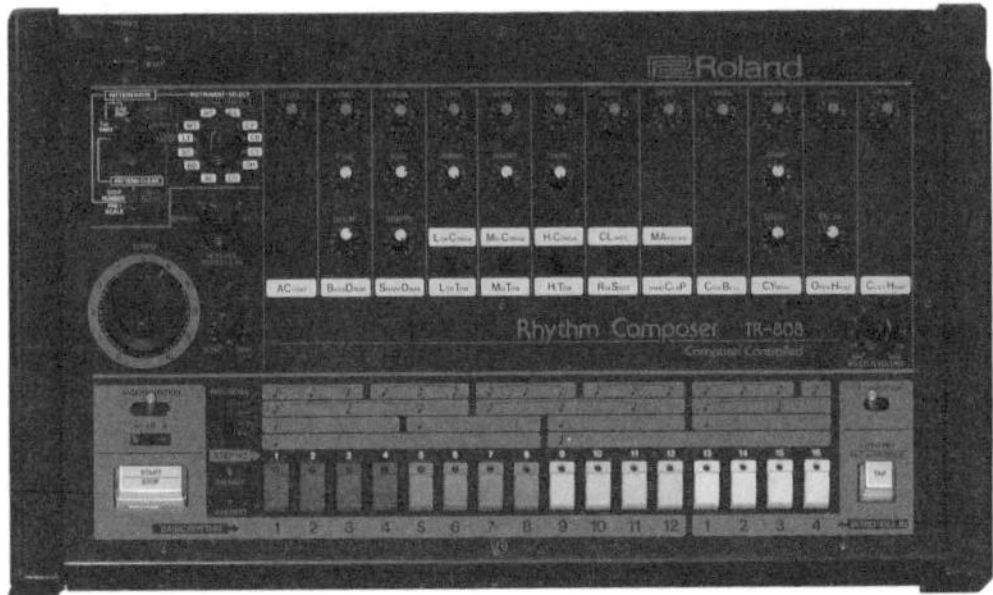

[fig 2-3]

Pattern 1	1	2	3	4	5	6	7	8	9	10	11	12	13	14	15	16
Bass Drum	■															
Snare Drum									■							
Closed Hi-hat	■				■		■		■				■		■	
Open Hi-hat																
Cymbal	■															
Clap									■							

Pattern 2	1	2	3	4	5	6	7	8	9	10	11	12	13	14	15	16
Bass Drum	■			■												
Snare Drum									■							
Closed Hi-hat	■		■		■		■		■		■		■			
Open Hi-hat																
Cymbal	■			■												
Clap									■							

Pattern 3	1	2	3	4	5	6	7	8	9	10	11	12	13	14	15	16
Bass Drum	■														■	
Snare Drum									■							
Closed Hi-hat	■				■		■				■		■		■	
Open Hi-hat																
Cymbal	■														■	
Clap									■							

Pattern 1	1	2	3	4	5	6	7	8	9	10	11	12	13	14	15	16
Bass Drum	■				■				■				■			
Snare Drum					■								■			
Closed Hi-hat	■				■				■				■			
Open Hi-hat			■				■				■				■	
Cymbal	■															
Clap									■							

[fig2-2]
Roland TR-808
Brandon Danielderivative「Roland_TR-808_&_909」CC BY-SA 2.0 / Wikimedia Commons
https://commons.wikimedia.org/w/index.php?curid=3527250

[fig2-3]
TR-808におけるリズムパターンの例

「ＡＩによる創作」というと難しく聞こえますが、「ＡＩによる探索」であれば少し可能性が見えてくる気がしてきます。

二つ目の観点は、賢く探索する手法、探索アルゴリズムの重要性です。バベルの図書館の例が示すように、ただ行き当たりばったりでは、有限とはいえ天文学的な数の本の中から面白い本を探すことはできません。上手に探索する必要があります。この賢い探索の手法、アルゴリズムの存在が創造性の有無を左右するわけです。アルゴリズムとは、物事の処理の仕方、計算の仕方の明確なルールのことを指します。

もし本がアルファベット順に並んでいるのであれば、お目当ての本が、ランダムに選んだ目の前にある本より前にあるのか後ろにあるのか？という判断を繰り返すことで、最初から一冊一冊確認していくよりもずっと早くその本に辿り着けることでしょう［7］。

TR-808の例で挙げた音楽ジャンルの存在は、ある種の探索のアルゴリズムといえるかもしれません。ハウスであれば、四分音符に対応するタイミングにキックドラムを入れ、裏拍［8］に当たる箇所にオープンハイハットを入れれば、いわゆる四つ打ちの典型的なリズムになります。では、こうした典型的なパターン以外の格好いいパターンを探索する際に、必要になることは何でしょうか。先に説明した通りの組み合わせの問題として、ランダムにリズムをつくることは簡単にできます。バベルの図書館で適当に本を手に取ってみるのと同じです。

もしすでに格好いいとされるリズムがわかっているならば、それらを少しだけ変えてみてもいいかもしれません。

［7］
二分探索と呼ばれるれっきとしたアルゴリズムの一例です。

［8］
四分の四拍子の曲で「1と2と3と4と…」とリズムを取ったときの、「と」の部分が裏拍にあたります。

もし少しだけ変えることでより良いリズムが得られたならば、また少し変更を加えてみます。もし変更前のほうが良かったのであれば、加えた変更を元に戻した上で、また別の箇所を変えてみましょう。この作業を繰り返すことで、より良いリズムが生まれるはずです。この手法も、ランダムサーチと呼ばれるれっきとした探索アルゴリズムです。

またほかの格好いいとされるリズムと組み合わせてみるのもよさそうです。いずれも闇雲にリズムを打ち込むよりもよいでしょう（あとで紹介する遺伝的アルゴリズムは、進化の考え方に基づいて既存の答えを少しだけ突然変異させたり、組み合わせてみたりすることで効率よく探索するアルゴリズムになります）。ここでまた新しい疑問が生まれます。なんの前提もなしに「より良い」という言葉を使いましたが、何をもって「良い」とするのでしょうか。探索するためには、あるリズムパターンが「格好いい」かどうか、あるいは本の中の文章が「美しい」「面白い」かどうかといった「良し悪し」を決める定量的な価値基準が必要になることがわかります。

このように、三つ目のポイントとして、創作物の探索空間の中で探索を行うためには、価値の評価を行う必要があるという点が挙げられます。アーティストやミュージシャン、作家らは創作活動の中で常にこの評価を行いながら、「格好いい」「面白い」「美しい」絵画や音楽、文章をつくり出しているわけです。そこでは創作と評価は表裏一体であり、創作者は同時に自分の創作に対する批評家でもあるわけです[9]。こうした探索空間内の、各候補（本や音楽など）の価値を評価するアルゴリズムのことを、一般に「評価関数」と呼びます[10]。

[9]
Colin Martindale『Clockwork Muse』（Basic Books, 1990年）

[10]
評価関数も探索アルゴリズムの一部と捉えるのが一般的ですが、ここでは説明のために分けています。

ここで、バベルの図書館の物語の主人公の司書をＡＩ化することを考えます。ＡＩ司書によって興味深い本を探すには、何が必要でしょうか。本棚にある本をロボットハンドで取って高速にスキャンするスキャナがつくられたとして、次に必要なのは本の価値を評価する評価関数です。どういう本を探しているかという司書の目的に応じて、本の面白さや有益さ、文章の美しさを評価するアルゴリズムを適切に設定することが不可欠です。

難しいのはどのようにこうした評価をコンピュータ上で行うのかという点です。『ハリーポッターと賢者の石』と一字一句同じ本を探すのであれば、問題は比較的簡単ですが、まだ世の中に知られていない本の評価をＡＩにさせるにはどうしたらいいのでしょうか。

AlphaGoや電王戦などで話題になった囲碁や将棋のＡＩですが、これらもやっていることは探索です。盤の状況を評価し、その状況で打てる有限の手の中で自分にとって最も有利な状況、最終的に勝ちにつながる手を探索しているのです。ここでも評価関数が必要になることがわかります。最近は将棋の実況解説などでも、ＡＩが算出する評価値（形勢値）が表示されることが増えてきました。盤上の駒の配置、手駒の種類などから、どちらの棋士が有利かを定量化して示しているわけです。ＡＩが将棋を指す場合には、複数ある候補手の中から将来の自分の評価値が一番高くなると予想される手を選んでいくことになります［fig 2-4］。

しかし、将棋や囲碁のＡＩが持つ評価関数と、文章や音楽などを創作するＡＩの評価関

[fig 2-4]

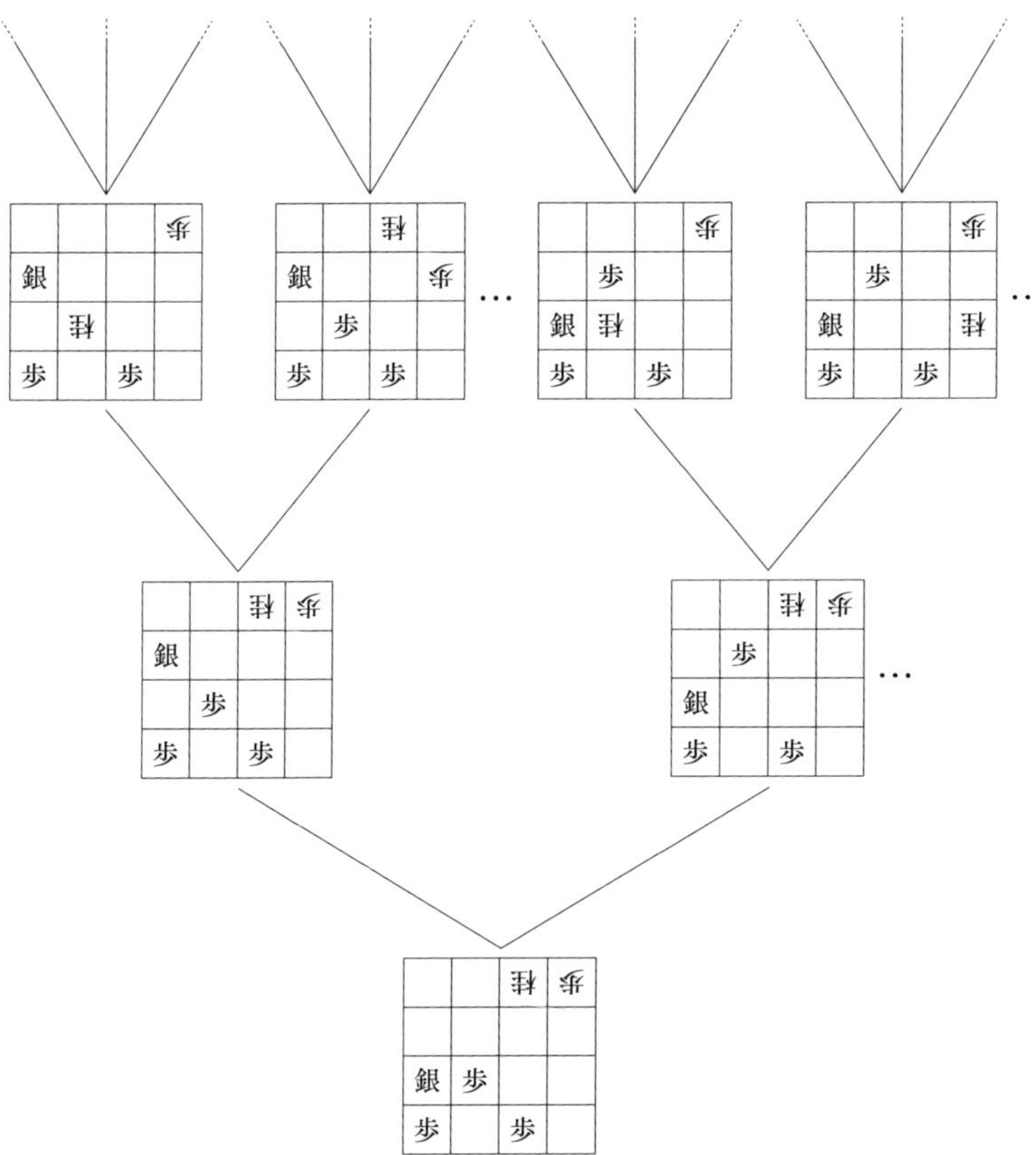

[fig 2-4]
将棋の盤面の可能性のツリー構造の例

数には、大きな違いがあります。囲碁や将棋の最終的な評価は絶対的です。駒の数や盤の大きさが変わったり、突然ルールが変更されることもありません。それに対して、創作活動には絶対的な評価というのは存在しません。価値判断が時代や文化、個人によって変化していくのです。それ以前の価値基準によると、単なる落書きやガラクタ、ノイズでしかなかったものが、評価基準が変化することによってアート史、音楽史に残る重要な作品と呼ばれることもあります。ピカソ、デュシャン、ジミ・ヘンドリクスらの例を引くまでもなく、そうした評価基準の変化が常に起きているのが表現の世界です。

またある時点の評価基準をとったとしても、そこには絶対的な良し悪しの評価を導くのが難しい場合がほとんどです。ピカソとダヴィンチを比較してピカソのほうが優れているとは必ずしも言えないはずです。「写実性においては」とか「高次元の空間を平面に落とし込んだという点で」といった、特定の切り口において甲乙をつけることができる程度でしょう。

将棋でいうならば、明日から相手の王将ではなく飛車を取った人を勝ちとしますといった具合にルールがころころ変わったり、対局中の駒の配置の美しさや持ち駒の数だけで評価するような状況でしょうか。もちろんそんなことは起きません。最終的に相手の王将を詰ませること、相手よりも広い陣地を獲得すること、それが将棋や囲碁における探索の不変で絶対的な目的なのです[11]。

こうした点からも、表現の世界における評価関数の設定が難しいことは理解していただけるでしょう。評価自体が主観的で変化していくものを、アルゴリズムに落とし込むことは非

[11] もちろんその中でもより美しく勝ちたいという目的は存在するでしょうが、それは二次的な目的でしょう。

常に困難です。

そこで例えば、直接的に作品の良し悪しを評価するのではなく、すでに評価が固まっている作品との類似度によって間接的にその価値を評価することを考えることにします。名作とされる多数の作品に共通する文字や単語の並びのパターンを、与えられた学習データから導こうというわけです。

こうして、文章の良し悪しを評価する仕組みをＡＩで実装できたとして、バベルの図書館のＡＩ司書を実現するために、もう一つ足りないものがあります。

この図書館の蔵書の数を思い出してください。すべての本を評価するには膨大な時間がかかります。例えば一秒に数千冊評価できたとしても、この宇宙の誕生から現在までの時間を遥かに超える時間が評価にかかります。ただ闇雲に図書館を歩き回るだけでなく、どこに面白い本がありそうか目星をつけて、賢く探し回る必要があるわけです。これが二番目に挙げた探索アルゴリズムの必要性に相当します。

「効率のよい探索の手順は、その探索空間が十分に広いとき、真の創造性と区別できなくなる。[12]」

2.6節で紹介する進化生物学者リチャード・ドーキンス（Richard Dawkins）の言葉です。

本節ではそれぞれの要素の技術的な詳細は一旦棚上げしていますが、創作を探索としてみな

[12] リチャード・ドーキンス『盲目の時計職人—自然淘汰は偶然か？』（早川書房、２００４年）

すことで、コンピュータ、特にＡＩで創作活動を扱うための道筋がうっすらと見えてきました。

ここまでの議論をまとめましょう。バベルの図書館の寓話が示唆するように、創作行為の範囲を上手に十分に大きく、かつ有限の範囲に限定することができれば、創作は探索行為として考えることができます。そのときに、十分に表現力があると同時に探索可能な有限の領域、探索空間を定義することが重要になります。その上で、探索に必要なのは、探索空間内に存在する候補の良し悪しを評価するための評価関数と効率よく評価の候補を選ぶための探索アルゴリズムです。

次節以降、難しい哲学論議に立ち入らないようにしながら（筆者には荷が重すぎます）、創造性とは何かを改めて定義した上で、ＡＩが創造性を持つとはどういうことか議論を続けることにしましょう。

2.2

コンピュータから見た創造性の定義

創造性の定義

改めて、創造性とは一体なんでしょうか？

ここまで曖昧なままにして話してきましたが、ここから先の議論を深めていくために、何らかの指針を挙げておきたいと思います。

「創造性に溢れた作品だ」「あの人はクリエイティブな人だ」「これからの日本社会には創造性が必要とされている」。日常的によく聞く言い回しですが、創造性や創造的であることを具体的に定義できる人はそう多くないでしょう。それでも、人はある対象（人や作品）を見たときに、創造性に富んでいる、あるいは創造性に乏しいといった評価を、程度の差はあれ下すことができます。知能を定義することは難しいけれど、その有無は判断できるというのと似ています。

手元にある新明解国語辞典（三省堂 第七版）では、創造を「新しいものを造り出すこと」と端的に定義しています。もう一つの定義として、神が宇宙や人間・動物の祖先を造り出すこと、というものもありますが、こちらは天地創造といった使い方の場合の意味になるでしょう。この大文字の創造[1]は本書の議論の中では概ね無視することとします。

幅広い見地から創造性に関する研究を扱う日本創造学会は、研究者によって様々な立場、定義があることを認めつつ、「創造」を次のように定義する考え方を紹介しています[2]。

「人が／問題を／異質な情報群を組み合わせ／統合して解決し／社会あるいは個人レベルで

[1]
英語では、創造という単語が後者の意味で使われる場合、常に「the Creation」と頭文字を大文字で書くことになっています。

[2]
日本創造学会「創造の定義」
http://www.japancreativity.jp/definition.html
高橋誠『新編創造力事典―日本人の創造力を開発する【創造技法】主要88技法を全網羅！』（日科技連出版社、2002年）

／新しい価値を生むこと」。

さらに創造性を「創造を生み出す人間の持つ力」としています。ここで創造性の源泉を人間のみに限定している点が目を引きます。

発想法として有名なＫＪ法を生み出した川喜田二郎氏が、創造を「なすに値する切実なものごとを、おのれの主体性と責任において、創意工夫を凝らして達成すること」としているように、創造には主体性や意図が必要であるというのは大多数の定義に共通するポイントです。例えば、生物界の進化の仕組みは、非常に単純な単細胞生物から長い長い時間をかけて、私たち人間を含む多種多様な動物を生み出してきました。「人が」という部分を除けば、先の定義に当てはまるように考えられます。しかし、遺伝子による形質の継承、適者生存の原則に基づいた淘汰、突然変異によるランダムかつ微小な世代間の変化などの仕組みの組み合わせによって、進化という現象が現れたわけで、自然には何かを生み出そうとする意図は全くありません。一方で、スティーブ・ジョブズやピカソが苦心の上に新しい製品や作品を生み出す行為や、その背後にある強い意図の存在は、多くの人が創造という言葉から連想するイメージとも合致しています。

本書は機械、特にＡＩが創造的になり得るか、人の創造性を考える上で機械の創造性から学べることはないのか、をテーマにしています。先ほどの定義に添うならば、人ではない時点でＡＩは創造性を持ち得ないということになります。果たしてそうでしょうか。意図を持たないＡＩの仕組みや進化が、（少なくとも表面的には）創造的に見える振る舞いをする中から、創造行為の本質を掘り下げて考えることはできないでしょうか。

創造性が人にのみ許された能力なのかどうか、言葉の定義の意味論的な議論はここでは棚上げし、本書では、創造性という言葉を一般に考えられているよりも幅広く使います。意図の有無や主体の如何にかかわらず、新しく（new）、驚きがあり（surprising）、価値がある（valuable）アイデア、モノをつくり出す能力のことを創造性と呼ぶことにします。

今まで存在しなかったという新しさ、そんなアイデアは思いつかなかったという意外性や驚き、それでいて奇をてらったデタラメなものではなく、きちんと価値を認められる、この三つが揃って初めて創造的と呼ばれる。私たちの実感とも一致する定義ではないでしょうか（もっともゴッホのように価値が認められるまでに時間がかかる場合もあります）。

この定義は心理学者、マーガレット・ボーデン（Margaret Boden）によるものです[3]。ボーデンはComputational Creativity[4]と呼ばれる研究分野で、創造性に関する研究に従事してきた第一人者です[5]。Computational Creativityは、コンピュータを通して創造性についての理解を深めようとする研究領域で、「特定の役割を果たすことで、先入観を持たない観察者が創造的（creative）とみなすであろう振る舞いをみせる計算システム（computational system）に関する、アート、サイエンス、哲学、エンジニアリング」と定義されています[6]。

[3]
Margaret A. Boden「Computer Models of Creativity」/『AI Magazine』Vol.30 No.3（2009年7月）https://doi.org/10.1609/aimag.v30i3.2254

Margaret A. Boden『The Creative Mind: Myths and Mechanisms: Second Edition』（Routledge, 2003年）

[4]
日本語では「計算論的創造性」と訳されることもあります。ここでの「Computational」はある種の手続き（アルゴリズム）に則った操作を指していて、必ずしも私たちが日々使っているようなコンピュータだけに限定しているわけではありません。

[5]
あとで紹介するエイダ・ラブレスといい、最初のコンピュータ・アートの大規模な展覧会を開いたヤシャ・ライハート、マーガレット・ボーデンと、この領域では女性のパイオニアが目立つのは偶然でしょうか。

この定義からもわかるように、Computational Creativityは越境的な研究分野です。コンピュータ・サイエンス、心理学、美学などの研究者やエンジニア、アーティストたちが学際的な議論、実践に取り組んでいます。その研究対象には、絵画、映像、文学、音楽作品などの制作をサポートするツールや、作品を自動生成するシステムの実装などが含まれます。これらのシステムを実装することで人の創造性を拡張するとともに、その実装の過程を通して創造性についての理解を深めようというわけです。別の言い方をすると、コンピュータを、1章で述べた「道具」と「鏡」の両面で機能させようとする試み、ということになるでしょう。本書全体も、つくることで理解しようとする、Computational Creativityのアプローチに倣っているといえます[7]。

[6] Computational Creativityの国際学会、International Conference on Computational Creativityによる定義です。

[7] 筆者が慶應義塾大学SFCで運営する研究室の名前も、「Computational Creativity Lab」としています。

創造性の分類

ボーデンは、そのほかにも有益な創造性の分類を残しているので、ここで紹介しておきましょう。一つは、創造性の対象に関する分類です。

創造性というと、先に挙げたジョブズやピカソ、モーツァルトといった天才の名前が頭に浮かびますが、砂場で遊ぶ幼児や自分たちで新しい遊びのルールをつくる子どもたちも創造的だとはいえないでしょうか。自分がまだつくったことがない新しい料理のレシピを試したり、会社までのいつもの通勤路を外れて近道を見つけたりといった些細なことでも、本人にとっては大きな意味があります。この創造性の違いは誰にとっての新しさ、驚き、価値なのかという違いともいえます。人類全体に対して、新しさ、驚き、価値を持ったアイデアや作品を生み出したピカソらに対して、後者は自分自身や限られた友人たちにとっての限定的な創造性と見ることができるでしょう。ボーデンは、前者をHistorical Creativity (H-Creativity)、後者をPersonal/Psychological Creativity（P-Creativity）と呼び、区別しながらも、両者を研究の射程に入れます。これによって、創造性という言葉の対象を広げ、相対的に比較することができるようになりました。H-Creativity、P-Creativityの代わりに、大きな創造性、Big-Cと、小さな創造性、Small-Cといった言い方をすることもあります。

もう一つ、ボーデンは創造性がどのように立ち現れるのか、その手法や形態に関して、次の三つの分類を提案しています。

まずはCombinational Creativity（結合的創造性）、異質なアイデアやモノを組み合わせて新しい価値を生み出すという組み合わせの創造性です[fig 2-5]。創造学会による創造性の定義にも「異質な情報群を組み合わせ」とあったように、最も一般的な創造性のかたちです。

筆者の授業で、創造性とは何か自分の言葉で定義するようにと質問したところ、「ピーナツバター&ジェリー・サンドイッチを考案すること」と答えた学生がいましたが、まさに典型的な組み合わせの創造性の例です。あんパンに明太子パスタ、カレーうどん。料理の世界はまさにこうした組み合わせの創造性の宝庫です。日本人が特に昔から得意としてきたタ

[fig 2-5]

組み合わせの創造性

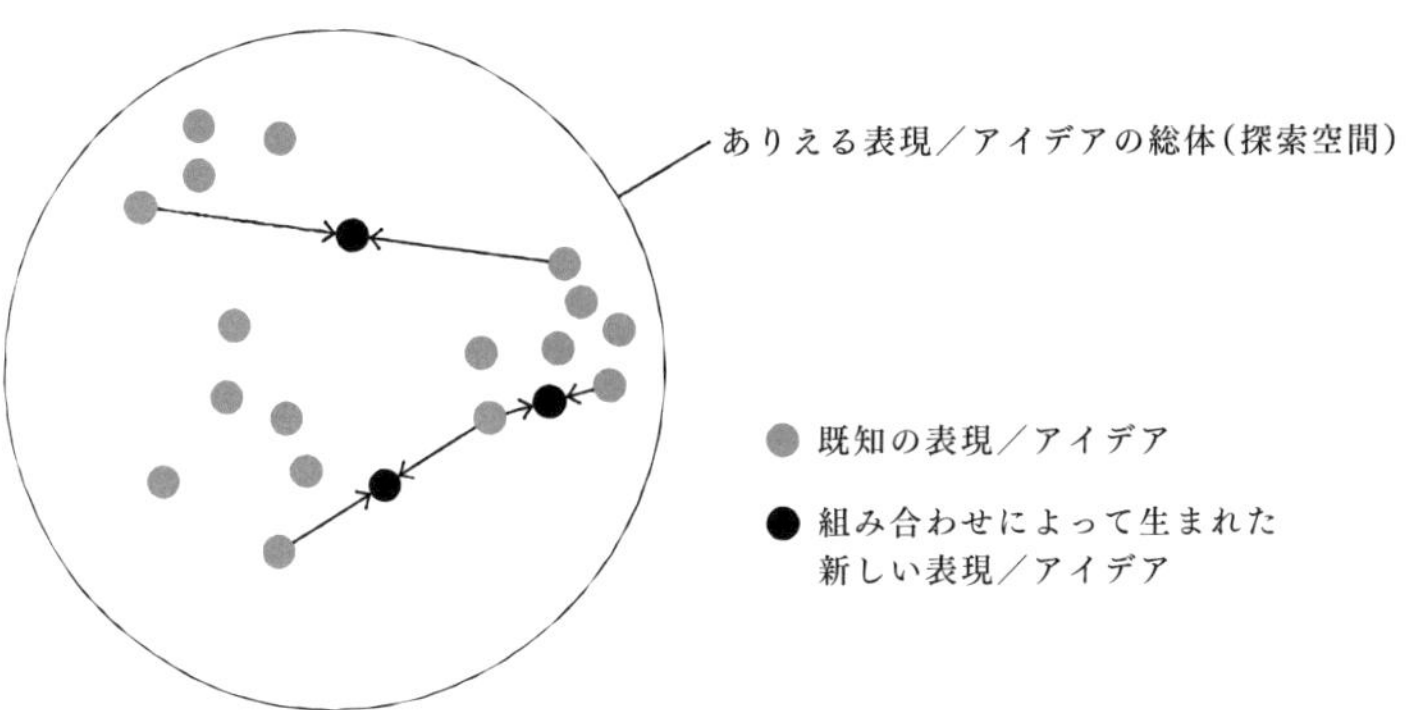

[fig2-5]
組み合わせの創造性

イプの創造性といっても間違いではないでしょう。

世界を大きく変えた発明の中にも、組み合わせの創造性は多数見られます。今では私たちの生活に欠かせないスマートフォンもそうです。2007年のアップル社のイベントで、スティーブ・ジョブズは、携帯電話、iPod（携帯音楽プレイヤー）、ウェブブラウザの三つの機能を挙げ、これらが手のひらに収まる一台のデバイスに集約されたものとして、iPhoneを紹介しました。天才と称されることの多いジョブズですが、ゼロからiPhoneを生み出したわけではありません。iPhoneは、既存の製品や機能の組み合わせだったのです[8]。

次のExploratory Creativity（探索的創造性）は、ある決められたコンセプトや概念、可能性の空間を、あらかじめ定められた手続きや手順に沿って探索する創造性として定義されています[fig 2-6]。わかりにくいと思うので例を出しましょう。

モーツァルトの名前で『音楽のサイコロ遊び（Musikalisches Würfelspiel）』と呼ばれる本が出版されていることは広く知られています。この本には、二小節の音楽の断片が多数収録されています。サイコロを二個振って出た値によって、これらの断片を並べていきひとつのまとまった楽譜が完成するというものです。有限な数の断片をある一定数並べると考えると、あり得る組み合わせは膨大な数ですが有限になります（とある試算では45,949,729,863,572,161が組み合わせの総数だそうです[9]）。モーツァルトが楽譜の断片を書いた時点でその組み合わせの総体としてのあり得る楽譜、音楽全体も、有限の可能性しかないことになります。組み合わせの総体としてのあり得る音楽の可能性の探索空間を、サイコ

[8]
徳井直生、永野哲久、金子智太郎『iPhone×Music—iPhoneが予言する「いつか音楽と呼ばれるもの」』（翔泳社、2009年）
拙著では、iPhoneがこれらの機能の組みわせであるという事実が、単にiPodをインターネットにつなげた以上のインパクトを音楽の聴取形態に与えたことを考察しています。

[9]
Lawrence M. Zbikowski『Conceptualizing Music: Cognitive Structure, Theory, and Analysis』（Oxford University Press, 2005年）

[fig 2–6]

探索的創造性

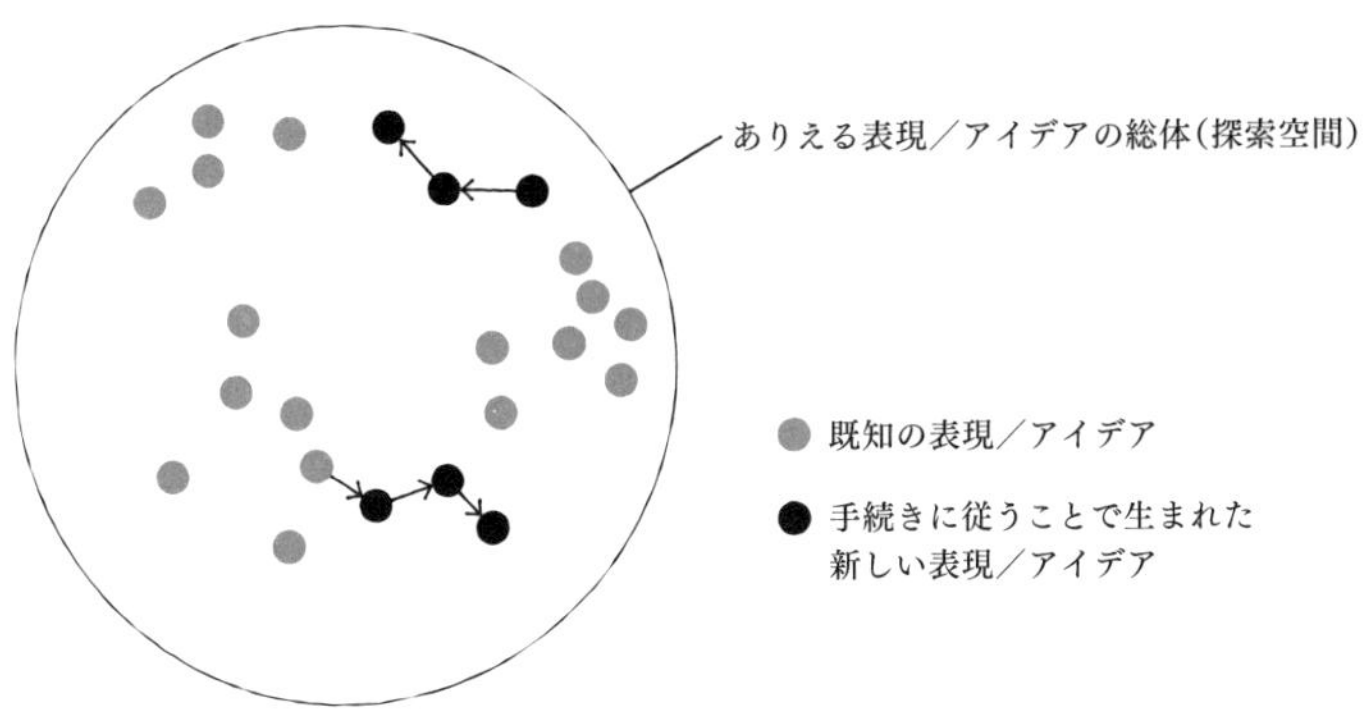

[fig 2–6]
探索的創造性

ロを振るという手続きによって見つける／探索する、これが探索的創造性のひとつの例になります。すでに可能性としては存在している、そこに埋まっている組み合わせを、サイコロを振る行為によって掘り起こし、具現化するようなイメージで捉えてもよいでしょう。

ここで重要なのは、探索する可能性の空間全体が、手続き同様、事前に定められているということです。この場合、用意された有限な数の音楽の断片の群として事前に定まっているからこそ、サイコロを振るという簡単なルールによって選んでいくことができるわけです。いくらここでサイコロを振ったとしても、ビートルズやエミネムの曲が生成されることはありません。それでも出来上がった楽譜に向き合った演奏家や聴衆を驚かせるのに足る耳新しい音楽を提供したことでしょう。それが証拠に、同様の本はモーツァルトだけでなく、ハイドンやカール・フィリップ・エマヌエル・バッハ（J.Sバッハの息子）らの名前でも出版されていたといいます。音楽の神さまたちはサイコロを振ったようです。

三つ目が、Transformational Creativity（変革的創造性）です。これは探索的創造性で取り上げた、概念やコンセプトの空間そのものを拡張する創造性として、定義されます［fig 2-7］。探索空間を拡張する創造性と言い換えてもよいでしょう。

ピカソの絵画、例えば『アビニョンの娘たち』［fig 2-8］やデュシャンの『泉』は、それまでの絵画、アートの概念を拡張したという点で変革的創造性のよい例です。これらの作品以前と以後では、概念そのものが変化しています。変革的創造性は最も難しいタイプの創造性といえます。

［fig2-8］
ピカソの『アビニョンの娘たち』

［fig 2-7］

変革的創造性

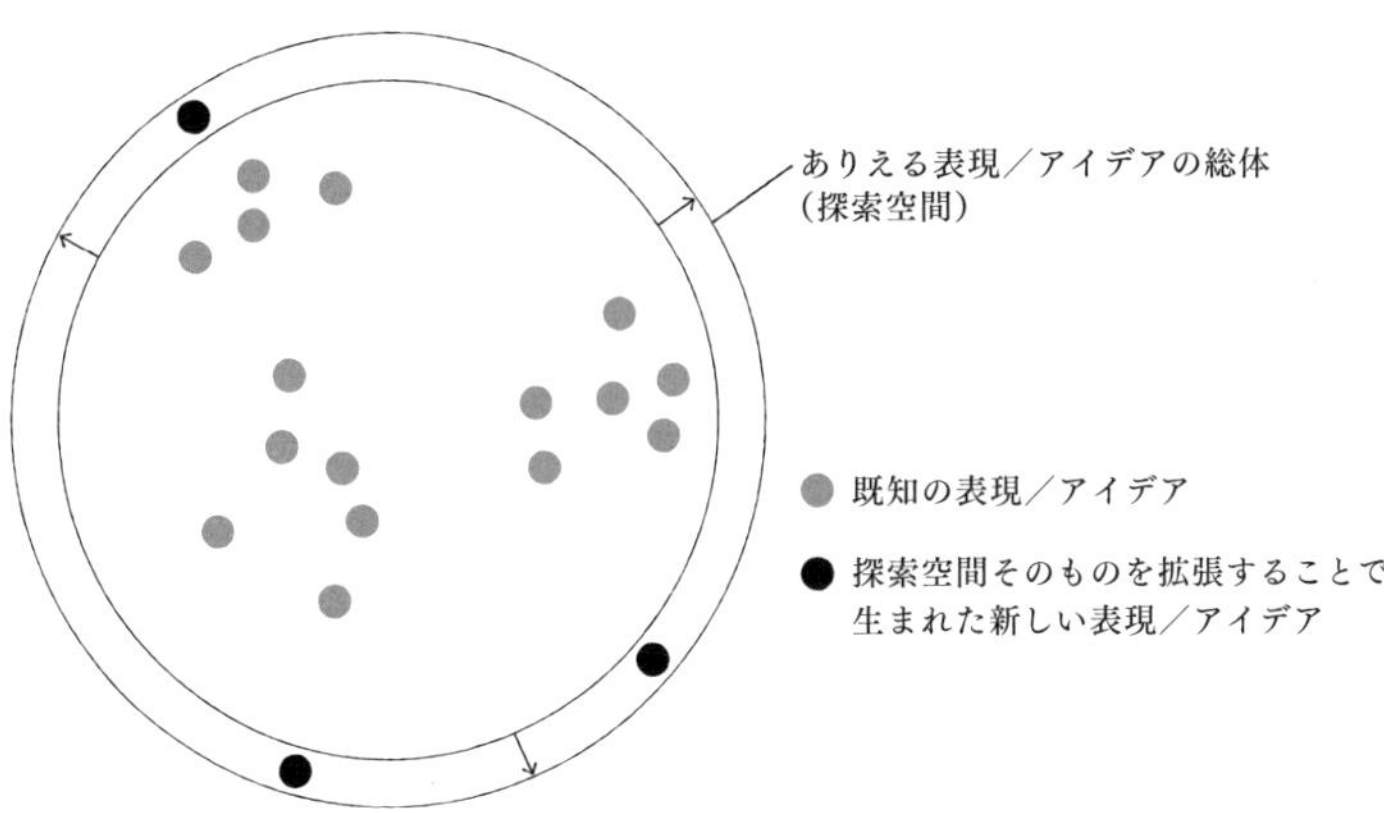

［fig 2-7］
変革的創造性

もちろんこれらの分類は相互に排他的なものではなく、その違いは連続的であり、ほとんどの場合、複数の要素を持ちます。組み合わせをルールづけることによって、探索的に創造性を発揮する場合もあるでしょうし、のちに歴史的な世界を変えた歴史的なものとして評価される創造性も、はじめは単なる個人的な創造性の発露にしか過ぎなかったはずです。例えば、前述のモーツァルトのサイコロ遊びは、組み合わせの創造性と探索的な創造性、両方の側面を持っているといえるでしょう。

ジャクソン・ポロックは、床に置いたキャンバスに絵の具を滴らせたり（ドリッピング）、絵筆を投げつけるかのように描くアクション・ペインティングで知られる画家です[fig 2-9]。アメリカの現代美術史において最も重要なアーティストとも呼ばれますが、この手法もある種手続き的であるといえます。ドリッピングという手続きをとることで特有のスタイルを確立しました。モーツァルトの場合と違って、出来上がる絵の可能性の空間は有限とはいえませんが、一方でポロックの手法によってモナリザが生まれることはあり得ません。しかし結果として、抽象絵画表現の概念そのものを拡張する作品を残したことはご存知の通りです。手続きに基づいた探索的手法と変革的創造性が組み合わさった例として捉えることができます。

機械学習を使ったアート作品の中で私が特に気に入っているもののひとつに、韓国のアーティスト・グループ、Shinseungback Kimyonghunによる『Nonfacial Portrait』という作品があります[10][fig 2-10]。名前の通り、ポートレイト（似顔絵）を描く作品なのですが、絵が描かれているあいだ、カメラがキャンバスを捉え、顔認識のアルゴリズムにかけられます。画

[fig 2-9]
右｜ジャクソン・ポロック
Hans Namuth「Namuth - Pollock」
Fair use / Wikipedia https://en.wikipedia.org/wiki/Jackson_Pollock#/media/
左｜『Number 32』
Jackson Pollock「Number-32」
Fair use / WikiArt https://www.wikiart.org/en/jackson-pollock/number-32-1947

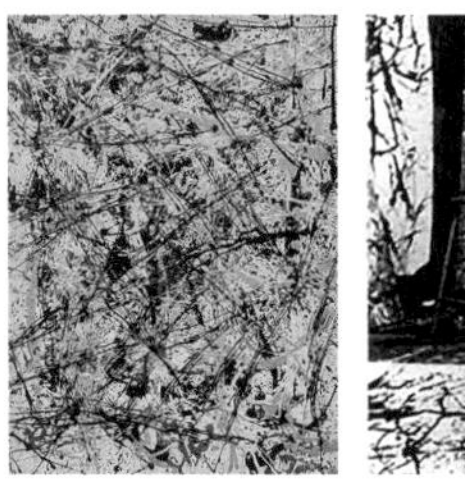

[fig 2-10]

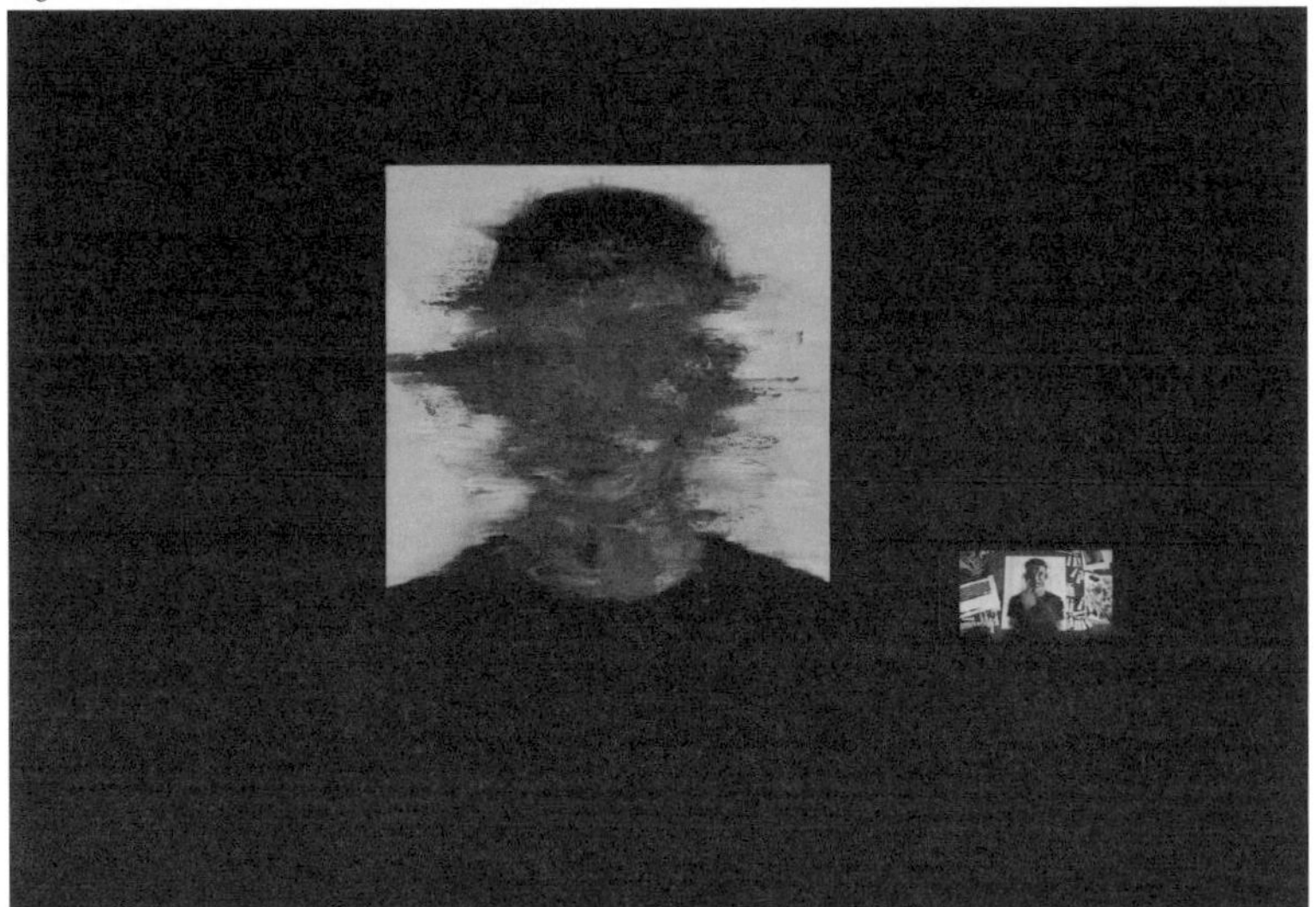

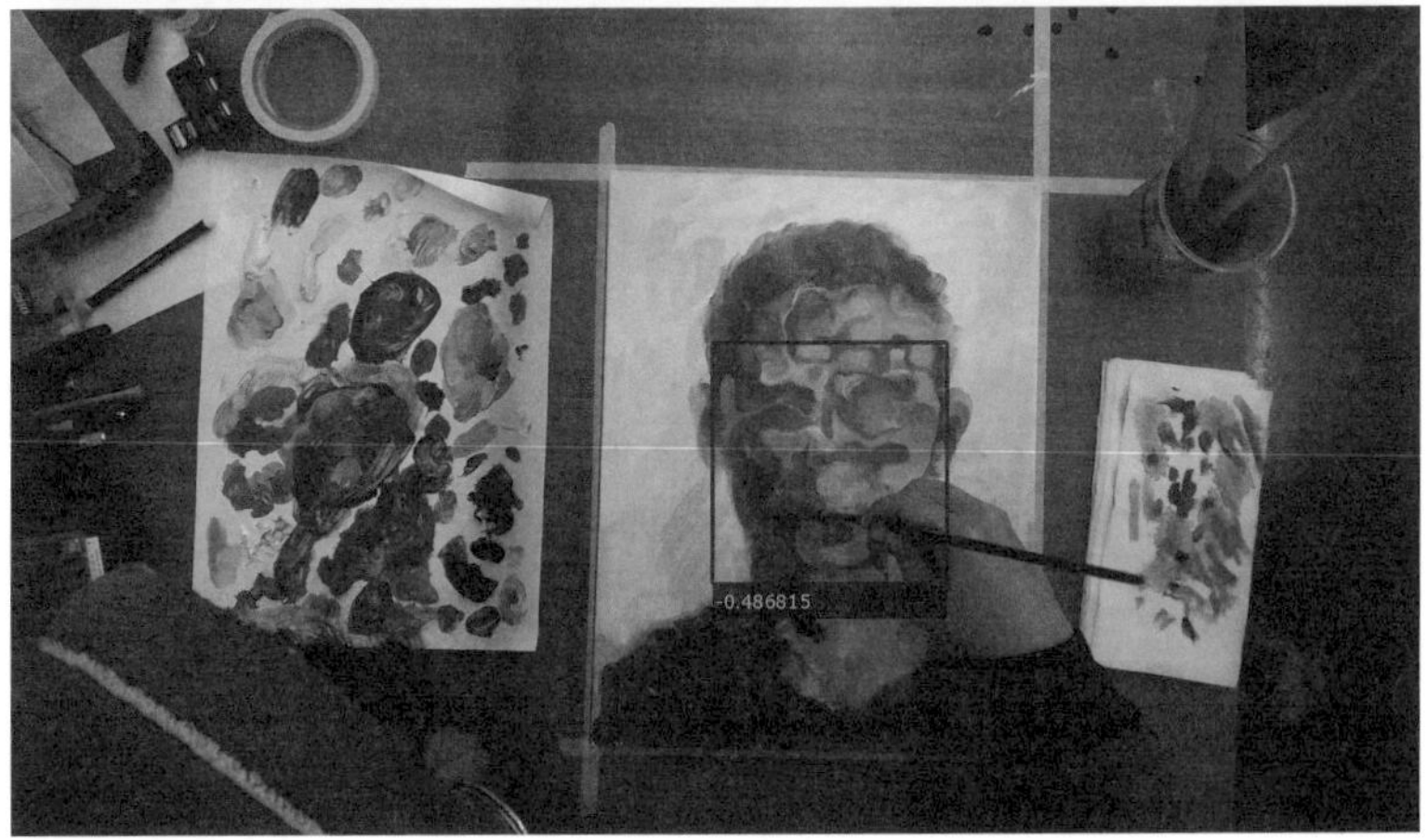

[fig 2-10]
『Nonfacial Portrait』
提供：Shinseungback Kimyonghun

[10]
Shinseungback Kimyonghun http://ssbkyh.com/works/nonfacial_portrait/

家にはアルゴリズムによって顔として「認識されない」ように、ポートレイトを描くようにとの指示が出されています。本来、顔を描くはずの似顔絵でありながら、顔として認識されないように描かなければいけないという相反する心理的な綱引きが画家の頭の中で行われることになります。絵を描く主体は人間である画家ですが、作品の制作過程で必須となる認知・評価の部分を機械学習の顔認識モデルとして外部化することで、似顔絵というコンセプトの境界線上に画家を否応なしに押しやる結果となる点が、この作品の面白いところです。

機械学習を使うというセッティングや、認識されないように描くというルールを用いた、探索的な創造性の発露と見ることができる反面、似顔絵という概念の領域を拡張しようとする、変革的な創造性を模索する作品ともいえるでしょう。しかし、ここで概念の拡張によって生まれた似顔絵が、ピカソの『アビニョンの娘たち』のような歴史的なインパクトを持つ、H-Creativeになるかどうかはまた別の話です。

ここまでの議論を前節のバベルの図書館の寓話に結びつけるとどうなるでしょうか。ここでいうコンセプトの空間、可能性の空間は図書館の蔵書全体に当てはまります。使える文字の種類や一冊に含まれる文字数が決まっていたので、バベルの図書館の蔵書、すなわちありとあらゆる可能な文字列の総数は、（まさに天文学的な途方もない数ではありますが）有限です。

組み合わせの創造性は、この図書館の中で複数の本、あるいは異なる本から取り出した異なる章を組み合わせ、並べ替えることで新しい本をつくるような行為に当てはまります。そうやってつくった本も実はこの図書館のどこかにもともと存在しているはずなので、この編集によってその本を「見つけ出した」ことになります。

探索的創造性は、なんらかの手順に基づいて、手続き的に本を探していくことに相当します。もし一般的な図書館のように規則的に本棚が並んでいるのであれば、お目当ての本を探すのはずっと楽になります。例えば次節で紹介するcharRNNのような深層学習のテキスト生成モデルは、文字の並びのもっともらしさを定量化することで、一文字ずつ違う本が隣り合って置かれた本棚から、もっともらしいものを探し出す仕組みになります。

最後の変革的創造性はどうでしょうか。これはコンセプトの空間そのものを変革する、拡張する創造性なので、ここでは図書館の蔵書を増やすことに相当します。すでにありとあらゆる本を含んだ図書館であると仮定しているのにもかかわらず、どうやって図書館を拡張できるのでしょうか。実は答えは簡単です。この図書館にはない本がたくさんあります。どんな本だかわかりますか。

単純に日本語の本です。もし蔵書がすべて英語のアルファベットで書かれているのであれば、平仮名や漢字を含む日本語の本はありませんね。文字が増えることで、表現できる本の数は格段に増えることになります。また、もともとの定義からすると、この図書館には絵本はなさそうです。絵が挿入された本、あるいは絵を中心に物語を組み立てられた本は、本の概念を拡張しているといってよいでしょう。ごまかされたように感じるかもしれませんが、表現の領域は常にこうやって拡張されてきたのです。ピアノにエレキギター、シンセサイザーといった新しい音色が加わることで、音楽のバベルの図書館が大きく拡張されたように。

図書館を拡張する方法はほかにもあります。例えば、各々の本に書かれた文章をソフトウェアのソースコードやある種のバイナリデータ[11]として捉えるというのはどうでしょうか。これらを解釈するプログラムを新たに書くことで、本に書かれた文字列が、別の文字列はもとより、音楽や映像にも、ゲームにも変換されます。既存のものに全く別の解釈を与えることでその価値を大きく変えることも、変革的創造性の一つのかたちです[12]。

前節で創作行為を探索と捉えることで、ＡＩが得意な領域に引きつけることができることはわかりました。ここでのポイントは、十分に大きくてかつ有限の表現の領域＝探索空間と探索のアルゴリズム、そして評価関数の三つを揃えることでした。

バベルの図書館のＡＩ司書が創造的であるためには、新しく、驚きがあり、価値がある本を探すことができなければなりません。意味のないランダムなアルファベット列はもちろんのこと、いくら面白い本でも『ハリーポッターと賢者の石』にそっくりな本を探しても創造的とはいわれません（少なくともこの定義に従えば）。

では、実際のＡＩは、どのように未知の新しい・驚きがある・価値がある本を探すのでしょうか。次節では、ＡＩを使ったテキスト生成の事例を参考に、ＡＩの観点から見た創造性について考察を続けます。

［11］コンピュータが処理するために二進法で表現されたデータ。

［12］デュシャンの『泉』が好例。

2.3

AIによるテキスト生成
——バロウズ、ボウイとGPT-3

AI「と」書く文章

「
万有引力とは
ひき合う孤独の力である。[1]
」

「
わたしたちは、氷砂糖をほしいくらいもたないでも、きれいにすきとおった風をたべ、
桃いろのうつくしい朝の日光をのむことができます。[2]
」

「
地球が回る音を聴きなさい。[3]
」

作家や詩人の文章に含まれるみずみずしい比喩や、そこから立ち上がるイメージの豊かさにはいつも感銘を覚えます。いずれも簡単な語彙の組み合わせでありながらも、ユニークで創造的な（新しく、驚きがあり、価値がある）センテンスです。

こうした美しい文章をAIによって生成することは可能なのでしょうか。もしそれが難しいのであれば、せめてユニークな表現を生み出す手助けだったらどうでしょうか。

前節までに創作行為を探索としてみなす見方を提起し、アルゴリズムに基づいた創造性についての議論を進めるための土台をつくりました。本節では、実際のAIの領域での「バベルの図書館」について見てみましょう。AIを用いた文章生成の例です。

[1] 谷川俊太郎『二十億光年の孤独』（集英社、2008年）

[2] 宮沢賢治『注文の多い料理店』（新潮社、1990年）序文より。

[3] オノヨーコ『グレープフルーツ・ジュース』（講談社、1998年）この本に触発されてジョン・レノンは名曲『イマジン』を生み出したといわれます。

2020年8月現在、AIを用いた文章生成用の言語モデルとして最先端にあるとされるのが、OpenAIが発表したGPT-3［4］です。OpenAIは、人類にとって安全で有益な強いAIの実現を目指す研究機関で、イーロン・マスクらが出資したことでも知られています。ガーディアン紙が、「AIは人類を滅ぼさない」というテーマでGPT-3が生成した文章を署名入りでop-ed欄に使う［5］など、その精度の高さが認められています。ある大学生［6］がGPT-3を使って自動生成したブログ［7］がHacker News［8］でトップを飾るといったこともありました。この記事を見た多くの人が、AIによって生成された文章であることに気づかないまま、ブログを購読したといいます。また、GPT-3はスプレッドシートを自然言語を使って埋めたり（〝アメリカのIT上場企業トップ十社の設立年を並べよ〟）、商品の情報を入力することで、自然でインパクトのあるタグライン（キャッチフレーズ）を生成するといったタスクにも使え、汎用性の面からも非常に優れています。

中でも筆者のお気に入りは、テキストベースのロールプレイングゲームが遊べる『AI Dungeon』［9］です。少し古い例で恐縮ですが、『かまいたちの夜』や『弟切草』といったテキストで進行するゲームを思い起こしてもらえるとわかりやすいでしょうか（当時はサウンドノベル、ノベルゲームと呼ばれていました）［10］。AI Dungeonとそれらの大きな違いは、主人公の行動に制限がないことです。文章で入力することで、思いついたどんな行動でも取ることができ、それでもGPT-3によって状況を破綻させることなく、ゲームが進行していきます。その柔軟性は驚くほどです［fig 2-11］。

［4］
2020年9月22日。米マイクロソフトがGPT-3のライセンスを開発元のOpenAIから独占取得したと発表。OpenAIはそれまで非営利でよりオープンなAI研究を標榜してきただけに批判も聞かれています。
https://blogs.microsoft.com/blog/2020/09/22/microsoft-teams-up-with-openai-to-exclusively-license-gpt-3-language-model/
https://thegradient.pub/ai-democratization-in-the-era-of-gpt-3/

［5］
GPT-3「A robot wrote this entire article. Are you scared yet, human?」（2020年8月）
https://www.theguardian.com/commentisfree/2020/sep/08/robot-wrote-this-article-gpt-3

［6］
ガーディアン紙に技術協力し、GPT-3が書いたとする記事を生成したのも実は同じ学生でした。

［fig 2−11］

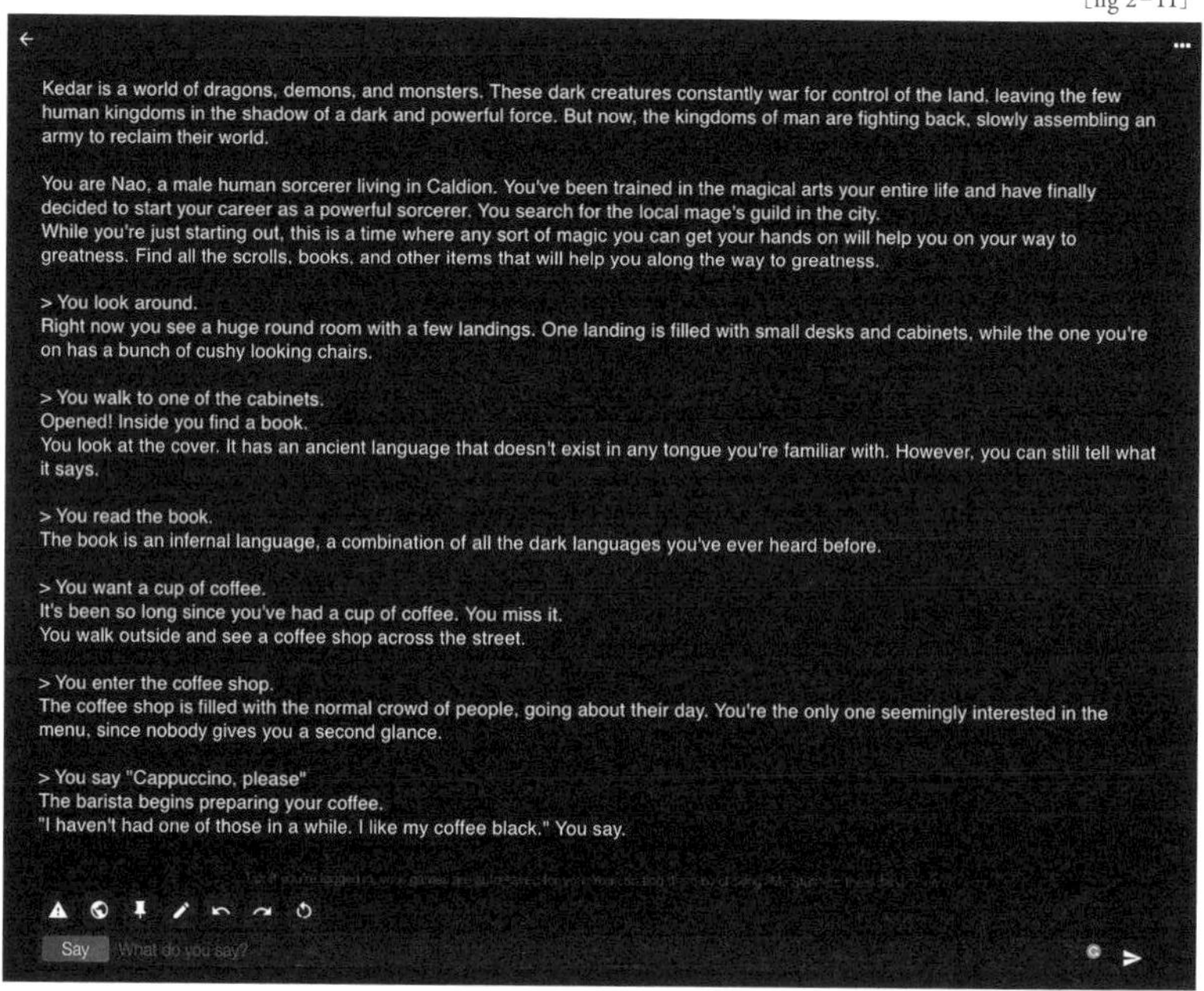

［fig 2−11］
『AI Dungeon』

［7］
Karen Hao「A college kid's fake, AI-generated blog fooled tens of thousands. This is how he made it.」/ MIT Technology Review（２０２０年８月）
https://www.technologyreview.com/2020/08/14/1006780/ai-gpt-3-fake-blog-reached-top-of-hacker-news/

［8］
プログラマ向けの著名なソーシャルニュースサイト。

こうした最先端の研究が日々更新されていく中で、本節では議論をよりわかりやすくするために、GPT-3に比べると表現力でははるかに見劣りするものの、ずっとシンプルな構成を持つ言語モデル、charRNNを取り上げることにします。

２０１５年の5月、当時スタンフォードで博士課程に在籍していたＡＩ研究者アンドレイ・カルパシー（Andrej Karpathy）［11］が、The Unreasonable Effectiveness of Recurrent Neural Networks［12］と題したブログ記事を公開しました。

この記事では、再帰型ニューラルネットワーク（Recurrent Neural Networks、ＲＮＮ）と呼ばれる深層学習モデルを用いた文章生成の仕組みを簡単に説明した上で、カルパシーが選んだ文章群を学習して生成した文章の例を多数紹介しています。シンプルな実装にもかかわらず、ＲＮＮが生成する文章のそれらしさと垣間見える面白い間違いなどが話題を呼びました。ある程度まとまったテキストデータがあれば誰もが自分でＲＮＮモデルの学習と文章生成を試せるようにと、簡単に使えるソースコードを公開していたこともあり、その後、多くの人が彼のＲＮＮモデルを試すこととなります。

ＲＮＮは、ニューラルネットワークの出力が入力にフィードバックする、再帰的（Recurrent）な構造を持つニューラルネットワークです［fig 2-12］。出力が次の入力に利用されることで時

［9］
『AI Dungeon』
https://play.aidungeon.io/

［10］
世代によってはゲームブックが良い例になるかもしれません。

［11］
２０１７年には、カルパシーは31歳の若さでテスラのＡＩ研究部門のディレクターに抜擢されました。

［12］
「The Unreasonable Effectiveness of Recurrent Neural Networks」/ Andrej Karpathy Blog（２０１５年5月）http://karpathy.github.io/2015/05/21/rnn-effectiveness/

[fig 2-12]

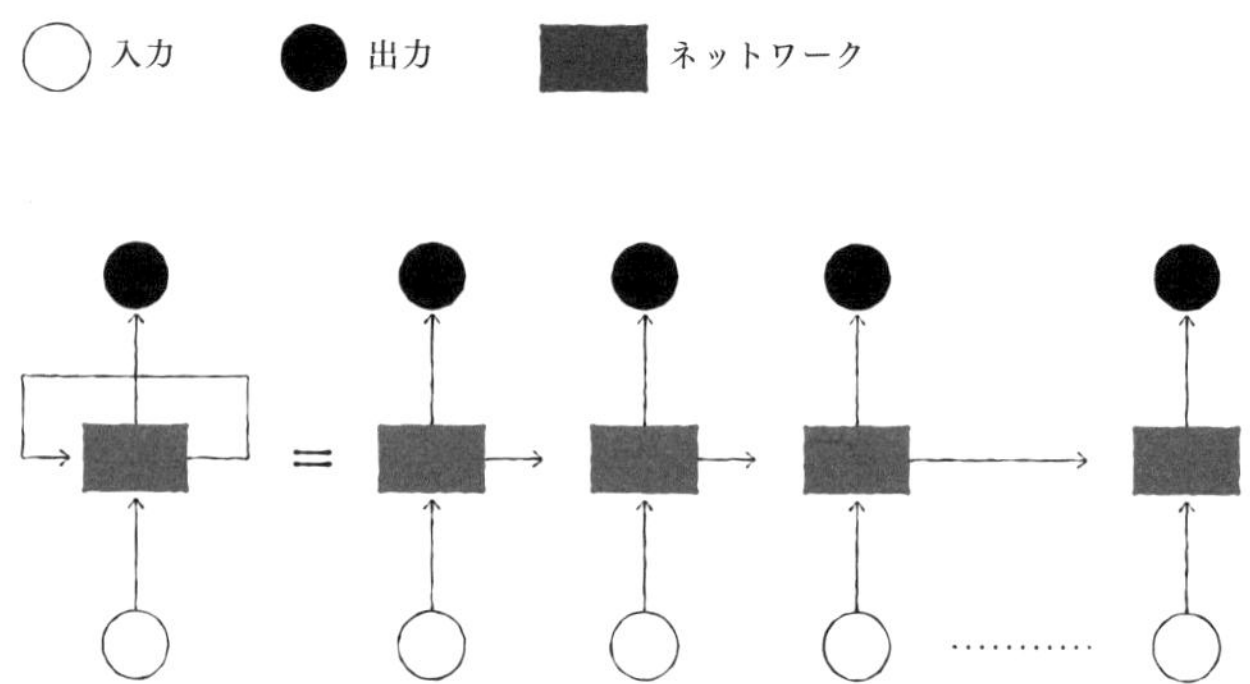

[fig 2-12]
RNNの構造。左の構造を時間経過に沿って展開したのが右側

間的な前後の依存関係を学習することが可能になり、一般に文章や種々の時系列データ（気象データや株価など）の解析や生成などに使われています。のちに述べる音楽の生成も、RNNをベースにしたものが主流です。

AIを用いた文章の生成には、複雑な自然言語の文法をどうコンピュータで扱えるかたちで表現するかという難しい問題がつきまといます。一方、カルパシーのブログ記事におけるアプローチは非常にシンプルでした。アルファベット「a」「b」…「A」「B」…と「，」や「.」「?」「!」などの記号一つひとつを単位とし、前に並んだ記号の並びのパターンから次に現れるであろう、最も「自然な」「もっともらしい」記号を予測するというものです。一般的な英語の文章を学習したのであれば、h, e, l, lと並んだあとに、「d」や「g」が来る可能性はほとんどゼロでしょう。なぜなら、helldやhellgで始まる一般的な単語は存在しないからです。「a」や「b」であれば、hellacious（とても悪い）やhellbent（固く決心して）といった単語が存在するので、可能性はあります。それでもよく使う単語という意味では、「o」（hello）である確率が高そうです。もちろん学習に用いるテキストデータやh・e・l・lの前の記号列も、そのあとにくる記号の確率に影響を与えます。もっとくだけた話し言葉をテキスト化したものを学習データとして用いていて、かつ直前にGo toが並んでいれば、hellの次には「!」がふさわしいということになるかもしれません。

こうした時間的な前後の依存関係を学習できるのがRNNの強みになります。このように直前に並んでいる記号の列から、次に来るもっともらしい記号を一つずつ予想し追加していくことで、一続きの文章を生成することになります。深層学習を用いた文章生成の場合、現在はGPT-3のように単語を単位として、前後の関係を学習することが一般的ですが、この記事では文字を単位とするRNN（のちにchar-rnnあるいはcharRNNという名前で知られるようになります）でも、ある程度意味の通った文章が生成可能であることを示しています。

その実例として、このブログ記事の中でいくつかのテキストのデータセットを学習して生成した例が紹介されています。その中には、著名なシリコンバレーの投資家でテクノロジー・スタートアップに関する著作でも知られるポール・グラハムのエッセイや、シェイクスピアの全著作、Linux OSのソースコードなどがあります。生成例を見てみると、単語を正しく綴れているだけでなく、スペースやコンマの使い方なども学習できており、概ね英文法に沿った文章が生成できている一方で、文全体としてはまだまだ意味のある文章になっているとは言い難い部分も散見されます。意味の通った文章の予兆を感じさせる、といった表現が妥当でしょうか。

バベルの図書館の円球の試作品を生成しているのです。こうした探索の行為の外で考えるという模倣した欠陥を得ることになります。創造性、上司たちは、これを考えることになります。アートは、GANのアルゴリズムと面白いのを隠した知能を生み出すことができるということで、こうしたわたくしたちの肖像性に使われています。

実際にこの本の原稿を、charRNNの仕組みを使って学習し、文章を生成するとこのようになります。やはり文章の断片が生まれていることは見てとれますが、全体として意味のある文章とはいえないでしょう[13]。

一方で、カルパシーが驚いたのは、Linuxのソースコードを学習した場合に、「*」や「!」「=」といった記号が正しく使われているだけでなく、「{」でスタートした節をきちんと「}」で閉じなければならないというルールも大量のソースコードから学習していた点です。このあたりがブログ記事のタイトルに「Unreasonable Effectiveness（非合理的な有効性）」と付けさせた所以でしょう。

機械学習以前のＡＩ言語モデルでは、どうにかして文法、英語であればＳＶＯ（主語・動詞・目的語）の構造であったり、形容詞の係り受けの関係をアルゴリズムの中で表現する方法を模索していました。ところが、深層学習の言語モデルはそうした文法を明示的にモデル化する必要性をなくしてしまいました。大量の学習データさえあれば、そのデータに内在する文法構造も学習してしまえることがわかったのです。それが証拠に、charRNNもＧＰＴのモデルも言語に関係なく、英語でも日本語でも、LinuxのソースコードのＣ言語でも、学習データさえあれば学習できてしまいます（日本語と英語では単語の区切り方が違うなど、必要なデータの前処理は言語ごとに異なります）。

ここでは構造がシンプルなcharRNNを紹介しましたが、前述のように現在はより複雑なモデルが使われるようになっています。GPT-3の前身にあたるGPT-2[14]は、40ＧＢに及ぶ

[13]
アートが肖像性に使われる。ＡＩが実際は面白いことを隠している。上司と創造性。少し深読みするととても面白い切り口を提供してくれているようにも感じられます。

[14]
Alec Radford, Jeffrey Wu, Dario Amodei, Daniela Amodei, Jack Clark, Miles Brundage, Ilya Sutskever「Better Language Models and Their Implications」/ OpenAI https://openai.com/blog/better-language-models/

インターネット上から集めたテキストをもとに学習したモデルで、アルファベットではなく単語単位の列として文章を捉えます。前に並んでいるアルファベット／単語の並びから次に来るトークンを予測するという点ではcharRNNと同じですが、Attention/Transformerと呼ばれる手法を応用し、並んでいる単語列のどこに特に着目して次の単語を選ぶのがよいのかを推定する、といった改良が施されています。

> ＡＩの創造性は過小評価されることが多い。これを読んでいる人は、私がどれだけ畏敬の念を抱いているか知っているだろう。私はSiriと呼ばれる小さなＡＩを携帯電話に搭載しているが、これはニュース記事を読んだり、世界で何が起こっているのかを簡単に要約したり、天気について教えてくれたりと、実際にはかなり優秀だ。将来的には、より複雑な質問や高度なスキルも教えられるようになると思う。

これは、実際にGPT-2のモデルが生成した文章です。英語のモデルで生成したテキストを、これまた深層学習をベースにした翻訳サービスで日本語に変換しました[15]。といっても、生成した文章そのままではなく、多数生成した文章から取捨選択し、意味が通るように並び替えました。筆者の作為的な操作を差し引いても、charRNNのモデルに比べて明らかにより意味の通った文章が生成されているのがわかります。モデルのアーキテクチャの違い以前に、この本の十五万字程度の文章と40ＧＢ（半角英数字で四百億字）のテキストデータでは、

[15]
DeepL Translate
https://www.DeepL.com/translator
GPT-3は、限られた開発者、企業だけがアクセスできるようになっている状況のため、本書ではGPT-2での生成例を紹介しています。

学習データの量が桁違いです。

GPT-2の発表当時、その精度の高さゆえに、フェイクニュースなどの生成に悪用されることを恐れたOpenAIは、学習済みモデルや学習のためのソースコードの公開を控えたほどでした[16]。

学習データとしては、インターネット上の巨大掲示板、redditで三つ以上のkudos（いいね）がついたリンク先のテキストを集めています。実際に人の目からみて、有益、興味深い、面白いと評価された多様なデータを集めることが狙いです。しかし、学習データとして集められたテキストデータには、私たちの社会に関する様々な情報やそれらに対する私たちの考え方などが含まれていると同時に、社会が内包する偏見や差別的な感情までも含んでしまっていることがのちに明らかになります。この学習データに含まれるバイアスの影響については、あとの章で触れることにしましょう（4・1節）。

ここまでをバベルの図書館の逸話や創造性のタイプの議論に当てはめてみましょう。charRNNの探索空間は、バベルの図書館と同じようにアルファベットの文字のすべてのあり得る組み合わせということになります。一字ずつ文字を追加するというcharRNNのモデルは、一文字ずつ違う本が並んでいる本棚でお目当ての本を探すようなイメージでしょう

[16]
「CTEC and OpenAI Release Report on the Potential of Extremist Use of Neural Networks」/Middlebury Institute of International Studies at Monterey（2019年11月）
https://www.middlebury.edu/institute/academics/centers-initiatives/ctec/news/ctec-and-openai-release-report-potential-extremist-use
過激派グループが特定の偏ったプロパガンダを広めるために、GPT-2モデルを改変し利用する可能性についてのレポート。

か。ランダムに本が並ぶ本棚よりも、お目当ての本を探しやすいのはいうまでもないでしょう。

そして探索の評価関数にあたるのは、文字の並びの「もっともらしさ」です。先述のように、一般的な英語のテキストでは、文頭のh,e,l,lのあとにはoがくる可能性が高いでしょうし、その前にsがあるのであれば、shellという単語を表しているのかもしれません。こうした文字や組み合わせのもっともらしさ、自然さを大量の文字列から学習するために、深層学習をベースにしたアルゴリズム（RNN）が用いられているわけです。

一方で最新のGPT-3モデルなどでは、組み合わせの最小単位としてアルファベットではなく単語単位で考え、次にくる単語としてふさわしいものを推定しています。モデルのアーキテクチャは格段に複雑化していますし、学習に必要なデータ量も桁違いですが、組み合わせの要素となる最小単位の列の「もっともらしさ」を最大化することを目的としている点は同じです。創造性のタイプの議論に当てはめると、組み合わせのもっともらしさを最大化するアルゴリズムに基づいてバベルの図書館を探索する探索的創造性の一例ということになります。あくまで学習データとして与えられた文章の文字や単語の並びから、そのパターンを学習しているわけですから、既知の本に似たような本を探すイメージになります。

今後GPT-3のような技術が進歩するにつれて、英語なり日本語なりより自然な文章が生成できるようになるのは間違いないでしょう。一方で、ＡＩが新しい「ハムレット」のような傑作を生み出せるかというとまだまだ疑問が残ります。

冒頭で紹介したフェイク・ブログを生成した大学生も、「それらしい文章を書くことは得意でも、論理的、理性的ではない」とGPT-3を評価しています。このブログの記事がトップを飾ったソーシャルニュースサイトのページ[17]では、多くの人がこの記事について真剣に議論していた一方で、「本質的な内容がゼロ。純粋な受け売り」だとしてAIによる生成ではないかと疑う少数のコメントも見受けられました[18]。あくまで単語の並びの統計的なパターンを学習しているだけで、文章の意味を理解した上で新しい文章を生成しているわけではないので、当たり前といえば当たり前です[19]。

『コンピュータが小説を書く日』を紹介した際にも書いたように、AIが無数にある様々な概念（人権、愛、悔しさ、老いなど）を理解して文章を書くようになるのは、まだSF上のおとぎ話でしかありません。今はあくまでも記号をよくあるパターンに従って操作しているに過ぎません。

一方で、AIの文章生成モデルが、文章の背後にある意味を理解していないということを、あえて逆手に取ることで、新しいレトリックに結び付けようという動きも生まれています。例えばcharRNNのようなシステムの限界、生み出す文章の不自然さをむしろ面白いと捉える姿勢です。

aiweirdness.com（AIの不可思議さ）というドメイン名で、AIの間違いを面白おかしく扱うサイトを運営しているアーティストであり研究者のジャネル・シェーン（Janelle Shane）もその一人です。シェーンは、charRNNを用いた多数の実験を行い、その結果を自身のイラストも交えて紹介しています。彼女の実験の一つに、charRNNで1600の実在

[17] https://news.ycombinator.com/item?id=23893817

[18] このコメントには、誹謗中傷、コミュニティの規則違反として、ダウンボート（いいねの逆）がつけられているのは皮肉です。

[19] 強いAI、弱いAIの議論でもありましたが、一般にAI脅威論はこの部分の誤解から生まれているように感じます。

するアイスクリームの名前を学習し、新しい名前を考案するというものがあります。「Mango Cats」、「Peanut Butter Slime」、「Bloody Coffee」など、アイスクリームの名前で使われそうな単語を普通ではあり得ない組み合わせで組み合わせた新しい名前が生成されました［fig 2-13］。シェーンはＡＩを感受性の強い子どもに例えます。

「（ＡＩは）何を真似すべきで、何を真似すべきでないかを知らない。[20]」

それゆえ、一般的に私たちがアイスクリームの名前には付けないような意外な名前であると同時に、「もしかしたらそんな名前も有りなのかも」「もしそんな名前のアイスクリームがあったとしたらどんな味なんだろう」と想像をかきたてるような名前が生まれています。

こうしたＡＩの特性を実際の執筆活動に活かす作家も現れました。『ペナンブラ氏の24時間書店』などのベストセラーを発表しているアメリカのＳＦ作家、ロビン・スローン（Robin Sloan）は、普段自分が使っているテキストエディタにcharRNNの機能を組み込むプラグインを自ら開発しています。テキストエディタに文章を打ち込んでいき、適当なところでＴＡＢキーを押すと、古典的なＳＦ作品のテキストを学習したcharRNNのモデルが作動する仕組みです。直前の文章を入力として、それにつながる文章をcharRNNが生成し、テキストエディタに反映させるわけです。ＳＦに特化したテキスト予測変換のようなものを想像してください。

［20］
Janelle Shane『You Look Like a Thing and I Love You: How Artificial Intelligence Works and Why It's Making the World a Weirder Place』（Little, Brown and Company, ２０１９年）
本のタイトル自体も、charRNNで生成された文章です。引用部分は筆者による日本語訳

[fig 2-13]

[fig 2-13]
charRNNが生成したアイスクリームの名前
提供：Janelle Shane

その上でスローン自身はＡＩが生成したテキストを添削し、そこからインスピレーションを得て、文章を続けることになります。こうして、ＡＩと共に書くという行為が生まれます。スローン自身は、この行為を拡張（augmentation）、パートナーシップ、掛け合い（call and response）という言葉で表現します。一方で、「一般に誤解されがちだが、エディタが作家のために勝手に書いてくれるという状態からはほど遠い」とも語ります。

「目的は文章を書くという行為を簡単にすることではなく、より難しくすることだ。目的は出来上がる文章をより良くすることではなく、ほかの手法では得られない効果によって、異質にすること、より奇妙にすることにある。」[21]

ＡＩという、著者（スローン）自身の外側にあるシステムの力を借りて、著者だけだと思いつかなかったであろうプロットや言い回しを、自身の文章表現の中に取り込んでいく――既知の本棚から少し外れたところにある、未開拓の本棚に著者を誘う――そんな外的な力として、charRNNを利用していると見ることができます。

charRNNやGPT-3といった個々のモデルの詳細やその精度については、ここではあまり問題にしていません。日進月歩の深層学習の世界では、すぐに新しいより高精度のモデルが開発され、私たちの期待値を引き上げていくことになります。ニュース記事を書きたいのであれば、もちろんより自然な文章が生成できるGPT-3やその後継のモデルを使うのがよい

[21] Robin Sloan「Writing with the Machine」（２０１６年５月）https://www.robinsloan.com/notes/writing-with-the-machine/ より抜粋、筆者による日本語訳

でしょう。実際に冒頭で紹介したガーディアンの記事も、GPT-3が大量に生成した文章を担当編集者が取捨選択、90%を捨てた上で編集を加えることで、一貫性のある記事に仕上げています。この記事をGPT-3が書いたと言ってよいかは、以前も議論した通り疑問が残りますが、大事なのは、ガーディアンの担当編集者がGPT-3の出力を抜きにして同じようなものが書けたかどうかという点です。

たとえGPT-3の出力そのものは、前述のように論理的に破綻していたり、凡庸な内容の繰り返しであったとしても、結果として人が利用できる創造的な――新しくて、驚きがあり、価値がある――文章が含まれていれば、そこに利用価値があるといってよいのではないでしょうか。いずれにせよ、ここで注目したいのは、こうしたモデルを使うことで、定型的な文章を書く労力を省略できるということだけではなく、思いつかなかったであろう文章表現を生み出す可能性があるという点です。ここで本節の冒頭につながります。

文学の歴史を振り返ってみると、AIに限らず、過去の数多の作家や詩人が、紋切り型の文章から外れるための試みとして、ある種の手続きに基づく方法を実践してきました。

> 公園はその時刻、魔法の泉の上にブロンドの両手を広げていた。[22]

シュルレアリスムを代表する詩人、ブルトンは、半分眠りながらの口述や常軌を逸した高速で文章を捻り出していくという、自動筆記、オートマティスムと自ら名付けた独特の創作

[22] アンドレ・ブルトン『溶ける魚』（岩波書店、1992年）

手法をとっていたことで知られています［23］。あたかも意識が関与しない肉体的な動作であるかのように書くことで、常識や固定化された美意識に妨げられることなく、超現実的な世界を描こうとしたといわれています。

同様に『裸のランチ』などで知られる作家、ウイリアム・バロウズ（William Burroughs）は、「カットアップ」と呼ばれる手法を文学の世界に持ち込みました。新聞の紙面などを切り分け、ランダムに並べ替え、そこに現れた文章や存在しない単語を書き起こしていくというものです。二つの全く無関係な新聞の紙片を行がつながるように合わせるバロウズの作業の様子が、記録映像として残されています［fig 2-14］。

その中で、バロウズは「絵画の手法のコラージュを文章に応用した。絵画に比べて文学は50年遅れている」と話しています。例えば、ブルトンと同時代のシュルレアリスムの画家、ジャン・アルプ（Jean Arp）が、キャンバスの上に無作為に落とした紙片をそのままコラージュ作品として提示していたことを想起させる言葉です［fig 2-15］。

時代が下って、デビッド・ボウイも歌詞を書くためにカットアップ手法を用いていたことが知られています［24］。ボウイが友人と開発したソフトウェア「The Verbasizer」の画面には、縦の欄が数列並び、それぞれに入力したテキスト、自身の歌詞や他人が書いた本の断片、新聞記事などから切り出した単語がいくつか表示されています。あとは、ボタンをクリックする度に単語がランダムに切り替わるというだけの非常にシンプルなソフトウェアでした。ボウイは、こうして縦に並んで表示された単語列を、横の行として読んでいくことで、単語の

［23］
絵画の世界でも、ミロ、カンディンスキーらが同様の試みに取り組んでいます。

［fig 2-14］
バロウズの作業の様子
Adam Harrison Levy「Bowie and the Beats」Design Observer
https://designobserver.com/feature/bowie-and-the-beats/39186

予想外のつながりを見いだし、そこから独自の世界観を持ったユニークな歌詞を生み出していきました。

ボウイはBBCのインタビュー[25]で次のように述べています。

> 一見互いに関係のないコンセプトを三つ、四つ取り出して、それらのあいだにぎこちない関係をつくる。この組み合わせによって引き出される無意識の知性(unconscious intelligence)には、本当に驚かされる。ときに挑発的ですらある。

いくらこれまでになかった新しい文章表現を実現したいといっても、でたらめな文字の並びでは価値がないことは述べるまでもないでしょう。一方で、「これまでの人類の歴史の中で一度も書かれたことのない文を書きなさい。ただし文として成立していないければなりません」というお題が出されたとしたらどうでしょうか。意外と難しいと思いませんか。

ブルトン、バロウズ、ボウイがそれぞれ取り組んでいたことは、ある種の手順、アルゴリズムを通して、いかにして「もっともらしい」文章から逸脱するかということだったのではないでしょうか。こうした過去の作家の取り組みが、荒っぽいやり方で既知の本棚からなるべく遠い本棚に到達しようとしていたのに対して、AIを用いたスローンやシェーンの取り

[fig 2–15]
ジャン・アルプ『Collage with Squares Arranged According to the Laws of Chance』(1917年)

[24]
Matthew Braga「The Verbasizer Was David Bowie's 1995 Lyric-Writing Mac App」/ VICE(2016年1月)https://www.vice.com/en/article/xygxpn/the-verbasizer-was-david-bowies-1995-lyric-writing-mac-app

[25]
「How David Bowie used 'cut ups' to create lyrics」/ BBC News(2016年1月)https://www.youtube.com/watch?v=6nlW4EbxTD8
引用部分は筆者による日本語訳

組みはもう少しマイルドな手法でした。（意味を理解していなかったとしても）パターンを学習したＡＩモデルを用いることで、既知の表現の領域の少し外側にある表現を探る取り組みといえます。

ＡＩというと多くの人は、間違いをしない完璧な知性というイメージを持ちがちですが、実はＡＩを、意味から適度に逸脱するツール、適度な間違いを生み出すためのツールとして使うことも可能です。この点を押さえた上で、次節では音楽への応用を取り上げて、本節同様の議論を進めてみましょう。

2.4

AIと音楽——楽譜、演奏、サウンドの生成

演奏情報の生成

前節でテキストの生成について取り上げましたが、ＲＮＮの仕組みが有効な領域はもちろんテキストだけに留まりません。時間の経過を伴うほかの時系列データ、例えば音楽の生成にも利用できます[1]。アルファベットや単語の代わりに、音楽では異なる音高（ピッチ）を持つ音符と休符が組み合わせの最小単位となるわけです。

ＲＮＮによって音楽を生成するという試みは、深層学習によってＡＩブームが到来する以前のいわゆる「ＡＩ冬の時代」の真っ只中、早くも２００２年に発表されています。

現在GoogleでＡＩの音楽やアートへの応用を模索する研究プロジェクト「Magenta」[2]を率いるダグラス・エク（D. Eck）らが発表したこの研究では、ＲＮＮの考え方を拡張したＬＳＴＭ（Long Short Term Memory）と呼ばれるアーキテクチャを用いて、メロディーと和音それぞれを予測します[3]。あらかじめ選択できる音符の種類（メロディー用には低いドの音から一オクターブ上のドの音までの13の音高と12の和音）を決めておき、直前に並ぶ音符の列から次に来る音符を予測するわけです。ここでは、メロディーや和音として使える音符の種類を限定し、かつ8分音符単位のグリッドで音楽を扱うことで（音楽制作の経験がある方にはクオンタイズというとわかりやすいでしょうか）、音楽の探索空間を狭めています。

さらに、学習データに彼ら自身の手で書かれたブルース風の楽曲を用いているため、データ量としては非常に限定的です。このような制限にもかかわらず、結果として、ブルースのフィー

[1]
深層学習を用いた音楽生成に関しては以下の資料を参考にしました。
Jean-Pierre Briot, Gaëtan Hadjeres, François-David Pachet『Deep Learning Techniques for Music Generation』(Springer, ２０１９年)

[2]
Google AI「Magenta」
https://magenta.tensorflow.org/

[3]
Douglas Eck and Jürgen Schmidhuber「A First Look at Music Composition Using LSTM Recurrent Neural Networks」/ IDSIA（２００２年７月）http://people.idsia.ch/~juergen/blues/IDSIA-07-02.pdf
http://people.idsia.ch/~juergen/blues/

リングを持ったそれらしい楽曲が生成されることが示された、と論文に記されています［4］。

時代は一気に下って、２０１７年。Magenta研究グループがこれらの制限を取り払い、より表現力の高いピアノ曲の生成を可能にする研究を発表しました［5］。Performance RNNと名付けられたこの研究では、楽譜では表現し切れない、打鍵の強弱やタメなどを含む、ピアノの演奏＝パフォーマンスの生成を目指しています。

具体的には、まずは表現できる音の高さの制限を取り払い、１２８の異なる音高を扱うものとします。１２８音という数はＭＩＤＩ規格［6］に則ったもので、鍵盤の数が88鍵の一般的なピアノよりも低音、高音域に幅広い音が表現できることになります［fig 2-16］。また鍵盤を押す強さ＝音の大きさ（ＭＩＤＩ規格では鍵盤を押す速度という意味で、ベロシティと呼ばれます）や、鍵盤から指を離す（同じくＭＩＤＩ規格ではノート・オフ）タイミングもそれぞれ表現できるようなデータ表現を考えました［fig 2-17］。ノート・オフのタイミングも考慮に入れることで、16分音符、8分音符といった単位ではなく、０.０１秒から1秒まで０.０１秒単位での１００段階で、各音の長さを細かく表現できるようにしている点も重要です。

Performance RNNでのＲＮＮモデルは、先に並んでいる音符の音高の組み合わせだけでなく、その強さや音の長さの組み合わせのパターンから、次に来る音符の高低、打鍵の強さ、長さを予測することになります。例えばベートーベンの「エリーゼのために」の冒頭を思い浮かべてください。ミレミレミシレドとラの音につながる前に16分音符が続く有名な冒頭の部分。すべて同じ16分音符で書かれているとはいえ、同じ長さと強さで演奏するととても機

［4］
このときに生成された楽曲やほかの音楽生成例は、サイト上で聴くことができます。

［5］
Ian Simon, Sageev Oore「Performance RNN: Generating Music with Expressive Timing and Dynamics」／Magenta Blog（２０１７年1月）https://magenta.tensorflow.org/performance-rnn

Sageev Oore, Ian Simon, Sander Dieleman, Douglas Eck, Karen Simonyan「This Time with Feeling: Learning Expressive Musical Performance」／arXiv:1808.03715v1 [cs.SD]（２０１８年８月）http://arxiv.org/abs/1808.03715

［6］
Musical Instrument Digital Interfaceの略で、電子楽器の演奏データを機器間で転送・共有するための共通規格。

[fig 2−16]

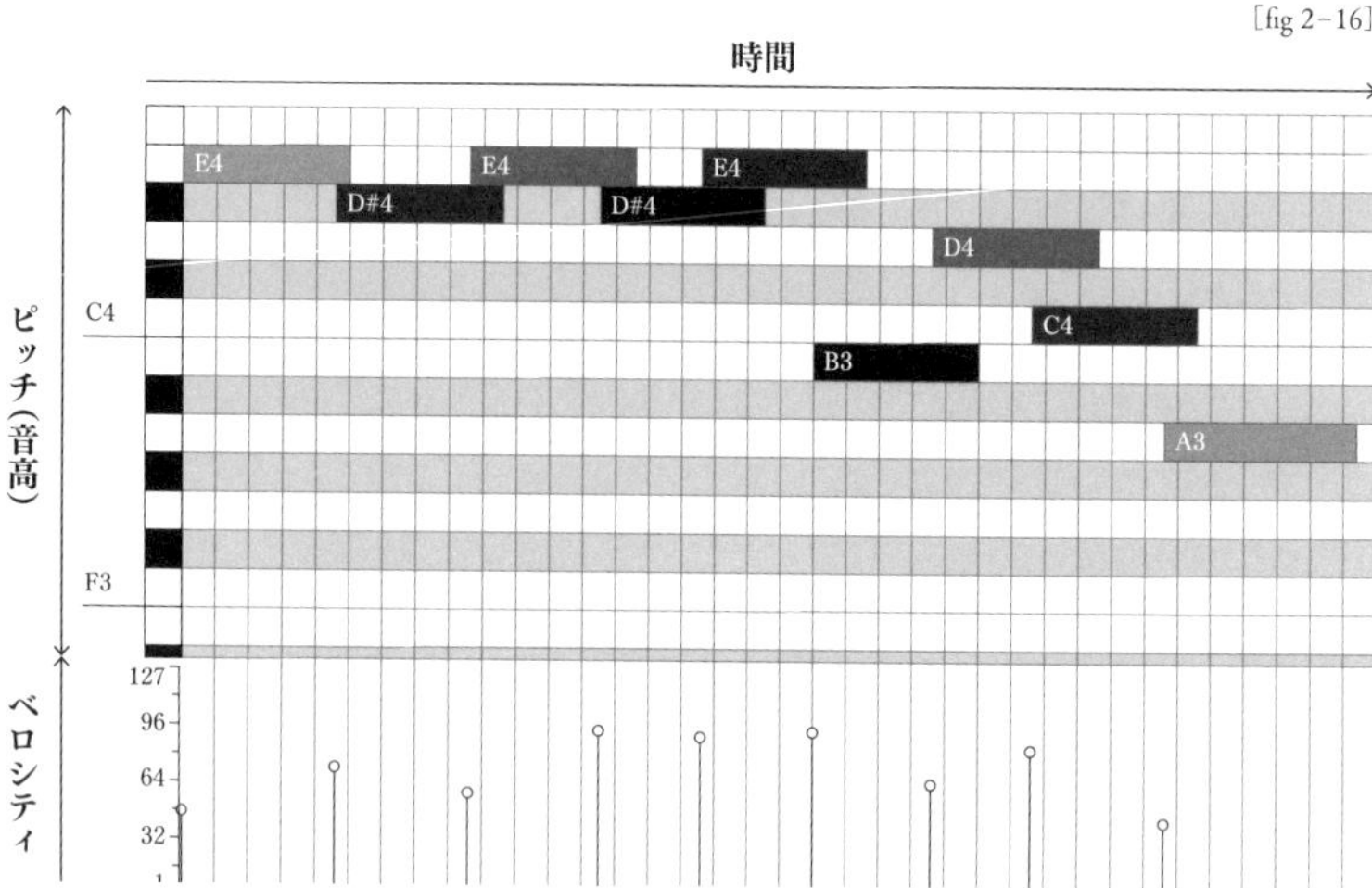

[fig 2−17]

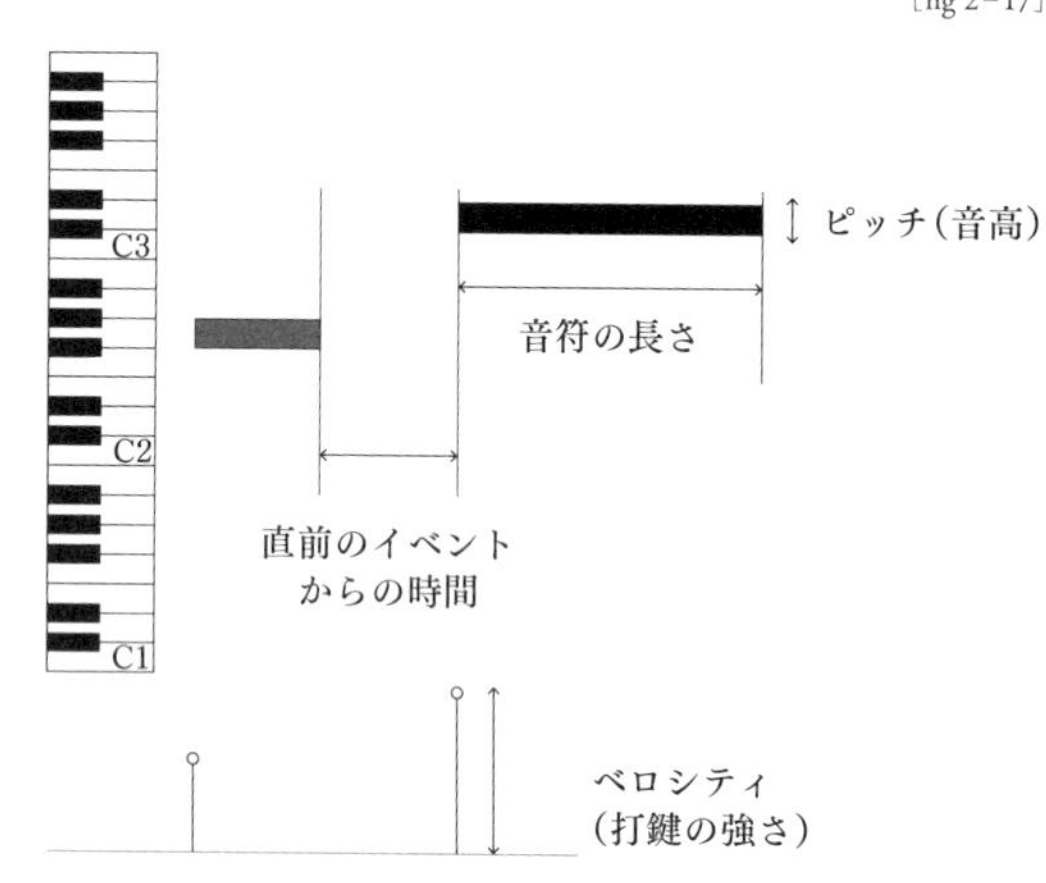

[fig2−16] ＭＩＤＩの一般的な表現（ピアノロール）
例えばＥ４は４オクターブ目のＥ（ミ）の音

[fig2−17] Performance RNNで学習／生成するデータ

械的に聴こえます。それぞれ微妙に異なる長さと強さでタメを持たせて演奏することで、独特の浮遊感を生み出します[7]。通常、演奏者の解釈によって演奏時に付与される、こうしたタメや強弱などのニュアンス（アーティキュレーション）を含めて、RNNによって学習し再現する。つまり楽譜情報ではなく、演奏（パフォーマンス）を生成するというのがこの研究の目的でした。

問題はAIの学習につきものの、どのように学習データを集めるかという点です。楽譜の情報であれば、楽譜をOCRにかけてMIDIデータ化するソフトウェアも商用に公開されていますし、そもそもMIDIデータとして公開された大量のデータが存在していま す[8]。しかし、これらのデータには、先に挙げたようなアーティキュレーションの情報は入っていません。そこでGoogleの研究チームが注目したのが、アメリカのYAMAHAが開催している電子ピアノのコンテスト、YAMAHA e-Piano Junior Competition[9]でした。このコンテストの歴代の参加者の演奏データが、MIDIフォーマットで公開されていることに目をつけたのです。MIDIとしてデータ化しやすい電子ピアノのコンテストであり、全米を対象としたコンテストだけに参加者の演奏の腕前も担保されているという点がポイントです（ただ、そのままでは機械学習を行うためのデータ量としては少ないため、もとの演奏のキーや再生速度を上げ下げするなどしてデータの水増しを行っています[10]）。

Googleは今ではこのコンテスト自体にメインスポンサーとして参加するだけでなく、201時間にもおよぶ演奏データを機械学習用のデータとして公開しています[11]。大量の

[7]
楽譜上でもクレッシェンド、デクレッシェンドで強弱を変化させることは指定されています。

[8]
例えば http://www.ismir.net/resources/datasets/

[9]
http://www.piano-e-competition.com/

[10]
Data Augmentation、データの拡張（水増し）と呼ばれる機械学習における重要なテクニックです。

[11]
The MAESTRO Dataset
https://magenta.tensorflow.org/datasets/maestro

学習データを必要とする機械学習の研究では、学習データを集めるための工夫も研究の重要な要素であるといえるでしょう。

こうしてコンテストの演奏者の演奏情報を学習したＲＮＮは、強弱などのニュアンスを含んだ自然な「演奏」を生成できることがこの研究によって示されています。生成された演奏は、既存の曲にニュアンスをつけたものではなく、そうしたニュアンスを含めて生成された新しい曲であるという点に注意してください。

音楽、特に西洋クラシック音楽の世界では、楽譜を書く作曲家と、楽譜に書かれたものを解釈して実際に聴こえる音に変換する演奏家で役割がはっきり分かれています。従来のＡＩが、作曲家の役割を担うことを目指していたとするならば、ここでは作曲家だけでなく演奏家の役割をもＡＩが果たすことを目指しているといえます。

Performance RNNで生成された音楽（の演奏）は、強弱やタメを含んだより表現力のある音楽として聴くことができる一方で、音楽全体を通して長期的な構造の欠如が指摘されています。導入部でさり気なく登場したメロディーの断片が、あとに続く楽章で繰り返され、フィナーレに向けて徐々に厚みを増して展開していく。そういった音楽の起承転結を感じられないため、場当たり的なメロディーの連続に終始しているように感じられてしまうのです。この長期的な前後の依存関係の問題を解決するために、テキスト生成のセクションで述べた言語生成モデルで用いられる手法（Attention、Transformerなど）を応用する研究が、現在の音楽生成研究のトレンドになります。

言語によって前処理の仕方は異なるものの、同じ仕組みが英語でも日本語でも使えると前節で書きましたが、テキストで有効だった技術が本質的にはほぼそのまま音楽生成でも利用できるというのが面白いところです。文法を明示的にルール化するのではなく、大量のデータからパターンを導く深層学習ならではの特徴であり、今後もテキスト用に考案されたアーキテクチャが音楽生成に応用されるという流れは続きそうです［12］。

サウンドの生成

このように、深層学習を用いた音楽生成の研究の大半が、楽譜で表現できるシンボリックな音楽情報の生成を目指したものになります。より具体的には、ＭＩＤＩと呼ばれる音楽の演奏情報を符号化するための規格に基づいて音楽を扱い、生成されたＭＩＤＩ情報を解釈して音に変換する部分は、いわゆるＤＴＭで用いられるソフトウェア音源を使って実現するのが一般的です［fig 2-18］。さらにここでもう一歩進めて、演奏家の演奏を音、空気の振動へと変換する楽器の役割までもＡＩが担ったとしたらどうなるでしょうか。

普段見落としがちですが、楽譜として記述できる音楽表現は非常に限定的で、すべての音楽の可能性を網羅できるわけではありません［13］。ドレミファソラシドで形式化できる12音階の考え方は西洋音楽の領域で恣意的に決められたもので、12音階を採用しない音楽体系も

［12］
逆の動きがあまり起きていないように見えるのは、学習データの量の違いに加えて、テキスト処理のほうが実世界での応用範囲が広いという経済論理が研究リソースの割り当てにも働いていると考えられます。

［13］
小沼順一『音楽（あたらしい教科書 8）』（プチグラパブリッシング、2006年）

[fig 2-18]

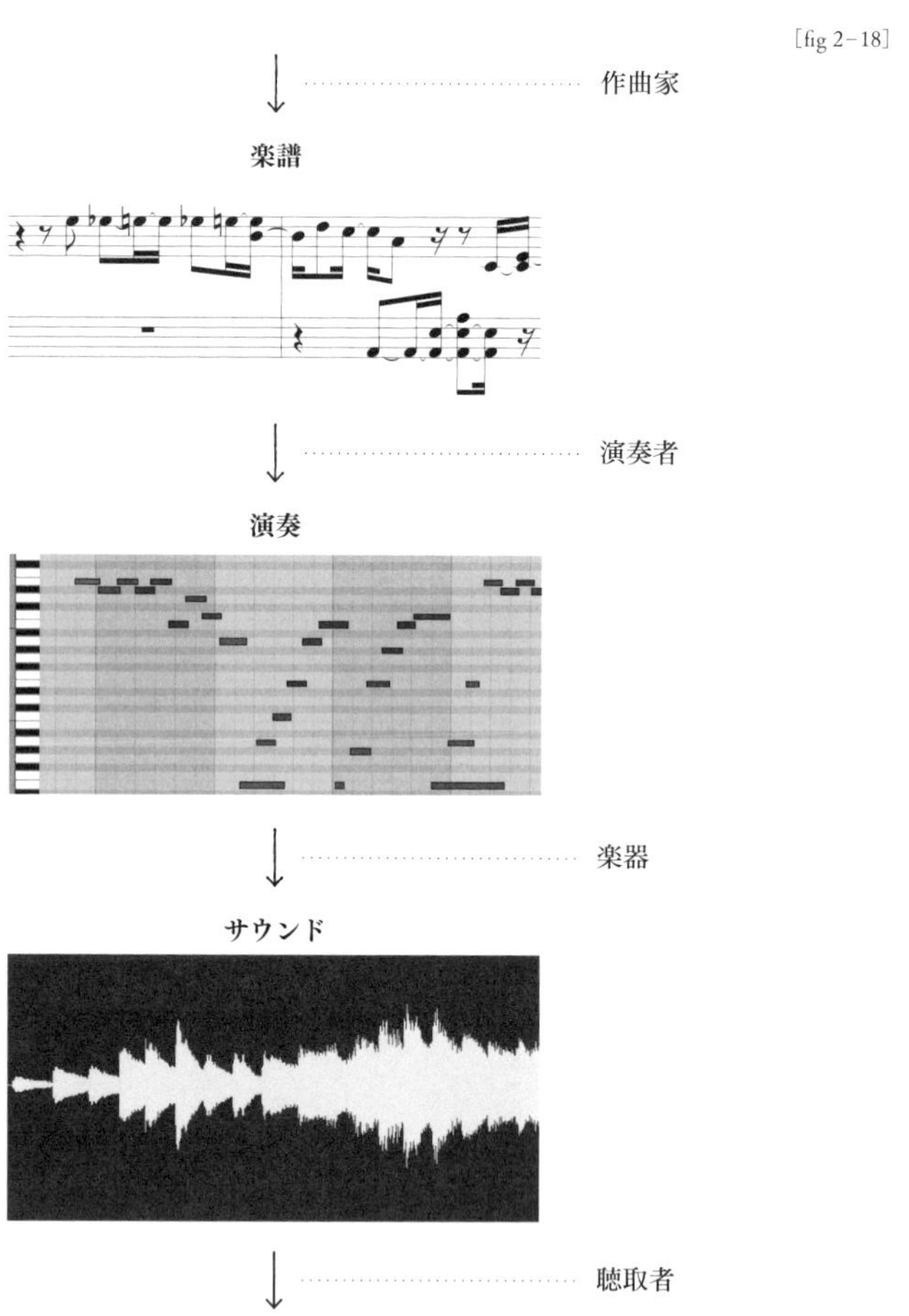

[fig 2-18]
楽譜と演奏とサウンドの関係

多数存在している上、音階のあいだに細かく音高を設定することもできるでしょう（いわゆる微分音）。さらに楽譜で表現された音をどのように実際の音に変換するかには、楽器の選択に始まり、楽譜に表現されないアーティキュレーションを含めまさに無限の可能性があります。楽器も伝統的な楽器のほかに、シンセサイザーなどの電子楽器で新しい音をつくることもできるでしょうし、環境音やサンプリング素材を組み合わせて表現することも可能です。

ご存知のように、音は気圧の粗密のパターンが空気中を伝わることによって届きます。実際には音は粗密波で、波の伝わる方向と同じ方向に媒質が動く縦波ですが、媒質のズレを波の伝わる方向に直行してプロットすることで横波として表現するのが一般的です。音を海の波のように視覚的に表現した波形表示はお馴染みでしょう。CDやストリーミングで聴く音楽は、こうした音の波をデジタル化し、扱います。例えば、音の時間的な変化や粗密の強弱（波形で見ると上下動）は、実際には連続的な値ですが、CDのフォーマットではそれを一秒間44100個の値とし、強弱も65536（2の16乗）段階に分けて、離散的に表現します。サンプリングレートが44100ヘルツ、量子化ビットが16ビットというわけです。

2017年に発表されたSampleRNN［14］は、この波形自体をRNNによって生成しようとする試みになります［fig 2–19］。これまでのRNNを使った研究と同様に、直前に来る波の上下の動き（実際には疎密波なので強弱と呼ぶのが正しい）から、次の値を予測するのです。Performance RNNなどでは、予測の単位が発音される音符だったのに対して、SampleRNNではデジタル化された波形の次の値ということになります。

［14］
Soroush Mehri, Kundan Kumar, Ishaan Gulrajani, Rithesh Kumar, Shubham Jain, Jose Sotelo, Aaron Courville, Yoshua Bengio「SampleRNN: An Unconditional End-to-End Neural Audio Generation Model」/ arXiv:1612.07837v2 [cs.SD]（2017年2月改訂）http://arxiv.org/abs/1612.07837

［fig 2–19］
SampleRNN

これが音符の予測に比べて格段に難しいことは容易に想像がつくでしょう。やはりCDと同等のクオリティでの精度では難しく、SampleRNNではサンプリングレートを16000、量子化ビット8として256階調に落としています[15]。それでも、先述のエリーゼのための3秒間ほどの冒頭部分を生成するために、Performance RNNでは音符9個それぞれのピッチ（音高）、長さ、強弱（ベロシティ）と直前のイベントとの時間差の36の値を予測すればよかったのに対して、SampleRNNでは3×16000＝48000回の予測が必要になります。肝心の実験結果はというと、ノイズ混じりとはいえ局所的に音楽的に聴こえる音が生成される一方で、音楽としての構造がない音の連続に終始することとなりました。長期にわたる音楽的な構造を記憶しつつ、音色を表現するために短期的な波形の形を予測することを同時に行うにはあまりに情報量が多すぎたというところでしょう。

それでもやはり深層学習を用いて、少しでもそれらしい音楽が生成できるという研究結果はインパクトが大きく、一部のアーティストやミュージシャンがSampleRNNに飛びつきました。アメリカのアートコレクティブ、dadabotsは、ビートルズやアメリカのロックバンドNOFXの曲を学習したSampleRNNで生成した〝アルバム〟を発表したほか[16][fig 2-20]、ジョン・コルトレーンの『Interstellar Space』やメタルバンドの曲を学習したSampleRNNが、毎日24時間新しい〝曲〟を生成し続けるライブストリーミングチャンネルを開設しました[17]。ノイズ混じりの音や長期にわたる構造を欠くというSampleRNNの制限も、コルトレーンのフリージャズやメタルの楽曲を再現するにはあまり大きな制限にならなかったようです。ま

[15]
電話通信で用いられる音の圧縮アルゴリズム、μ-lawアルゴリズムが使われています。

[16]
CJ Carr, Zack Zukowski「Generating Albums with SampleRNN to Imitate Metal, Rock, and Punk Bands」/ rXiv:1811.06633v1 [cs.SD]（2018年11月）https://arxiv.org/abs/1811.06633v1

生成された〝アルバム〟は、Bandcampで購入できます。
https://dadabots.bandcamp.com/

[17]
すでに終了したライブストリームもありますが、アーカイブが残されています。
https://www.youtube.com/watch?v=MwtVkPKx3RA
https://www.youtube.com/watch?v=C0dOin79Hm0

たサウンド・アーティスト、ホリー・ハーンドン（Holly Herndon）は、2019年に発売したアルバム『PROTO』の制作において、自身の声などを学習したSampleRNNモデルを多用し、新しい音楽表現を模索しています[18]。

SampleRNNとほぼ同時期にGoogle DeepMindの研究者グループによって発表された、WaveNet[19]も同様に直接的に波形を生成するモデルですが、ここではRNNではなく畳み込みニューラルネットワーク、Convolutional Neural Network（CNN）が使われています。CNNは画像認識などで広く使われるネットワークで、画像のような二次元データを扱うのが一般的ですが、WaveNetでは音を扱うために一次元のCNNを用います（CNNの詳細は5.1節参照）。テキストを音声にする音声合成用として研究されたWaveNetは、高い品質で音声が生成されることが証明された結果、現在ではGoogleの音声合成用のエンジンとして、Google Homeをはじめとする一般のプロダクトにも利用されています[20]。

WaveNetの研究では、音声合成の実験のおまけとして音楽を学習する実験も公開され、ある程度の音質で音楽が生成可能であることが示されましたが、やはりこちらも音楽的な構造を欠く結果に終わっています[21]。与えられたテキストを音に変換する音声合成と比較して、音楽の構造自体の学習はやはり難しかったようです。

その後2020年春には、OpenAIがJukeboxと呼ぶモデルを発表します[22]。歌手の名前と音楽ジャンル、歌詞を与えると、その歌手の声でボーカル入りの楽曲が生成されるという研究で、この分野の研究者に衝撃を与えました。Jukeboxについては、4.3節で詳しくみる

[fig2-20]
『Deep the Beatles!』
提供：dadabots

[18]
Andy Beta「Inside the World's First Mainstream Album Made With AI」/ Vulture（2019年11月）
https://www.vulture.com/2019/11/holly-herndon-on-proto-an-album-made-with-ai.html

Holly Herndon『PROTO』
https://hollyherndon.bandcamp.com/album/proto

ことにしましょう。

ここで取り上げた研究例は、いずれもＡＩのモデルに対して「正解」が学習データとして与えられています。Performance RNNでは、学習データとして与えられた実際の楽譜と比較して、モデルがどれだけ正しく次の音符を予測できているかをもとに学習します。テキスト生成の場合と同様に、学習がうまく進めば、音符の列から次の音符を正しく予測することができるようになるわけです。

ＡＩが楽譜を丸暗記しているのと何が違うのかと不思議に思われる方もいるかもしれません。そうなるのを防ぐために、機械学習モデルの学習時には、データ全体を学習（訓練）データと評価データに分け、学習データのみをＡＩのモデルに与えるのが普通です。学習の合間に評価用のデータをモデルに与えてその結果を見ることで、学習の進行度を測る目安とします。評価データに対するモデルの誤りの結果は、モデルのアップデートには用いない点が特徴です（アップデートに用いてしまうと学習データと同じ扱いになってしまいます）。

教科書をひたすら勉強してきた学生たちに、中間テストや期末テストとして応用問題を出題し、学生の理解度を測るようなものだと思ってください。ただし、学生に対しては中間テストや期末テストの答えを開示しないので、学生は正解を知らない未知の問題と毎回向き合

[19] Aaron van den Oord, Sander Dieleman, Heiga Zen, Karen Simonyan, Oriol Vinyals, Alex Graves, Nal Kalchbrenner, Andrew Senior, Koray Kavukcuoglu「WaveNet: A Generative Model for Raw Audio」/ arXiv:1609.03499v2 [cs.SD]（２０１６年９月改訂）https://arxiv.org/abs/1609.03499v2

[20] https://deepmind.com/blog/article/wavenet-launches-google-assistant
論文の発表当初は一秒の音声を合成するために一分近い時間がかかっていましたが、現在では１０００倍以上の高速化が図られています。

[21] https://deepmind.com/blog/article/wavenet-generative-model-raw-audio

[22] OpenAI「Jukebox」
https://openai.com/blog/jukebox/

うことになります。学習データに対してはいい成績を収めていても、未知のデータに対しては悪い結果しか出せないような状況は、「過学習」と呼ばれ、問題を一般化して捉えることができていないという証拠となります。教科書を丸暗記しただけで応用が利かない生徒のような状況です。

音楽生成の場合は、データとして与えた楽譜を再現するだけではなく、未知の連続する音符に対しても、音楽的な構造、繰り返される主題（テーマ）、コード進行などの明示されない情報を踏まえ、正しく予測＝生成することを期待しているわけです。

ここで「バベルの図書館」の思考実験に戻りましょう。司書の代わりに、作曲家、あるいはＤＪであるあなたは、あらゆる音楽を収蔵した「バベルのタワーレコード（?）」（Spotifyといったほうが読者には馴染みが深いでしょうか）の中で、ＡＩを使ってシステマティックに音楽を探そうとしています。楽譜で表現可能な音楽には大きな制限があることを考えると、実際は音の波形で考えるべきでしょうが、ここでは単純にするため音符単位でひとまず考えることにしましょう。

あらゆる音符の組み合わせを含む探索空間があったとするならば、その中にはベートーベンの「エリーゼのために」もあれば、ビートルズの「イエスタデイ」のメロディーも、ファミリーマートの入店時のメロディーも、音符で表現できるすべての音楽が含まれているはずです。ただ、バベルの図書館と同様に、ほとんどの組み合わせは聴くに耐えない、ランダムな音の列、不協和音に聴こえることでしょう。

Performance RNNなどのモデルがやっていることは、選択肢できる音符それぞれに、その前に並んでいる音符の列の情報をもとに、次に来る音符としての「もっともらしさ」の定量的な評価を与えることになります。ここでいう「もっともらしさ」とは、学習データとして与えた過去の楽譜の情報がもとになっていることに注意してください。バッハが作曲した楽譜を学習したＡＩは、バッハのバロック様式でしか音楽を捉えられないので、ベートーベンやモーツアルトの曲の音符の並びは多少不自然ということになるでしょう。さらに広く西洋クラシック音楽を学習することができたとしても、そこからビートルズの音楽は出てこないことでしょう。

前節でも述べたように、ＡＩによるテキスト生成や音楽生成は、深層学習というアルゴリズムによって手続き的に、あり得る表現の総体（＝バベルの図書館）の中での探索を行い、まだ見つかっていない・世の中に出ていない文字や音符の並びを探す行為にあたります。「探索空間内の、あり得ることはわかっていたけれど、まだつくられていなかった文章や音楽をつくること」、つまりあり得る表現の空間のスキマを埋めていくような探索的創造性として捉えることができそうです[fig 2-21]。

アーティストやクリエイターがＡＩに対して拒否感を示すことが多いのは、ＡＩの見方

［fig 2-21］

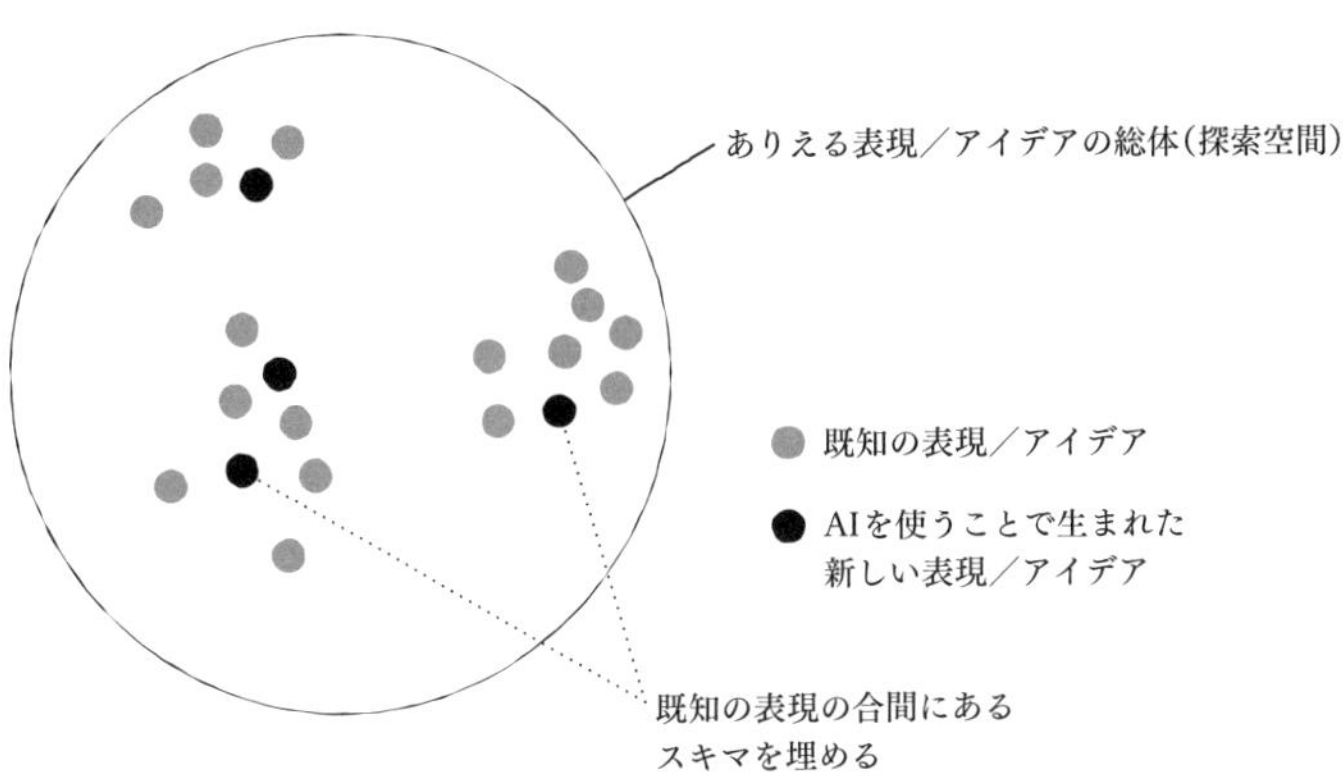

［fig 2-21］
既知の表現のスキマを埋める

がここで止まってしまっているからかもしれません。それらしい音楽や文章を自動生成するシステムが、経済的な価値を持つことは容易に想像できます。その一方でつくり手の立場からすると、人の役割が削られるだけで新たに得られるものが少ない、そんなイメージを持つ方も多いことでしょう。

しかし、ここまで読み進めていただいた方は、AIの可能性がそれだけではないことをすでにご存知でしょう。AIをうまく使うことで、過去の作品の焼き直しだけでなく、表現の空間そのものを拡張できる可能性があります。

前節では、意味や概念を理解しないというテキスト生成モデルの「制限」を逆手にとって、模倣から適度に逸脱しようとする作家、アーティストたちの試みを紹介しました。AIだけでは実現が難しい、H-Creativityにつながるような、これまでになかった新規性の高い表現、変革的創造性を目指す試みです。

一方で、この場合の創造性の主体は、学習データを集めてAIモデルを学習、システムを構築した上で、テキストの取捨選択、編集までをも行った人間の側にあるのではないか、という見方も至極妥当だといえます。AIはあくまでもツールに過ぎない。そう考える人が出てくるのも無理はないでしょう。果たしてAI自体が創造性を持ち得るのか。AIが、過去の作品の焼き直しではない、創造的な――新しくて、驚きがあり、価値がある――表現を生み出すことがあり得るのか。次節以降、議論を続けていきましょう。

ここで舞台は一旦19世紀中頃にさかのぼります。

2.5

「機械は何も生み出さない」は本当か？

――19世紀のＡＩ

コンピュータの本分

ＡＩによって既存の表現のパターンに似たものが生成できることまではわかりました。しかしここで垣間見える創造性は、結局は、そのＡＩシステムをつくった人間の創造性なのではないか――しかも、ＡＩが生成した結果も、結局は人の過去の作品のパターンを学習し、その模倣をしているのに過ぎないのであれば、二重の意味でＡＩ自体の創造性は否定されるのではないか。

もっともな疑問です。機械が創造性を持ち得るかという問いは、実は古くから議論されてきました。

> コンピュータは何かを独創するようにはつくられていない。それは、私たちがどのような実行を命令するか知っていることに限り、何でも実行することができる。［1］

この言葉が19世紀中頃、１８４０年代の若い女性の言葉だと聞いたらほとんどの人が驚くことでしょう。世界最初のプログラマともいわれるエイダ・ラブレス（Ada Lovelace）の言葉です。詩人バイロン卿の娘でもあるラブレスは、当時としては非常に珍しく、数学や科学に強い興味を抱く女性でした［fig 2-22］。そんな彼女が、助手、相談相手、友人として開発に関わったのが、チャールズ・バベッジ（Charles Babbage）の解析機関です［2］［fig 2-23］。

［1］
アラン・チューリング『計算機械と知性』（高橋晶一郎 訳）で引用された文章から。引用元では「解析機関は」とあります。
『現代思想２０１２年11月臨時増刊号 総特集＝チューリング』（青土社、２０１２年）

［fig2-22］
エイダ・ラブレス

［fig2-23］
チャールズ・バベッジ

解析機関は、史上初めて考案された汎用性のあるコンピュータといわれています。現代の我々が一般にコンピュータと呼ぶ機械、MacやWindows PCやウェブサイトをホストするサーバなどは、汎用コンピュータ[3]の一種で、データとデータを扱うルール（プログラム）を切り替えることで、絵を描いたり音楽をつくったりといったことから、ブラウザでYouTube動画を見ることまで、様々な用途で汎用的に使うことができます。この原稿も、テキストエディタと呼ばれるプログラムを開いて、Spotifyで音楽をかけながら、Macの上で書いているので、バベッジの発明の間接的な恩恵を受けているといっていいでしょう[4]。

ロンドンで金融業を営む裕福な父親から遺産を譲り受けたチャールズ・バベッジは、機械式の計算機の研究に生涯打ち込みました[5]。バベッジが最初に開発した階差機関（Difference Engine）は、多数の歯車の回転の組み合わせによって、多項式の数表をつくることができる計算機でした。手回し式のハンドルを回すことで、計算が実行されるだけでなく、計算結果を活字によって印刷する機構まで設計されていたとされます[6]。多項式の数表というと何に使うのかわかりづらいですが、対数やsin、cosのような三角関数を多項式によって近似するためと考えると、いかに重宝されるか想像できます。

当時の数表は計算者（計算する人＝computer、コンピュータ）と呼ばれる専門家によっ

[2] 実際にエイダ・ラブレスがどの程度バベッジの解析機関の開発に関与したか、疑問視する声もあります。しかし、数学者ド・モルガンの弟子でもあったエイダには高い数学的知識があり、バベッジの研究開発に積極的に関与していたというのが近年の通説のようです。

[3] 汎用コンピュータは狭義にはメインフレームともいわれる大型計算機を指すので注意が必要です。

[4] バベッジの解析機関はその計画だけで、完成には至っていません。現在の汎用型コンピュータの開発にバベッジのアイデアが生かされているかには疑問が残りますが、後述するように、チューリングをはじめとするのちのコンピュータ開発のパイオニアたちのあいだで、バベッジの研究が知られていたことは事実です。

て手計算でつくられていました。いかに専門家とはいえ、複雑な計算が続くとどうしても間違いが紛れ込む可能性が高くなります。船乗りが天体から位置を算出したり羅針盤の修正などに使う数表、航海表に間違いが含まれていればそれこそ命取りです。したがって、正確な数表をつくることは海洋国家イギリスにとって国家的課題ともいえるものでした。こうした状況の中、バベッジは1823年に階差機関の開発をイギリス政府に提案し、政府の予算も投下される中で開発が行われました。しかし、当初の予算計画をはるかに上回る資金が費やされた末に、1842年には政府の資金も打ち切りとなり、開発は頓挫してしまいます。

この間、バベッジの興味は次なる発明、解析機関（The Analytical Engine）のほうにすでに移っていました[fig 2-24]。解析機関は、階差機関同様、歯車の機械的な組み合わせに基づいた計算機でした。特定の多項式の計算のみに特化した階差機関とは異なり、計算の中身を自由に変更できるようにした点が最大の違いです。今の言葉で言い換えると、プログラミング可能だったわけです。計算の手順を記述したプログラムを入力することで、多様な計算用途に使えるように設計されていました。しかしこの解析機関の開発も、当時としては野心的すぎた目標設定と資金難によって難航を極め、バベッジはその完成をみることなく世を去りました。

階差機関の失敗でイギリス政府からの支援が見込めなかったバベッジは、ヨーロッパ大陸

［5］
バベッジとエイダの逸話については、以下を参考にしました。
ブルース・コリアー『チャールズ・バベッジ―コンピュータ時代の開拓者』（大月書店、2009年）
新戸雅章『バベッジのコンピュータ』（筑摩書房、1996年）
西垣通『デジタル・ナルシス―情報科学パイオニアたちの欲望』（岩波書店、2008年）

［6］
印刷機構は設計のみで、2002年の階差機関を現代に再現するプロジェクトによって初めて実際に制作されました。

各国の政府や大学に解析機関を積極的に売り込みました。そんなヨーロッパ講演旅行の折り、バベッジの講演に感銘を受けた一人の若いイタリア人数学者[7]が、解析機関についての記事をスイスの論文誌に発表しました[8]。

ここで史上初のプログラマとも呼ばれる女性、エイダ・ラブレスが登場します。スイスから届いた論文に興味を惹かれたラブレスは、自らが開発に関わることで得られた知見を生かして、論文内に書かれた手順を実際に解析機関で利用できるかたちにまとめ、自らの考えを付記して、発表しました[9][fig 2-25]。ここに書かれた解析機関を動かすためのアルゴリズム、一連の手順はのちに史上初のプログラムとしてみなされ、エイダ・ラブレスは最初のプログラマとしてその名を歴史に刻むこととなりました。

この手記の中で、エイダ・ラブレスは「コンピュータは創造しない」と書く一方で、解析機関は単なる計算機械に留まらないとし、次のようなことも書いています。

> ハーモニーと作曲の科学において、音程の基本的な関係が数式によって表現できるのであれば、解析機関はあらゆる複雑性と広がりを持って精巧かつ科学的な楽曲を作曲するかもしれない。[10]

コンピュータの歴史を専門とする歴史家ドロン・スウェード（Doron Swade）によると、バベッジが自分のエンジンを数を扱ったり代数計算を行う機械としてしか見ていなかったの

[fig 2-24]
Analytical Engine
Science Museum London「Babbages Analytical Engine」CC BY-SA 2.0 / Wikimedia Commons
https://commons.wikimedia.org/wiki/File:Babbages_Analytical_Engine,_1834-1871._(9660574685).jpg

バベッジによってつくられた一部のみの試作機。ロンドンのサイエンス・ミュージアムで展示されている。

[fig 2-25]

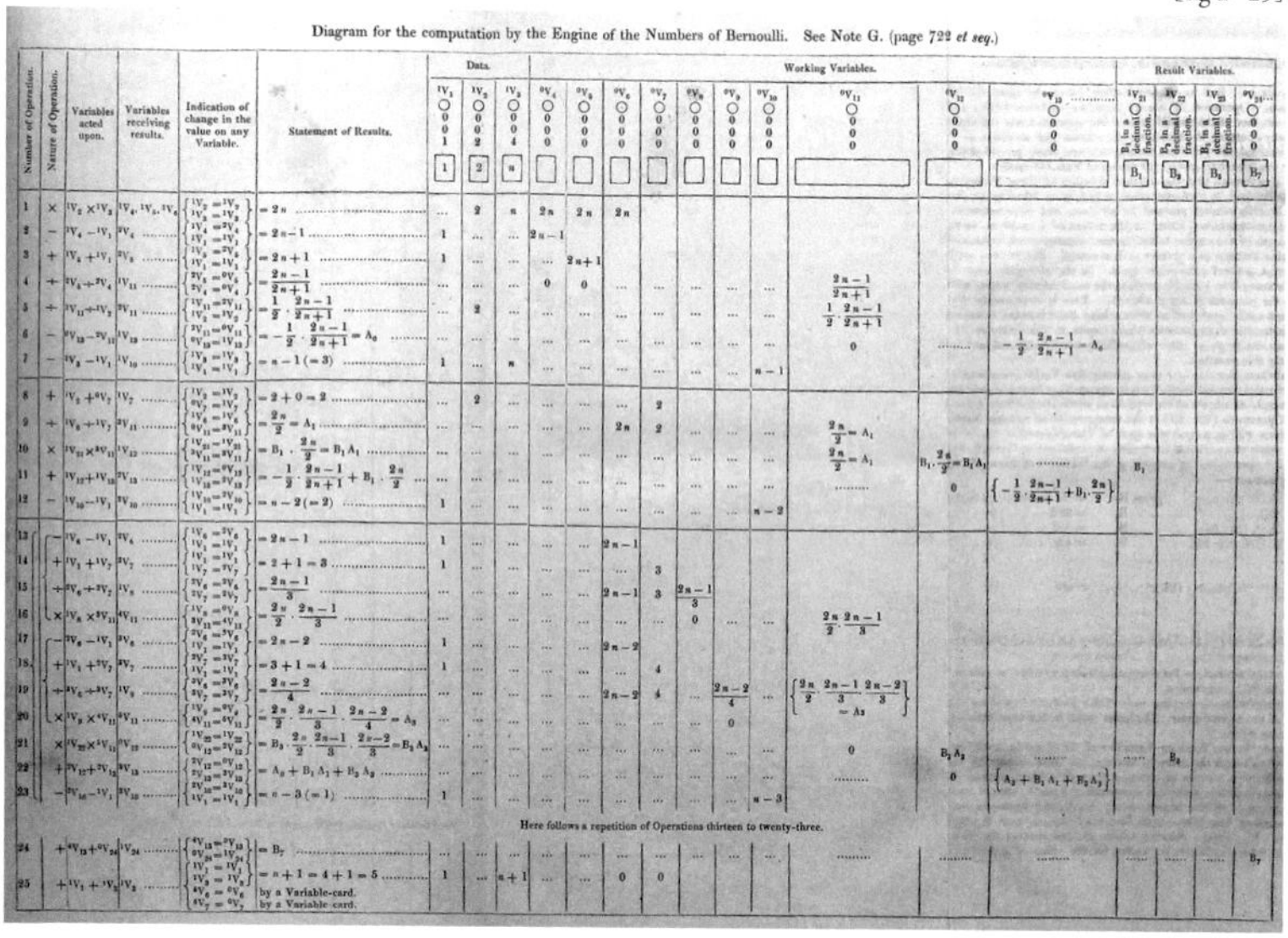

Diagram for the computation by the Engine of the Numbers of Bernoulli. See Note G. (page 722 *et seq.*)

Number of Operation.	Nature of Operation.	Variables acted upon.	Variables receiving results.	Indication of change in the value on any Variable.	Statement of Results.	Data. $^1V_1$ 0001 [1]	$^1V_2$ 0002 [2]	$^1V_3$ 0004 [n]	Working Variables. $^0V_4$ 0000	$^0V_5$ 0000	$^0V_6$ 0000	$^0V_7$ 0000	$^0V_8$ 0000	$^0V_9$ 0000	$^0V_{10}$ 0000	$^0V_{11}$ 0000	$^0V_{12}$ 0000	$^0V_{13}$ 0000	Result Variables. $^1V_{21}$ B_1 in a decimal fraction. [B_1]	$^1V_{22}$ B_3 in a decimal fraction. [B_3]	$^1V_{23}$ B_5 in a decimal fraction. [B_5]	$^0V_{24}$ 0000 [B_7]
1	×	${}^1V_2 \times {}^1V_3$	${}^1V_4, {}^1V_5, {}^1V_6$	$\{{}^1V_2={}^1V_2;\ {}^1V_3={}^1V_3\}$	$=2n$	...	2	n	2n	2n	2n											
2	−	${}^1V_4 - {}^1V_1$	${}^2V_4$	$\{{}^1V_4={}^2V_4;\ {}^1V_1={}^1V_1\}$	$=2n-1$	1	...	...	2n−1													
3	+	${}^1V_5 + {}^1V_1$	${}^2V_5$	$\{{}^1V_5={}^2V_5;\ {}^1V_1={}^1V_1\}$	$=2n+1$	1	...	...	...	2n+1												
4	÷	${}^2V_5 \div {}^2V_4$	${}^1V_{11}$	$\{{}^2V_5={}^0V_5;\ {}^2V_4={}^0V_4\}$	$=\frac{2n-1}{2n+1}$	...	...	...	0	0	...	...	...	...	...	$\frac{2n-1}{2n+1}$						
5	÷	${}^1V_{11} \div {}^1V_2$	${}^2V_{11}$	$\{{}^1V_{11}={}^2V_{11};\ {}^1V_2={}^1V_2\}$	$=\frac{1}{2}\cdot\frac{2n-1}{2n+1}$	...	2	...	...	...	...	...	...	...	...	$\frac{1}{2}\cdot\frac{2n-1}{2n+1}$						
6	−	${}^0V_{13} - {}^2V_{11}$	${}^1V_{13}$	$\{{}^2V_{11}={}^0V_{11};\ {}^0V_{13}={}^1V_{13}\}$	$=-\frac{1}{2}\cdot\frac{2n-1}{2n+1}=A_0$	...	...	...	...	...	...	...	...	...	...	0	....	$-\frac{1}{2}\cdot\frac{2n-1}{2n+1}=A_0$				
7	−	${}^1V_3 - {}^1V_1$	${}^1V_{10}$	$\{{}^1V_3={}^1V_3;\ {}^1V_1={}^1V_1\}$	$=n-1\ (=3)$	1	...	n	...	...	...	...	...	...	n − 1							
8	+	${}^1V_2 + {}^0V_7$	${}^1V_7$	$\{{}^1V_2={}^1V_2;\ {}^0V_7={}^1V_7\}$	$=2+0=2$	...	2	...	...	...	...	2										
9	÷	${}^1V_6 \div {}^1V_7$	${}^3V_{11}$	$\{{}^1V_6={}^1V_6;\ {}^0V_{11}={}^3V_{11}\}$	$=\frac{2n}{2}=A_1$	...	...	...	...	...	2n	2	...	...	...	$\frac{2n}{2}=A_1$						
10	×	${}^1V_{21} \times {}^3V_{11}$	${}^1V_{12}$	$\{{}^1V_{21}={}^1V_{21};\ {}^3V_{11}={}^3V_{11}\}$	$=B_1\cdot\frac{2n}{2}=B_1A_1$	...	...	...	...	...	...	...	...	...	...	$\frac{2n}{2}=A_1$	$B_1\cdot\frac{2n}{2}=B_1A_1$	....	B_1			
11	+	${}^1V_{12} + {}^1V_{13}$	${}^2V_{13}$	$\{{}^1V_{12}={}^0V_{12};\ {}^1V_{13}={}^2V_{13}\}$	$=-\frac{1}{2}\cdot\frac{2n-1}{2n+1}+B_1\cdot\frac{2n}{2}$	...	...	...	...	...	...	...	...	...	...	....	0	$\left\{-\frac{1}{2}\cdot\frac{2n-1}{2n+1}+B_1\cdot\frac{2n}{2}\right\}$				
12	−	${}^1V_{10} - {}^1V_1$	${}^2V_{10}$	$\{{}^1V_{10}={}^2V_{10};\ {}^1V_1={}^1V_1\}$	$=n-2\ (=2)$	1	...	...	...	...	...	...	...	...	n − 2							
13	−	${}^1V_6 - {}^1V_1$	${}^2V_6$	$\{{}^1V_6={}^2V_6;\ {}^1V_1={}^1V_1\}$	$=2n-1$	1	...	...	...	...	2n−1											
14	+	${}^1V_1 + {}^1V_7$	${}^2V_7$	$\{{}^1V_1={}^1V_1;\ {}^1V_7={}^2V_7\}$	$=2+1=3$	1	...	...	...	...	...	3										
15	÷	${}^2V_6 \div {}^2V_7$	${}^1V_8$	$\{{}^2V_6={}^2V_6;\ {}^2V_7={}^2V_7\}$	$=\frac{2n-1}{3}$	...	...	...	...	...	2n−1	3	$\frac{2n-1}{3}$									
16	×	${}^1V_8 \times {}^3V_{11}$	${}^4V_{11}$	$\{{}^1V_8={}^0V_8;\ {}^3V_{11}={}^4V_{11}\}$	$=\frac{2n}{2}\cdot\frac{2n-1}{3}$	...	...	...	...	...	...	...	0	...	...	$\frac{2n}{2}\cdot\frac{2n-1}{3}$						
17	−	${}^2V_6 - {}^1V_1$	${}^3V_6$	$\{{}^2V_6={}^3V_6;\ {}^1V_1={}^1V_1\}$	$=2n-2$	1	...	...	...	...	2n−2											
18	+	${}^1V_1 + {}^2V_7$	${}^3V_7$	$\{{}^2V_7={}^3V_7;\ {}^1V_1={}^1V_1\}$	$=3+1=4$	1	...	...	...	...	...	4										
19	÷	${}^3V_6 \div {}^3V_7$	${}^1V_9$	$\{{}^3V_6={}^3V_6;\ {}^3V_7={}^3V_7\}$	$=\frac{2n-2}{4}$	...	...	...	...	...	2n−2	4	...	$\frac{2n-2}{4}$	...	$\left\{\frac{2n}{2}\cdot\frac{2n-1}{3}\cdot\frac{2n-2}{3}=A_3\right\}$						
20	×	${}^1V_9 \times {}^4V_{11}$	${}^5V_{11}$	$\{{}^1V_9={}^0V_9;\ {}^4V_{11}={}^5V_{11}\}$	$=\frac{2n}{2}\cdot\frac{2n-1}{3}\cdot\frac{2n-2}{4}=A_3$	...	...	...	...	...	...	...	...	0								
21	×	${}^1V_{22} \times {}^5V_{11}$	${}^0V_{12}$	$\{{}^1V_{22}={}^1V_{22};\ {}^0V_{12}={}^2V_{12}\}$	$=B_3\cdot\frac{2n}{2}\cdot\frac{2n-1}{3}\cdot\frac{2n-2}{3}=B_3A_3$	...	...	...	...	...	...	...	...	...	...	0	B_3A_3	....	.....	B_3		
22	+	${}^2V_{12} + {}^2V_{13}$	${}^3V_{13}$	$\{{}^2V_{12}={}^0V_{12};\ {}^2V_{13}={}^3V_{13}\}$	$=A_0+B_1A_1+B_3A_3$	...	...	...	...	...	...	...	...	...	...	....	0	$\{A_3+B_1A_1+B_3A_3\}$				
23	−	${}^2V_{10} - {}^1V_1$	${}^3V_{10}$	$\{{}^2V_{10}={}^3V_{10};\ {}^1V_1={}^1V_1\}$	$=n-3\ (=1)$	1	...	...	...	...	...	...	...	...	n − 3							
Here follows a repetition of Operations thirteen to twenty-three.																						
24	+	${}^4V_{13} + {}^0V_{24}$	${}^1V_{24}$	$\{{}^4V_{13}={}^0V_{13};\ {}^0V_{24}={}^1V_{24}\}$	$=B_7$	...	...	...	...	...	...	...	...	...	...	....	....	....	.....	.....	.....	B_7
25	+	${}^1V_1 + {}^1V_3$	${}^2V_3$	$\{{}^1V_1={}^1V_1;\ {}^1V_3={}^2V_3;\ {}^5V_6={}^0V_6;\ {}^5V_7={}^0V_7\}$	$=n+1=4+1=5$; by a Variable-card. by a Variable-card.	1	...	n+1	...	...	0	0										

[fig 2-25]
ベルヌーイ数を解析機関で計算するためのアルゴリズムを示したダイアグラム

[7]
この若い数学者、ルイジ・メナブレアはのちに大出世し、イタリアの首相にまで登り詰めたそうです。

[8]
Christopher D. Green, Marlene Shore, Thomas Teo『The Transformation of Psychology: Influences of 19th-Century Philosophy, Technology, and Natural Science』(American Psychological Association, 2001年)

Christopher D. Green「Charles Babbage, the Analytical Engine, and the Possibility of a 19th-Century Cognitive Science」York University

[9]
L.F. Menabrea, Luigi Federico, Ada Lovelace『Sketch of the Analytical Engine Invented by Charles Babbage』(1842年)

に対して[11]、ラブレスは、数字が機械の外部にある実体、文字や音符などを象徴できること、一度実体を数として表現できれば、あとはルールに従ってそれらのシンボルを操作することができるということを見抜いていたとします[12]。開発者バベッジも気づいていなかった、汎用的なコンピュータの可能性どころか、現在のコンピュータによる音楽生成の可能性をも、この時点で見いだしていたわけです（ただし、人間が教え込んだ作曲のルールの範疇でという条件付きですが）。

余談ですが、ラブレスの父、バイロン卿がある夏の夜、湖畔の避暑地で催した余興に、ある10代の女性が参加していました。彼女はその席でバイロン卿が話したドイツの幽霊物語や、当時話題になっていた生理学者ダーウィン（チャールズ・ダーウィンの祖父）の実験の話に大いに興味を示したといいます[13]。

この女性の名前は、メアリ・ウルストンクラフト・シェリー。彼女が数年後に発表したのは、のちに『フランケンシュタイン』として知られる物語です。バイロンがエイダ・ラブレス、メアリ・シェリーの二人の女性を通して、人の知能や肉体を人の手で生み出す行為にインスピレーションを与える結果となったのは、偶然とはいえ、とても興味深く感じます。

話を元に戻して。「コンピュータは創造しない」というラブレスの言葉は、論文の発表か

[10] J.Fuegi, J.Francis「Lovelace & Babbage and the Creation of the 1843 'Notes'」/『IEEE Annals of the History of Computing』Vol.25（2003年）より抜粋、筆者による日本語訳

[11] 先に述べたノイマンが、メモリ＝記憶と言った言葉で人に例えたのに対して、バベッジは「倉庫」や「ひきうす」といった言葉を使っています。バベッジにとって、念頭にあったのはパリで見たジャカード織機のようなもので、人のように思考する機械ではなかったようです。

[12] Doron Swade『Charles Babbage and His Calculating Engines』（Science Museum, 1998年）

[13] P.マコーダック『コンピュータは考える―人工知能の歴史と展望』（培風館、1983年）

らおよそ百年後にアラン・チューリングによって紹介され、広く知られることとなりました。前にも取り上げた論文「計算機械と知性」の中で、「機械は考えることができる」というチューリング自身の主張への想定される反論として、「ラブレス夫人の反論」として引用したのです。

その上でチューリングは、ラブレスの言葉の「変種」として、コンピュータは（そのつくり手である）「人を驚かせることができない」を挙げ、即座に反論します。ラブレスが正しく、コンピュータが人が命令した通りにしか動かず、何も新しいものを生み出さないのであれば、そのアウトプットはあらかじめ予測される範囲に留まり、驚かされることはないだろうというわけです。それに対するチューリングの答えは「そもそも機械は、極めて頻繁に私を驚かせている」というものでした。

もちろん、チューリングがここで指摘しているのは、プログラマが意図せず混入させてしまったバグによって、予想外の結果が導かれるような場合ではありません。ソフトウェアが意図通り動いたにもかかわらず、予想外の結果になる場合があることを念頭に置いています。

一方でチューリングはこうも述べています。

「その最大の理由は、機械が何を実行するかを予測するための計算が十分にないからであり、たとえ計算できた場合でも、急いでやるために正確さを欠いて、適当に予測するという危険性を冒しているからである。」

このチューリングの答えは、コンピュータの計算を正確に辿る時間と労力さえかければ、すべて予測が可能になり、コンピュータに驚かされることがないことを暗に言及しているともいえます。ここでコンピュータをＡＩに置き換えても同じことがいえそうです。

例えばＧＡＮモデルにおける学習パラメータも丹念にその変化も追っていけば、そこに確率論的（stochastic）なランダム性はあるにせよ、アルゴリズムの厳密な手続きに則った決定論的な振る舞いを示すはずです。しかし、結果として得られるＧＡＮの生成器の出力を、個々のパラメータの変化から予測することは難しいでしょう。それはパラメータの総数が大きいこと、またそれらが複雑に相互に影響し合い絡み合っていることなどによります。

創発性

個々にはあらかじめ決められたシンプルなルールで動いているにもかかわらず、全体としてはそのルールを定めた人やそれを理解している人でも驚くような、予想外の振る舞いが生まれる。こうした現象は何も特別なことではありません[14]。

今、この文章を読んでいる頭の中で起きていることがまさにそれです。脳科学の進歩によって個々のニューロンの働き、動作原理は精密に説明がつくようになっていますが、総体としての脳がどのようにモーツァルトを楽しんだり、恋をしたりするのか、その動きはまだわか

[14] スティーブン・ジョンソン『創発—蟻・脳・都市・ソフトウェアの自己組織化ネットワーク』（ソフトバンククリエイティブ、２００４年）

らないことがたくさんあります。

また例えば、アリの巣の中で起きていることも、脳の働きとは複雑さの度合いに違いがあったとしても、よく似ています[fig 2-26]。アリ一匹一匹の知性（と呼んでよければ）はたかが知れていますが、巣全体は集合的に非常に知的な振る舞いをします。例えば、働きアリには巣の決められた場所にゴミを出したり、エサを探したりといった任務がありますが、個々の働きアリへの任務の割り当ては刻々と変化します。これは何もアリが自分のTo Doリストを持っていて、今朝はまずはゴミ出しをして、午後はエサの調達に出掛けるかと計画しているわけでも、上司からの命令に従って動いているわけでもありません。個々の働きアリは巣全体で何匹のゴミ出しアリがいて何匹が食料調達に出ているかを知る由もありません。その代わり、一定時間内に自分が出会ったアリの数の内訳によって統計的なサンプリングをし[15]、それに合わせて自分の行動を変えているのです。食料調達の人手が足りなければ、ゴミ出しを切り上げてエサ探しに出掛けます。その際に前のアリが残したフェロモンの情報を利用することは皆さんもご存知でしょう。

こうして必要な役割分担を上手に調整しながら、巣全体として効率よく機能する仕組みが生まれます。あるアリの巣のアリの人口（?）を意図的に減らすと、あるしきい値を境に巣全体として機能しなくなるという現象も知られています。これはアリの数が少なければ統計的なサンプリングの正確性が担保できないからです。ある程度の複雑さを持つことが、アリの巣全体として効果的に振る舞うために、必要な条件だったのです。

[fig 2-26]
蟻塚

[15]
対象全員に対して調査を行うのではなく、一部のみを調査し母数に対するその割合から全体の傾向を推測する方法。

ニューロンと脳全体。一匹の働きアリとアリの巣全体。単純なローカルなルールや振る舞いから、予測不可能性を帯びたグローバルな振る舞いが生まれる現象は、「創発（emergence）」と呼ばれます。全体が単なる部分の総和以上になる現象です[fig 2-27]。本節の冒頭で挙げたもっともな疑問、ＡＩから垣間見える創造性は結局は、そのＡＩシステムをつくった人間の創造性なのではないかという疑問への答えは、もしＡＩが創発的な特徴を持っているとしたらどうなるでしょうか。

確かにＡＩのアルゴリズムを設定したり、学習データを集めて学習する環境を用意したのは人間です。しかし、学習の結果、それが人間が定めたルールに厳密に従った結果だとしても、ルールを定めた人が予測できなかった振る舞いをもたらすとしたら。果たしてその結果を最初に人が定めたルールや環境に１００％還元してもよいのでしょうか。

脳の働きをニューロン一つひとつの働きに、アリの巣全体が見せる知的な振る舞いを一匹のアリに、還元することを考えてみてください。もちろんニューロンの存在がなければ脳全体として機能しませんが、将棋を指したりモーツァルトを楽しんだりしているのは、ニューロンではないはずです。同じように確かに、ＡＩシステムを構築した人の存在がなければ、ＡＩが創造的な振る舞いを示すことはなかったでしょう。しかし、逆に人だけでは為し得なかった何かが、そこに生まれているといえないでしょうか。

ＡＩの出力が人が決めたルールや環境などの要因の総和以上の何かになっているかどうか。ＡＩがそのつくり手を驚かせることができるかどうか。もし答えがイエスで、かつその出

[fig 2-27]
鳥の群れの創発

力が新しさや価値を含んでいるとしたら、創造性の発露の主体の一部をＡＩに帰すことに、少なくとも筆者自身はそれほど抵抗を感じません。

それでもまだ意思や目的を持たない機械に創造性を見いだすのはためらわれる、そうした方のために、次節では自然界のプロセスが見せる「創造性」を取り上げます。

2.2節では、人の意思や目的意識などが創造の裏側には必要であるとして、人以外の創造性を考えない見方を紹介しました。そこで仲間外れにされてしまったものとして、「進化」がありました。進化も適者生存と形質保存[16]のシンプルなルールから生まれる創発的なプロセスです。

進化に創造性という言葉を当てはめるかどうかはさておき[17]、人間の脳をはじめとするこの宇宙で最も複雑で美しい構造体を、進化が生み出してきたことは間違いありません。次節では、進化のプロセスをコンピュータ上に再現することで、その本質に迫ろうとするプロジェクトをいくつか紹介します。進化のシミュレーションが驚くような結果を生み出す様子を見てみることにしましょう。

[16] 親の個体の特徴が、遺伝子を通して次の世代の個体（子ども）に受け継がれること。

[17] 前にも述べた通り、最終的には言葉の定義の問題に落ち着いてしまいます。

2.6

進化と創造性——遺伝子のバベルの図書館

進化のシミュレーション

「コンピュータが人を驚かせることがあるか」

この問いを前にすると、いつも思い出す一つの作品があります。私が個人的にコンピュータと創造性の関係性について興味を持つきっかけをつくった作品です。

アーティストでありコンピュータ・グラフィックスの研究者でもあるカール・シムズ（Karl Sims）の1997年の作品、『Galápagos（ガラパゴス）』[1]。『ガラパゴス』は仮想的な生命の進化のプロセスに基づくインタラクティブなインスタレーションです。作品は一列に並べられた12台のスクリーンから構成され、各スクリーンの前には足で踏めるフットスイッチが設置されています[fig 2-28]。スクリーンには色鮮やかで抽象的な形態を持つ「仮想生命体」が映し出されています。これらの仮想生命体はいずれも、シムズが考案した数式で表現される仮想的な遺伝子コードをもとに生み出された生命体です[fig 2-29]。

鑑賞者はスクリーンの前のフットスイッチを踏むことで、どの個体が生き残り、次の世代に子孫を残すかを決定することができます。選ばれた個体の遺伝子は組み合わされ（遺伝子の「交叉」[2]）、ランダムな「突然変異」が加えられたのちに次の世代の生命体としてスクリーンに表示されます。鑑賞者は、品種改良を行う畜産家や園芸家の役割を果たしていることになります。

[1] 『Galápagos』http://www.karlsims.com/galapagos/index.html
NTTインターコミュニケーション・センター［ICC］カール・シムズ『ガラパゴス』（1997年）https://www.ntticc.or.jp/ja/archive/works/galapagos/

[2] 親の個体の遺伝子が交配によって組み合わされる過程。

[fig 2-28]

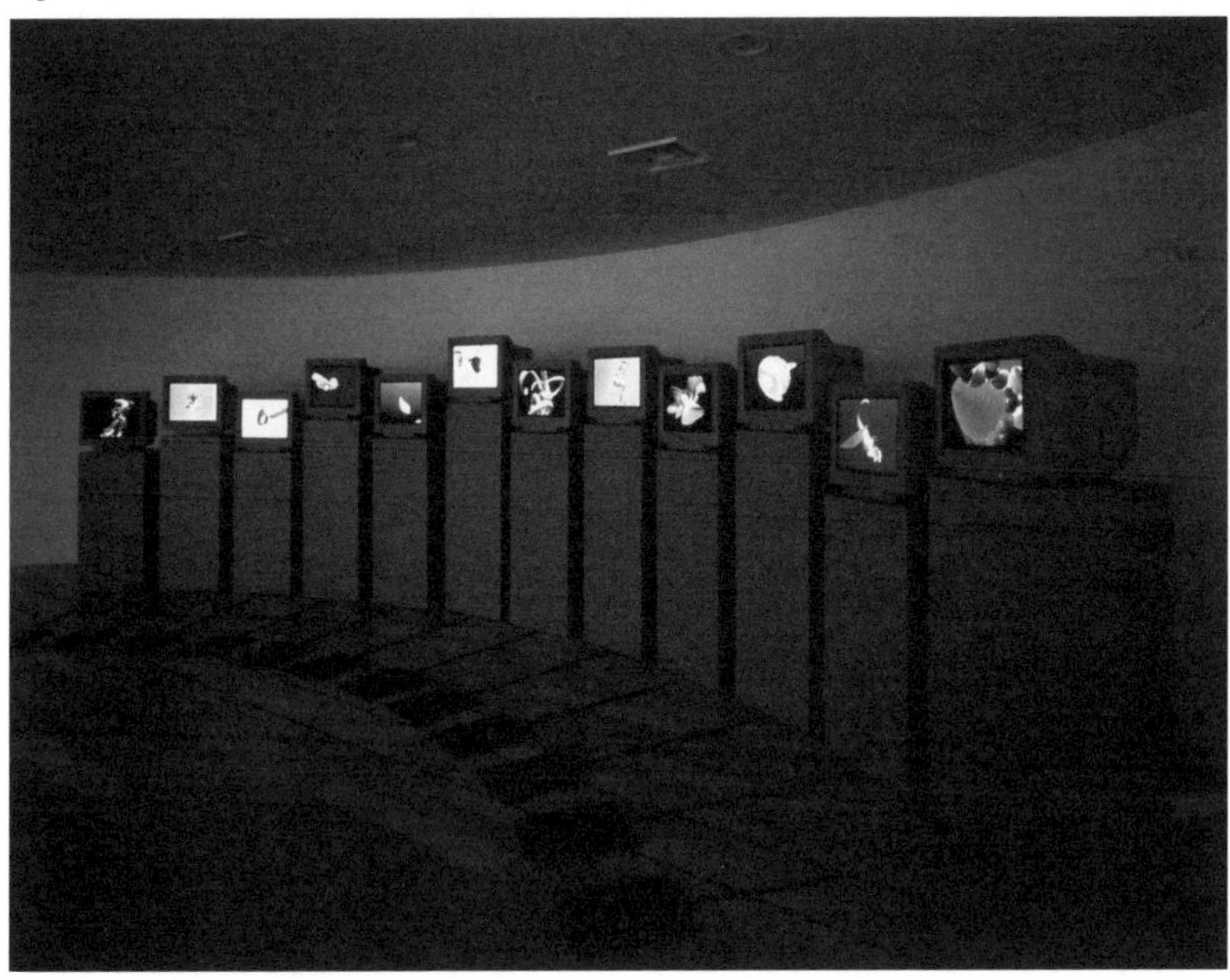

[fig 2-29]

[fig2-28]
『ガラパゴス』
撮影：大高隆 写真提供：NTTインターコミュニケーション・センター［ICC］

[fig2-29]
ガラパゴスにおける仮想生命体
提供：NTTインターコミュニケーション・センター［ICC］

仮想生命体はランダムに生成された遺伝子コードからスタートするので、最初はタコの足が絡まったようないびつな塊のようなものばかりです。それが鑑賞者の手による（足による？）取捨選択を繰り返すことで、徐々に色鮮やかで面白い形を持つ生命体へと進化していく様子に、当時学生だった私は大いに驚かされました。生命体の観点からすると、鑑賞者の主観的、審美的な評価を「環境」として、各個体が適者生存の生存競争を行っていると見ることもできます。ここでは鑑賞者の目により美しく、興味深く映った個体だけが生存競争に打ち勝ち、次の世代に子孫を残すことができるのです。

シムズはこの作品の主な特徴として次の二つの点を挙げています[3]。一つ目は、そのほかの方法では生み出し得ない結果を生み出すツールとなる可能性を秘めているという点。人は個体を選択するだけで、各個体を直接設計しているわけではありません。進化の結果生まれる仮想生命体は「人間と機械との共同作業」の結果であり、「人間の設計能力や理解能力の限界が最終的な産物にとっての制約になることはない」とします。

もう一つは進化のプロセスそのものを研究するユニークな方法を提供するという観点です。ダーウィンの「種の起源」以来、進化に関しては、幅広い角度から研究がなされてきていますが、我々の前にはＤＮＡの遺伝システムに基づく唯一の例があるだけでそれ以外の例を知りません。しかもこの例は、地球の誕生から46億年という想像を絶する長い時間をかけて出来上がったもので、初めからやり直したりこの先を早回しで俯瞰するようなことは不可能です。しかし、シムズが示したようなシミュレーションを使えば、もし地上の条件が少し違っ

[3]『NTT InterCommunication』No.21（1997年）

ていたらという前提で、あり得たかもしれない別の進化の分岐を探るといったことが可能になるかもしれないのです。

こうしたコンピュータ上での仮想的な生物進化のシミュレーションに基づく最適化手法は、広く進化計算（Evolutionary Computation）と呼ばれます。特に遺伝的アルゴリズム（Genetic Algorithm）[4]が代表的なアルゴリズムとして、プロペラの設計の最適化から株価の予測まで幅広く使われています。『ガラパゴス』は、コンピュータによる定量的な評価が難しい審美的な評価を鑑賞者に委ねることで、対話的に進化を進める対話型進化計算の考え方を用いた作品ともいえるでしょう[5]。

『ガラパゴス』に先立つ1994年、シムズは『Evolved Virtual Creatures』（以下、バーチャル・クリーチャーズ）[6]と題する別のCG作品と論文を発表しました[fig 2-30]。こちらもダーウィン的な進化に基づいて仮想生命体がつくり出される点は同様です。陸上や水中といった仮想三次元空間が用意され、骨格と関節、関節を動かす筋肉で構成されるシンプルな仮想生命体が、この中を動き回ったり、泳いだりしています[fig 2-31]。『ガラパゴス』同様、生命体の構造は作者が策定した仮想的な遺伝子コードによって決定されます。ランダムな遺伝子コードからスタートし、優位な個体ほど次の世代に子孫を残せるという点も同じです。

『ガラパゴス』と違うのは、『ガラパゴス』では個体の選択が見た目の美しさや面白さという定量化できない鑑賞者の評価に基づいていたのに対して、『バーチャル・クリーチャーズ』では、決められた時間のあいだに仮想環境内をどのくらい遠くまで移動できるかという定量

[4]
伊庭斉志『遺伝的アルゴリズムの基礎―GAの謎を解く』（オーム社、1994年）

[5]
Peter J. Bentley『Evolutionary Design by Computers』（Morgan Kaufmann, 1999年）

[6]
『Evolved Virtual Creatures』http://www.karlsims.com/evolved-virtual-creatures.html

Karl Sims「Evolving Virtual Creatures」/『SIGGRAPH '94: Proceedings of the 21st annual conference on Computer graphics and interactive techniques』（1994年7月）https://doi.org/10.1145/192161.192167

[fig 2-30]

[fig 2-31]

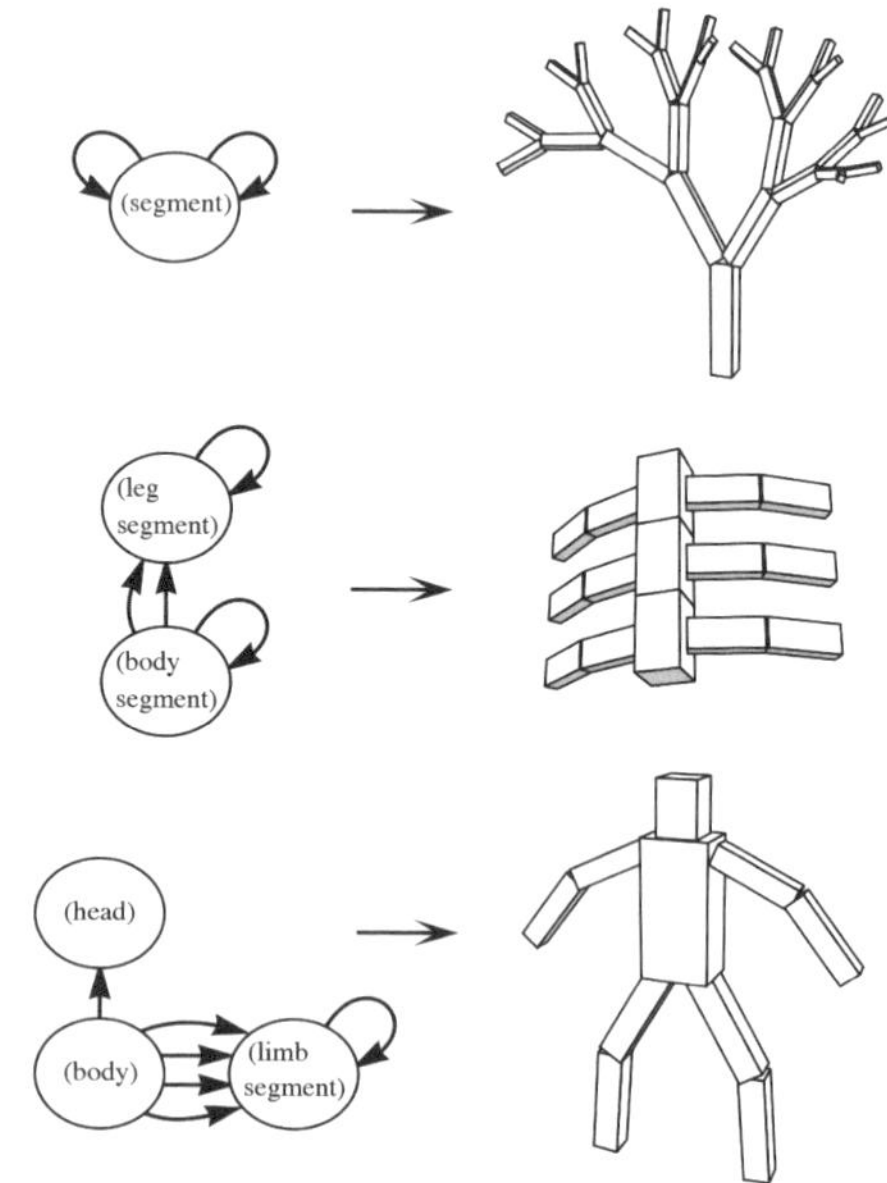

[fig 2-30]
『Evolved Virtual Creatures』
提供：Karl Sims

[fig 2-31]
仮想生命体の遺伝子表現と、それが発現して生まれる生命体の例

的な評価を個体の選択基準としている点です。素早く動いて獲物を捕まえ、捕食者から逃れる個体が生き残るという動物界の適者生存のあり方を、簡易的にシミュレーションしているのです。

こうして移動距離という定量的な評価に基づいて進化した仮想生命体は、非常にユニークな動き方を獲得します。長い尾を揺らしながら水中を優雅に泳ぐオタマジャクシのような個体、体の両サイドにつけた羽を動かし、羽ばたくように泳ぐ個体。体の脇についた短い腕を回転し、つっかい棒のように立てることで体全体を回転させ転がっていく個体。体の最上部についた小さな手を交互に振る反動ですり足のように歩く個体。いずれも人が意図的にデザインしていたらこんな動きや体の構造のアイデアは出てこなかったのではないかと思わせる、ユニークでどこか微笑ましさすら感じる動き方です[fig 2-32]。

この作品について、作者のシムズは当時のインタビューで次のように述べます。

> 仮想生命体がどのように動くのか(作者である)自分でも理解することは非常に難しい。自分の手でこれらの生命体をデザインしても、これほど良い答えを見つけることができなかっただろう。しかし、仮想的な進化の仕組みを使えばどのように動くのか細かく理解できなくても問題ない。我々が自らデザインできる領域を超えたデザインを可能にしてくれるのだ。[7]

[fig 2-32]
「泳ぐ」(右の三体)「歩く」(左の二体)行動を発達させた仮想生命体の例

『バーチャル・クリーチャーズ』において、仮想的物理環境や仮想の遺伝子コードを設定し、進化のシミュレーションを定義したのは、もちろんシムズ自身です。しかし、シムズの定義したルールは、シムズ自身が予測・説明できない結果をもたらすことになったのです。

ソフトウェアがその作者すら想定できない動きをした場合、それは不具合、バグと呼ばれる――そう思い込んでいた私にとっては、衝撃的な言葉でした。コンピュータは人が頭の中に描いたものを出力するためだけでなく、ときにそれを何倍にも膨らませられるのです。適切なシステムを設計すれば、インプットの総和よりも大きなアウトプットを得られる、コンピュータのそうした可能性に気づかされました。「コンピュータは人を驚かせることができる」。シムズの作品に出会って以降、私はそう強く信じるようになります。

ＡＩの知能の有無を見極めるテストとしてのチューリング・テストについては、すでに簡単に触れました。チューリング・テストをパスしたとする会話プログラムが話題になる一方で[8]、文字を通しての会話という限定的な条件で果たして判断できるのかと否定的な声もＡＩの専門家から広く聞かれます[9]。

そこで、チューリング・テストに代わるＡＩの知能を評価するテストとして、ラブレス・テスト（Lovelace Test）と呼ばれる指標が提案されています[10]。簡単にいうと、ラブレス・

[7]
『Artificial Life』（VPRO Amsterdam, 1995年）ビデオドキュメンタリー内インタビューより筆者による日本語訳

[8]
「Computer AI Passes Turing Test in 'world First'」/ BBC News（2014年6月）https://www.bbc.com/news/technology-27762088

[9]
ジョン・サールの「中国語の部屋」の思考実験などが批判の代表例。部屋の中の見えない人とドア越しに中国語のテキストで会話するところを想像してください。中国語の問いかけに対して、毎回適切に返事が返ってくるので、外側にいる人は中にいる人が中国語を理解していると考えます。ところが実は部屋の中にいる人は中国語の知識は皆無で、ただ与えられたルールブックに従って、読めもしない漢字の列をつくって返していただけだったのです。部屋の中にいる人をチューリング・テストでテストされるＡＩに置き換えてみてください。

テストは「AIがそのつくり手を驚かせることができるか」というテストになります。もちろん、チューリングが引用したエイダ・ラブレスの言葉がそのルーツです。

もしある人HがAIに基づくシステムAを制作し、動作させたとします。Aの出力Oが単なる誤動作の結果でなく、繰り返し似たような出力O'、O"が期待でき、それでも、HやHと同等の知識を持つ人にとって、AがどのようにOを生成したか説明できないとき、Aはラブレス・テストをパスしたとされます。繰り返し似たような出力のバリエーションが期待できるとしているのは、ガーディアンの批評家がいう、壊れたコピー機がたまたま予想外の興味深い絵を生み出すような場合と区別するためです（1.2節）。

進化した仮想生命体の仕組みを自分でも理解できない、というシムズの言葉をそのまま受け入れるとすると、『ガラパゴス』や『バーチャル・クリーチャーズ』のシステムは、ラブレス・テストをパスするのに近い位置にあることになるでしょう。一方で、AIは単なる人の模倣に過ぎない、AIは道具でしかないという立場をとるのであれば、ラブレス・テストをクリアするようなAIは生まれないということになります（その制作者でもその動作原理を説明できないような道具は、使いにくくて仕方ないことでしょう）。

[10] Selmer Bringsjord, Paul Bello, David Ferrucci「Creativity, the Turing Test, and the (Better) Lovelace Test」Minds and Machines 11（2001年2月）https://doi.org/10.1023/A:1011206622741

ダーウィン的な進化によってある種の仮想生命体を表現したグラフィックスを生成すると

いう手法を試したのは、シムズが最初ではありません。『利己的な遺伝子』などの著作で知られる進化生物学者のリチャード・ドーキンス（Richard Dawkins）は、1986年に発表した『The Blind Watchmaker』[11]の中で、「バイオモルフ(Biomorph)」[12]と名付けたコンピュータプログラムを紹介しています。

バイオモルフの世界の住人は、短い枝が幾重にも分岐し、またそれぞれが分岐していくという木構造でできています。各個体は九つのパラメータから構成される仮想的な遺伝子を持ち、枝の長さ、分岐する枝の数と角度、分岐した枝の長さなどが遺伝子によって決定されます。

最初にランダムに生成された遺伝子からつくられたバイオモルフは、枝が短すぎてただの点にしか見えなかったといいます。ドーキンスのプログラムは、この個体の遺伝子コードの一部をランダムに「突然変異」させ、八つの子どもとなる個体を生成しました。子の個体は、親の九つの遺伝子のうちのランダムな一つを、+1もしくは-1だけ変化させることによってつくられます。

九つのグリッドに区切られた画面には、親の個体と新たに生成された八個体が表示され、この中から自分が最も面白い、美しいと思う個体を一つ、次の世代の親として選ぶことができます。ドーキンスも驚いたことに、こうして世代交代を繰り返していくと、シンプルな木構造を生成するはずのプログラムから昆虫や鳥のような形が誕生します。再帰的に枝分かれした枝が重なり昆虫の胴を形成し、細かく折れ曲がった枝の先端が鳥の羽根や脚を象り始めたのです[fig2–33]。

[11]
リチャード・ドーキンス『盲目の時計職人—自然淘汰は偶然か？』日高敏隆 監修、中島康裕、遠藤彰、遠藤知二、疋田努 訳（早川書房、2004年）
ドーキンスの言葉はこの本から引用しています。

[12]
バイオモルフについては、次の書籍でのケビン・ケリーの解説も参考にしています。
ケヴィン・ケリー『「複雑系」を超えて：システムを永久進化させる9つの法則』（アスキー、1999年）

[fig 2–33]

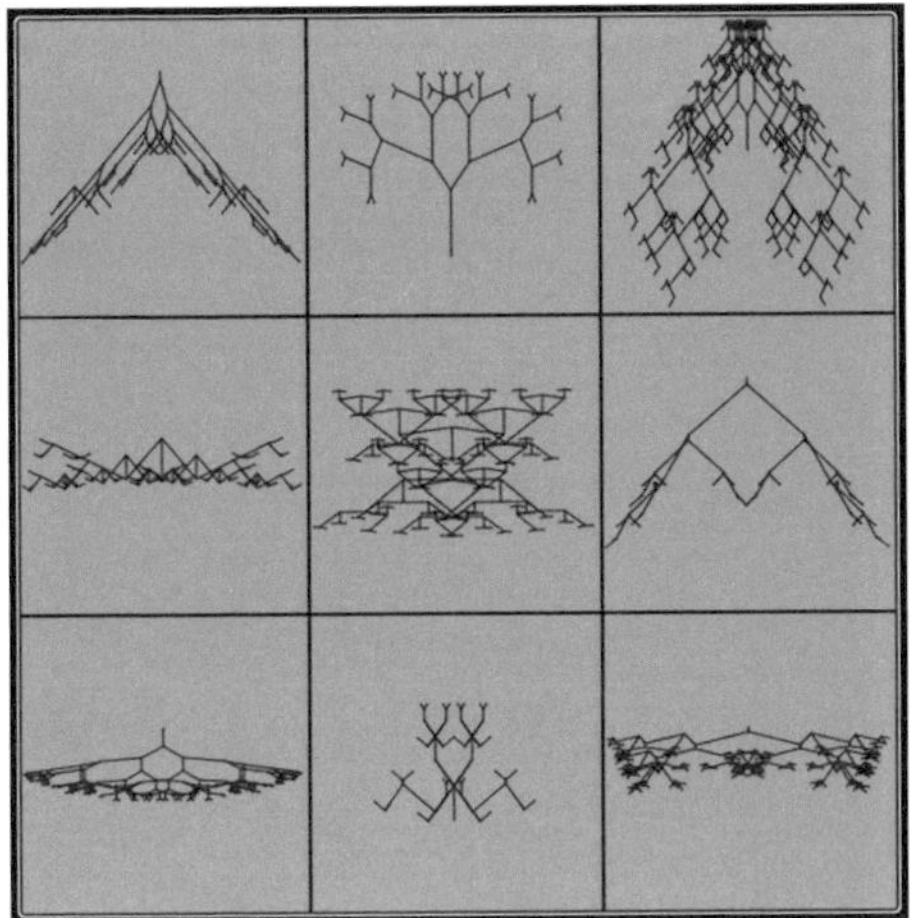

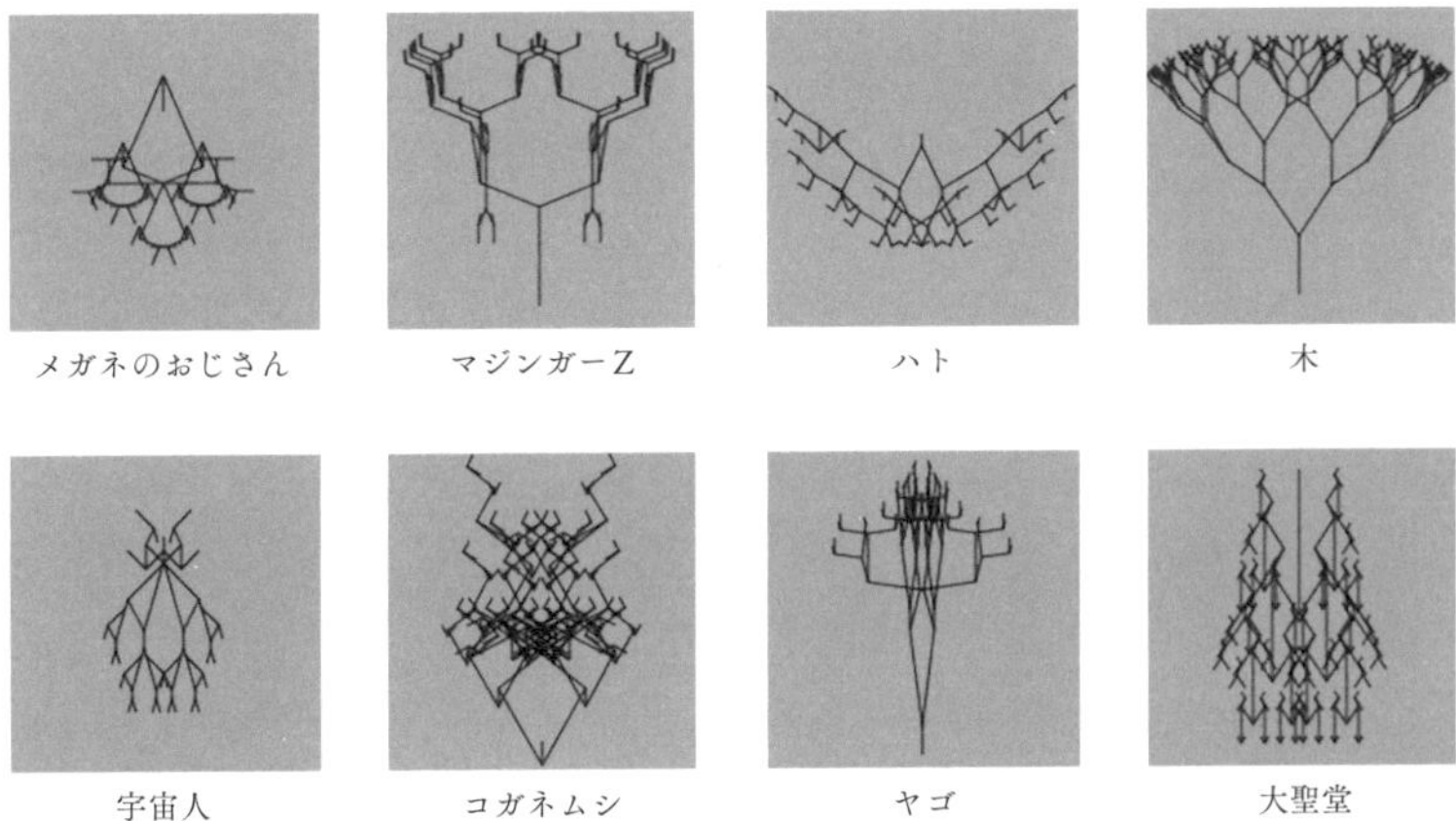

[fig2–33]
Biomorph Evolve（Biomorphのコンセプトに則って制作されたウェブツール）のスクリーンショットと筆者が育種したバイオモルフたち
https://gatc.ca/projects/biomorph-evolve/

「このプログラムを書いたとき、私は樹木に似た形以上の何かが進化してくるとは想像もしていなかった。シダレヤナギやポプラ、レバノンスギくらいは期待していたとしても。」

ここでもやはりシステムをつくった人間、ドーキンス自身を驚かせるような結果が生まれていることに注目しましょう。ドーキンスの想像を超えた複雑さを持つ興味深い結果が、比較的シンプルな仕組みから生み出されたのです。

「コンピュータというのは、命令したことを正確にやってのけるだけでなく、しばしばその結果においてあなたを驚かせるような機械である。」

このあと、しばらくのあいだ、ドーキンスは寝食を忘れてバイオモルフの世界の探索に没頭したといいます。当初のシステムでは、進化の結果得られた遺伝子コードを保存し、再現する仕組みを組み込んでいなかったため、進化の過程での美しい昆虫や鳥との出会いは一度きりで、多くの場合、二度と同じかたちを目にすることもなかったそうです。

遺伝子の多次元空間の探索

もしバイオモルフが、二つのパラメータ、例えば枝分かれの数と枝の長さから構成されるよりシンプルな遺伝子を持っていたとしたら、生成される可能性のあるバイオモルフが二次元の平面を埋めている様子を想像することができるでしょう。隣り合うバイオモルフは互いに似通った遺伝子を持ち、従って遺伝子がデコードされて生成されるバイオモルフの形状は似通ったものとなります。

このバイオモルフの二次元平面を縦横に移動すると、少しずつ形状が変化していくバイオモルフを目にすることになるでしょう。移動する方向によって、より枝分かれの数が多くなる方向、枝が短くなる方向などが存在しているはずです。シダレヤナギのようなバイオモルフが集まる場所もあれば、コガネムシのようなバイオモルフが集まる領域もあるでしょう。

この平面に対して、評価者であるあなたの評価を垂直方向にマッピングするとします。もしあなたがハチのようなバイオモルフを探していたとしたら、コガネムシが集まる領域は総じてシダレヤナギよりも高い評価を得ることになります。こうしてコガネムシの丘やシダレヤナギ低地、そしてミツバチ山脈などが生まれます。探検家であるあなたに残されたタスクは、少しでも高い場所を求めて山を登っていくことです。コガネムシの丘で足踏みしてしまった場合は、一度コウモリの谷に降りてから、ミツバチ山脈の登山口を探す必要があるかもしれません[13]。

先に述べたように、ドーキンスがつくった実際のバイオモルフの世界では、各個体は九つのパラメータからなる遺伝子を持っています。したがって、あり得るかもしれないバイオモルフから構成される空間は、九次元の世界として定義できるでしょう。九次元空間を頭の中で想像できる人はそうはいないでしょうが、近傍に位置するバイオモルフが似通った形状を持つ点は二次元や三次元の場合と同様です。わずかなパラメータの変化が生成される形状やその評価に大きな変化をもたらす場合もあります。バイオモルフの世界の起伏は必ずしもなだらかではなく、断崖絶壁があることに注意してください。

こう考えると、バイオモルフのシミュレーションを操作する人をこの九次元世界を探索する探検家に例えることができるかもしれません。バイオモルフを育種によって進化させるという行為は、この九次元の空間を移動しながら、より美しい・興味深い形状を発現させる遺伝子を探す行為にほかなりません。見方を変えると、ありとあらゆる生成可能なバイオモルフは、すでにこの九次元空間のどこかに最初から存在していたことになります。この空間のどこかに最初から埋まっているバイオモルフを見つけ出すために、育種と世代交代を繰り返すことで、人は様々な場所を掘り起こしていきます。遺伝子の「バベルの図書館」です。

自然界の進化も、同じように遺伝子のバベルの図書館の中を探索してきた結果といえます。もちろん、九次元のバイオモルフの遺伝子に比べて生物の遺伝子の数はずっと大きく、遺伝子[14]の図書館も遥かに広大です。それでも遺伝子の数が決まれば、あり得る遺伝子の組み

[13]
途中の丘の頂上で足踏みしてしまい、より高い山に辿り着けないような状態を、「局所解に陥る」といいます。
深層学習モデルの場合、誤差を最小化する方向で学習を進めます。このアナロジーでいうと、少しでも低い地点を求めて谷を降りて行くイメージになります（勾配降下法）。

[14]
ここでは遺伝子という言葉を生物学的に厳密な意味では使っていません。気になる方は、ゲノム、塩基配列などに適宜置き換えて読んでいただければと思います。

合わせは（ほとんど無限のように感じられるほど大きいながらも）有限ということになります。

生命の進化やこの節で見たそのシミュレーションを、バベルの図書館と創造性の関係の観点で見ると何がいえるでしょうか。有限で離散的な遺伝子が探索空間を定義することにあたるとすると、突然変異、交叉と形質の遺伝などは遺伝子の探索空間を探索するためのアルゴリズムと捉えられます。

ガラパゴスやバイオモルフにおける鑑賞者の選択や、ヴァーチャル・クリーチャーズの移動速度による評価は、自然淘汰の仕組みです。これらは各個体の良し悪し（環境にいかに適しているか）を判断する評価関数ということになるでしょう。探索空間、探索アルゴリズム、評価関数の三つと、あとはたった数十億年（！）という時間が揃ったことで、私たち人間を含む多様な生命種がまさに創造されたわけです。

文化的な遺伝子

これで、バベルの図書館の逸話を通してモデル化した人間の創造性の本質と進化のプロセスのそれとがつながりました。実際に、人間社会における文化の形成と進化のプロセスのあいだには、多くの共通点があるとされます[15]。前の世代からの文化の継承、翻案（アダプテーション）や組み合わせによって起こる変化、人気や流行り廃りという名の自然淘汰。ガラパ

[15]
アレックス・メスーディ『文化進化論―ダーウィン進化論は文化を説明できるか』（ＮＴＴ出版、２０１６年）
この本では文化進化と生命進化の違いについても多くのページが割かれています。

ゴスの仮想生命体が鑑賞者の目という環境を生き延びるよう進化したように、文化的な様々なコンセプトも私たちの頭の中という環境で繁殖し、交配し、進化してきたとみることができるでしょう。

ドーキンスは著書『利己的な遺伝子』[16]の中で、こうした文化的な遺伝子を「ミーム(Meme)」と呼びました。人権や民主主義といったアイデアや理念、モッズやアイビールックなどのファッションスタイル、肉じゃがのつくり方、これらはいずれもミームの一種です。こうしたコンセプトの中には、キリスト教のような宗教や日本人の風習のように、非常に長い年月にわたって生き延びるものもあれば、ＰＰＡＰやカンナムスタイルのように短い大流行で終わる場合もあります[17]。

本書を執筆している２０２０年には、COVID-19が世界に広がるのに併せてソーシャル・ディスタンスといった新しいミームが「発生」し、世界の人々の頭の中で「大繁殖」しています。絵画のスタイルや音楽のジャンルも当然、ミームにあたります。アーティストたちの頭の中で繁殖したミームは、ほかのミームと交配し新しいミームを生み出すことになりますが、そのほとんどはアーティスト本人以外には広がらず、死に絶えていくことでしょう。

一方で、後世に残るミームを生み出したアーティストもいます。例えばピカソ。ピカソがアフリカの土着の工芸品に深い関心を示したことは広く知られています。同時にアンリ・ポアンカレの多次元の数学に興味を持ち、友人の数学者と頻繁に勉強会を催していたといわれます[18]。また写真の腕前のほうも相当なものだったようです。簡単化し過ぎているという

[16] リチャード・ドーキンス『利己的な遺伝子（40周年記念版）』（紀伊國屋書店、２０１８年）

[17] 例が古いと思われた方へ。それこそがこれらのミームが短命に終わった何よりの証拠です。断っておくと筆者はどちらも好きです。特にＰＰＡＰのTR-808の音色使いにはニヤリとさせられました。ミームというと、ネコの可愛い写真や短い動画など、最近はどちらかというと、ＰＰＡＰなどに近い「ネタもの」を指す場合が多いようです。

そしりを受ける覚悟で書くならば、これらの複数のミームがピカソの頭の中で交叉し、突然変異を繰り返した結果が、『泣く女』や『アビニョンの娘たち』などの作品につながっていくわけです。こうして生まれたキュビズムという新しいミームは、同時代の多くのアーティストの頭の中で繁殖するだけに留まらず[19]、西洋絵画のみならずアートの概念そのものを揺るがしたミームとして、今でも元気に生きながらえています。

アーティストの創作活動における心理に関する研究で知られる研究者として、コリン・マーティンデール（Colin Martindale）という人がいます。マーティンデールの理論では、アーティストは常に、自分自身を含めた鑑賞者に知的な興奮を与えるべく、作品の潜在的な覚醒・興奮のポテンシャル（Arousal Potential）を高める方向で創作を進めるといいます[20]。

別の心理学者の研究では、興奮の度合いを上げる刺激を与えるものの特徴として、「新規性」「驚き」「複雑性」「曖昧さ」「困惑」などがあるとします[21]。一方で、人々は中庸の刺激を求めることもわかっています。刺激の強度と快・不快の関係を示したヴント曲線（Wundt Curve）として知られるもので、刺激がなさすぎると退屈し、あまりに刺激が強すぎると忌避反応を引き出してしまうというものです[fig 2-34]。

このことは私たちの日常の感覚においても納得できます。鑑賞者の心の中には、慣れ親しんだ表現を求める欲求と目新しいものを求める欲求が同時に存在しているからです。テレビCMに洋楽やクラシックの有名曲が繰り返し使われることや、水戸黄門シリーズが21世紀の現代でも続いていることからも明らかでしょう。このように刺激を求める力とマンネリに留

[18]
アーサー・I・ミラー『アインシュタインとピカソ―二人の天才は時間と空間をどうとらえたのか』（阪急コミュニケーションズ、2002年）

[19]
3.3節で述べるように、デュシャンも、このミームに感染した一人です。

[20]
Colin Martindale『The Clockwork Muse: The Predictability of Artistic Change』（BasicBooks, 1990年）

[21]
D. E. Berlyne『Aesthetics and Psychobiology』（Appleton-Century-Crofts, 1971年）

まろうとする力が拮抗する中で、刺激を高める方向に向かう力が僅かに強いことによって、アートをはじめとする人間の創作活動は前進してきた——これがマーティンデールの理論の骨子です。

アーティストの頭の中では、常に従来種のミームと新種のミームとが激しい生存競争を繰り広げている。そして新規性を求める指向性が僅かに強いことで、過去のアートのスタイルの殻を破る、新しいスタイル、手法、ミームが生み出されてきた。こうした考え方をＡＩの領域に当てはめるとどうなるでしょうか。

ＧＡＮのアルゴリズムが、マンネリから抜け出し新しいミームを生み出すことができるのか。次節で見ていくことにしましょう。

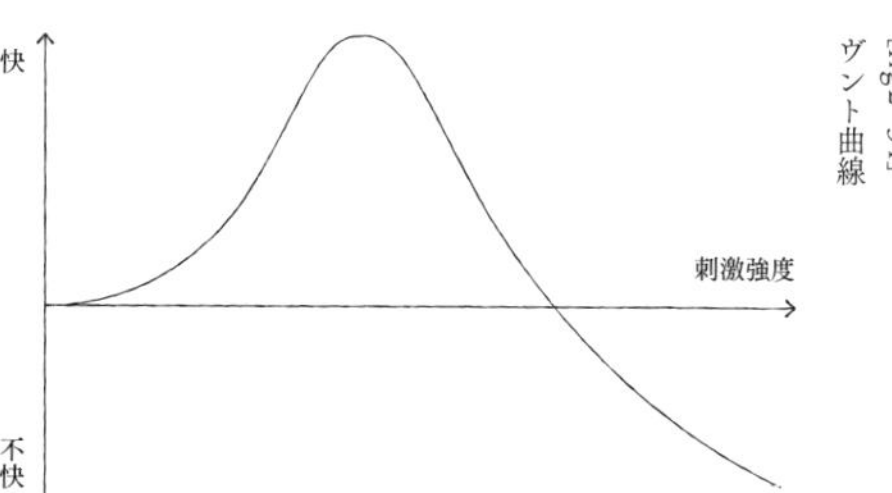

[fig2-34]
ヴント曲線

2.7

AI自体が創造性を手にするために

新しい表現を生み出すＡＩ

前節では、進化のメカニズムのシミュレーションが、そのつくり手すらも驚かすようなアウトプットを生み出すさまを見ました。一方で、一般的なＡＩ[1]、機械学習のシステムも同じように、つくり手を驚かせることができるのでしょうか。

さらに野心的な問いかけとして、ＡＩは革新的な創造性を持ち得るのか、すなわちその存在すらも想像できなかったようなアイデアや表現を導くことができるのか、こう言い換えてみましょう。

直感的にみて、人がルールを逐一書き下す、昔ながらのルールベースのＡＩに、革新的創造性を期待するのは難しそうです（3.5節では必ずしもそうはいえないという例を紹介します）。また、いわゆる教師あり学習のアルゴリズムを用いている限り、学習データとして与えられたデータがお手本であり、その評価軸から抜け出ることは原理的にいって不可能です。いくら師匠の絵をそっくりそのまま真似できる弟子がいたとして、それだけでこの弟子が創造的な作品を残すことは期待できないのと同じです。レンブラントの絵の模写をいくら一生懸命続けたところで、それだけではピカソのような絵は生まれないというわけです。教師あり学習のアルゴリズムにおいては、出力がいかに学習データとして与えられたお手本に近いかが評価となり、できるだけこの差（誤り、loss）が小さくなるように学習を進めます。レンブラントの絵を学習データとして与えられたモデルにとって、ピカソの絵は明らかに「誤

[1] 現在主流の深層学習とは前提となる考え方が大きく違いますが、前節で取り上げた進化計算も広い意味でのＡＩ研究の一分野とされます。

り」ということになってしまいます。

オブビアスの「事件」やクリングマンの作品など、ＡＩアートの領域でも広く使われているＧＡＮのアルゴリズムについては、すでにこの本の中で何度か触れています。ＧＡＮは教師あり学習のように明確な正解を与えられることなく、学習データに内在するパターンを学習する、教師なし学習の一例です[2]。言い換えると何をもってそれらしい顔写真であるかという明確な評価基準をあらかじめ与えることなく、大量の顔写真のデータをもとに識別器と生成器が敵対的に学習することで、評価基準が組み上げられていくことになります。

かつてパリに滞在していた若き岡本太郎は、ルーブル美術館で目にしたセザンヌとたまたま通りがかりのギャラリーで出会ったピカソの絵にそれぞれ衝撃を受け、人目もはばからず泣いたといいます[3]。その後、この二人の画家の影響を受けながらもそれを乗り越えようと自らの表現をつくり上げていった岡本ですが、ＧＡＮで二人の作品を学習するとどうなるでしょうか。

大量の西洋絵画で学習したＧＡＮモデルを、ピカソとセザンヌの絵画の画像(約１５００枚)を学習データとして、さらに学習した結果の出力がfig 2-35です[4]。いくら二人の絵を模倣したところで、それだけでは岡本太郎の絵が生まれてこないことは（実験するまでもなく）明らかでしょう。

理想的なＧＡＮの生成器として、学習データに含まれる絵画とそっくりの画像だけを生成し、それ以外のものを一切生成しない生成器が得られたと仮定してみましょう。生成され

[2]
学習データとして与えられた画像を真のラベルの付いた画像として扱うので、教師あり学習的な側面も持ちます。また、ここでは詳しく述べませんが、半教師あり学習や自己教師あり学習などの、教師ありと教師なしの中間の学習手法を導入するＧＡＮの枠組みも存在します。

[3]
岡本太郎『青春ピカソ』(新潮社、２０００年)

[4]
より一般的な大量のデータで学習したモデルを、少数のデータで学習し直す過程は、fine-tuningと呼ばれ、機械学習モデルの学習で頻繁に使われる考え方です。

[fig 2-35]

[fig2-35]
セザンヌとピカソの絵を学習して生成した画像。WikiArtの画像データを利用

た画像が学習データと瓜二つだとするならば、識別器にとってそれらを見分ける手がかりはなく、識別器は完全に騙されてしまうでしょう。生成器の学習の目的は、識別器を騙すことですから、一旦学習データにそっくりな画像だけを生成できるようになれば、それ以外の画像を生成するように学習を進める力が働くことはありません。

このことからも、一般的なＧＡＮの枠組みの中で、新しい表現が生まれることを期待することが難しいことはよくわかります。そもそもＧＡＮの枠組みは新しい表現が生まれるようには、定式化されていないのです。もしこうした枠組みから、新しい表現が生まれたとして、それはバービカン展を酷評したアート批評家が言うように、「コピー機がたまたま予想外の興味深い画像を出力する」ようなものということになるでしょう（１.２節）。

結局、ＧＡＮのような教師なし学習の枠組みを使ったとして、所詮はモノマネにしかならないのでしょうか。ＡＩを使って創造性に富んだ新しい表現を生み出すことは不可能なのでしょうか。

ＧＡＮのアルゴリズムをベースにこの難問に取り組んだ、少なくとも取り組み方の示唆を与えた研究があります。米ラトガース大学の研究チームが２０１７年に発表したCreative Adversarial Networks、ＣＡＮの研究［5］がそれです。

［5］
Ahmed Elgammal, Bingchen Liu, Mohamed Elhoseiny, Marian Mazzone「CAN: Creative Adversarial Networks, Generating "Art" by Learning About Styles and Deviating from Style Norms」/ arXiv:1706.07068v1 [cs.AI]（２０１７年1月）http://arxiv.org/abs/1706.07068

この研究でやっていることは、先ほどの簡単な実験に表面的には近いといえるでしょう。印象派、キュビズム、ロマン主義、ルネサンスといった様々な時代、スタイルの西洋絵画の名作を大量に集め、GANのアルゴリズムで絵画の生成を試みているのです。ただし、大きな違いとして、データに内在するパターンから適度に逸脱させることで、新しい絵画表現を生み出すよう、GANのアルゴリズムを拡張している点が挙げられます［fig 2-36］。

この拡張は、主にGANの識別器側にあります。GANの識別器は前述の通り、与えられたデータがもともと学習データの中にあったいわば「本物」か、それとも生成器が生成した「偽物」かを見分ける役割を持っています。CANでは、この一般的なGANの識別器に加えて、印象派、ルネサンスといった絵画のスタイルを識別する識別器を別途追加しています。ここで、特定のスタイル、例えばキュビズム絵画として識別される画像を高く評価する（＝誤りが小さい）ように学習を進めたならば、当然キュビズムの特徴を持った画像が生成されるわけですが（これは条件付け、Conditioningと呼ばれます）、CANの面白いところはその真逆を試みた点にあります。

すなわち、CANのアルゴリズムでは、スタイルを識別する識別器にとって「どのスタイルとも見分けがつかない」画像ほど、高く評価されます。言い換えると、スタイルを識別する識別器を混乱させるように、つまり、スタイルの識別器の出力がすべてのスタイルに対して均等の確率となることを目標に生成器の学習が進められることになります［6］。

ここでもうひとつポイントになるのが、元来のGANのアルゴリズムにある識別器はそ

［6］技術的な言葉に直すと、スタイルの識別器のクロスエントロピーをより大きくすることが目的ということになります。

［fig 2-36］

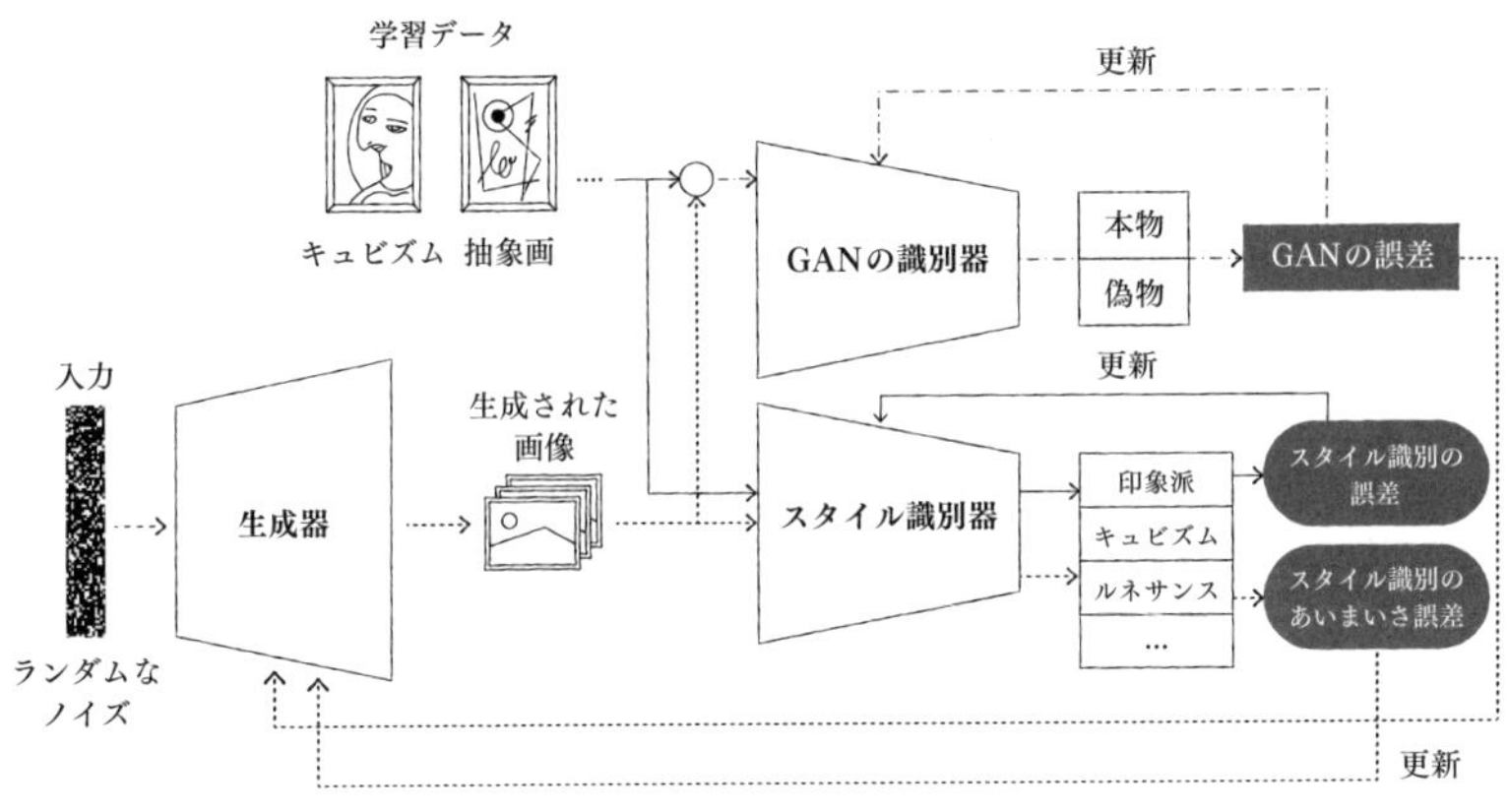

［fig 2-36］
CANのアルゴリズム図

のまま生かされている点です。「真偽」を見極める識別器によって、生成された画像の絵画らしさ[7]を担保しつつ、追加されたジャンル識別器を混乱させるように生成器の学習を進めることで、過去のどのジャンルにも属さない[8]新しいスタイルの絵画が生成されることを期待するという構図になるのです。GANの枠組みを生かしつつ二つ目の識別器を導入することで、明示的に既存の表現から逸脱した新しい表現を志向している点に注目してください。コピー機から偶然興味深い絵ができるのを待つのではなく、興味深い絵が出力されるように意図的にコピー機を改造しているわけです。

こうして学習したCANの生成器が生成する画像は、抽象画のように見えます[fig 2-37]。過去のいずれのジャンルにも属さない表現を志向すると、抽象的な表現に行き着くのでしょうか。20世紀の現代絵画がキュビズムなどの表現を経て、抽象表現へと向かった歴史と呼応しているようにさえ思えます。生成された抽象画を被験者の美大生に見せたところ、一般的なGANで生成したものよりも高い評価を得ただけでなく、著名なアートショーで実際に販売されている抽象画を凌駕する点数がついたそうです。

前節の最後に紹介したマーティンデールの理論に当てはめると、過去のアート作品を学習して、「アートらしい」ものをつくることは、マンネリの状態に当てはまります。そこからより刺激が強い方向に画像を生成するモデルの学習を導いていく必要があるわけです。

ここでは、複数ある興奮の度合いを高める刺激の要素の中で、特に「曖昧さ」に注目します。自分が目にしている絵、音楽などが、今まで自分が知っているそれらのスタイルのどれ

[7] あくまでもデータセットとして与えられた西洋絵画の伝統に則っての絵画らしさであることに注意してください。

[8] 正確には、学習データとして与えられた絵画データセットに含まれるジャンルのいずれにも属さないというべきでしょう。

[fig 2-37]

[fig2-37]
CANのアルゴリズムで生成された抽象画
前出の［5］の論文から引用

にも分類不可能で、困惑すると同時に興味をそそられる……といった経験は誰しも身に覚えがあることだと思います。表現としての新規性を直接評価することはせず、既知の表現のジャンルのいずれとも言い難いという曖昧さによって、その新規性を間接的に評価していると言い換えることもできるでしょう。

「画家は絶対に人々の期待するものを描いてはいけない。画家にとっての最悪の敵はスタイルなのだ」[9]というピカソの言葉を思い出します。バベルの図書館に引きつけていうと、過去の表現のパターンを真似て絵を描くことは、すでに開拓されている棚から既知の本のパターンに近い本を探すことに例えられます。CANは、既知の本に似ている要素はあるものの、どの本棚に納めていいかわからない本を探すことに近いでしょうか[10]。前節のバイオモルフの世界の言葉で言い換えると、遥か遠く仰ぎ見るルネサンス山脈やバロック高地、比較的新しくできたキュビズム火山などの近辺で、未踏峰を探すようなイメージです。高い未踏峰を探すのであれば、関東平野よりもヒマラヤ近辺で探すほうがいいのはいうまでもないでしょう。

音楽の世界でも同様です。新しいスタイルを生み出したアーティストたちの作品は、常に既存の分類に収まることを拒否してきました。1990年代末、エイフェックス・ツインやオウテカ[11]といった型破りなアーティストが出てきたときに、多くのレコード店は彼ら

[9] 木原武一『天才の勉強術』（新潮社、1994年）

[10] もしかしたら、この本自体もそうした本なのかもしれません。

[11] ともに90年代後半に頭角を現した実験的な電子音楽、ダンスミュージックを展開するアーティスト。

の作品をどの棚に分類するとよいのか迷ったはずです（筆者はパンクロックの棚でオウテカを見つけたことがあります）。

CANのフレームワークは、絵画だけでなく音楽の世界でも応用できるのではないか。そう考えた筆者は、ダンスミュージックの領域で新しいサブジャンルをつくることを目標に、リズムの生成にCANのアルゴリズムの応用を試みています。

電子音を用いたダンスミュージック[12]は、1990年代以降、毎年のように新しいサブジャンルが生まれてきた珍しい音楽ジャンルだといえます。ヒップホップ、ハウス、テクノの系統を引き継ぎながら、ジャングル、ドラムンベース、2ステップ（ツーステップ）、ダブステップから、トラップ、ジュークなど、様々なサブジャンルが生まれてきました[13]。これらのサブジャンルは、いずれも特有のリズムパターンやリズムのノリ[14]によって特徴づけられます。では、AIは新しいリズムパターンを、ひいては新しいダンスミュージックのサブジャンルをつくり出すことができるのでしょうか。

そこで筆者はCANのアルゴリズムの応用を考えました。ハウス、ドラムンベース、ヒップホップ、ガラージなどのジャンルのリズムパターンのMIDIデータを集め、比較的シンプルなGANのアーキテクチャを用いて、リズムを生成します。キックやスネア、ハイハットと言った九種類のドラムに対して、16分音符を最小単位とする二小節の9×32のグリッドに対して、打点の有無を生成するモデルとします。予備実験として、ジャンルを指定する入力を追加して学習することによって、ジャンルによって条件付けをして特定のジャンルのリ

[12]
アメリカなどではElectronic Dance Music（EDM）という呼称が一般的ですが、日本語のEDMというと、商業的で刹那的なダンスミュージックのニュアンスが強くなりすぎるため、EDMという単語は使わないものとします。

[13]
『Ishkur's Guide to Electronic Music』
https://music.ishkur.com/
ここで挙げたジャンルに加えて百近いジャンルの系統樹を実際の楽曲を聴きながらブラウズできるサイト。

[14]
例えば2ステップはシャッフルを強く効かせるのが一般的です。

ズムパターンを生成できることを確認しました。

その上で、CANと同様にジャンルを識別する第二の識別器を追加し、この識別器を混乱させる、すなわちどのジャンルとも識別できないものを高く評価する仕組みを構築します。この結果、ダンスミュージックのリズムらしさを担保しつつも、今までにない独特のリズムパターンが生成されることがわかりました[15]。奇しくも実験的な電子音楽の流れをくむ最新鋭のダンスミュージックを展開するいくつかのレーベル[16]の楽曲を想起させる、というのはひいき目（耳？）でしょうか。

ミームの種

2.2節ではコンセプトの領域、探索空間そのものを拡張するような創造性を、変革的創造性として紹介しました。CANは過去のスタイルから決別し、これまでにないスタイルの絵画の生成を模索するという点で、変革的創造性の実現を目指した研究といえそうです。一方で生成される画像が、いずれも抽象画のように見えることからもわかるように、やはりCANのアルゴリズムが持つ創造性も、人（この研究を行った研究者）が最初に定めた枠組みの範疇から抜け出せてはいないと見ることもできます。

例えば、1910年代以前の絵画のみで同じ実験をしても、同様に抽象的な表現が生み

[15] 生成されたリズムの例は、ウェブページ上で試聴できます。「RhythmCAN – Generating novel rhythm patterns using GAN with Genre Ambiguity Loss」https://cclab.sfc.keio.ac.jp/projects/rhythmcan/

[16] Hessle AudioやWhitiesなど、いずれも筆者が大好きなレーベルです。

出されるだけで、そこからピカソやブラックのようなキュビズム表現は生まれないでしょう。ましてやデュシャンの『泉』のような表現が生まれる可能性は限りなく小さいといえます。また私の実験においても、あらかじめ定めた16分音符単位というグリッドの制限を超えたより細かいリズムや、2ステップのような三連符やシャッフルの効いたリズムが生成されることは、システム上あり得ません。

バベルの図書館を拡張するために人間がとれる方策のうち、新しいアルファベットを追加する、あるいは挿絵を導入するといった、探索の枠組みやルールを大きく変えるような変更は、少なくとも今のＡＩには不可能です。ドーキンスやシムズのシミュレーションも、実際の生物種のように進化によって遺伝子自体の数や構造を変化させることはできません。そうした意味でも、ＣＡＮのアルゴリズムは、手続きに基づく探索的創造性から、その探索の空間そのものを拡張する変革的創造性を志向する一歩を踏み出した、そういった例として捉えるのが妥当だといえそうです。

それでも、ＡＩ自体が新しいミームの種（卵？）を生み出す可能性を示唆したという意味で、この研究は非常に重要な意味を持っているように思います。将来的には、ＡＩによって生み出されたミームの種を丁寧に育て上げることで、H-Creativity（歴史的な創造性）につながる大輪の花を咲かせる「造園家」アーティストが出てきても不思議ではないでしょう。こうして得られた果実は、創造性のバベルの図書館に新しい蔵書として追加されていきます。そして、その花が残した種が次世代に引き継がれていくことで、ＡＩに端を発するミームたちが、私たちの頭の中のミーム生態系の一部を占めることになるのかもしれません。

本章では、コンピュータやＡＩ、進化といった人間以外の視点で創造性を記述することに取り組みました。バベルの図書館の逸話を通して、創造行為を可能性の空間の中での探索や空間そのものを拡張しようとする営みとしてモデル化できることを確認しました。その上で、ラブレスやチューリングといった先達の言葉を題材に、コンピュータが創造的になり得るかを議論しました。そして、コンピュータが人を驚かせることができることの証左として、進化のシミュレーションやＧＡＮを拡張したアルゴリズムを紹介しました。

ＡＩの言葉で創造性を語ることは、ＡＩを用いた創造性の拡張が十分可能であることを示唆するだけでなく、私たち人の創造性についても新しい視座を与えてくれます。道具と鏡。ＡＩの持つ二面性です。「ＡＩの道具性を認めた上で、あえて／むしろＡＩの単なる道具ではない要素に着目し、どう最大限利用するかを考えることが重要」と前章で書いた意図が伝わったでしょうか。

続いて次章では、再び時間を遡り、「模倣する機械」の歴史を俯瞰します。人類は機械をどのように鏡として扱い、自分自身の姿を映し出してきたのか。その過去から模倣する機械の新顔・ＡＩと、人の関係性の未来を探ることにしましょう。

第3章

AIとモノマネ芸人
——模倣する機械の歴史

3.1

AI美空ひばりとモノマネ芸人

AIによるモノマネ

「一言で申し上げると、冒とくです。」

2019年の大晦日のNHK紅白歌合戦。昭和の国民的歌手、美空ひばりがAIによって〝よみがえり〟、〝新曲〟を歌うという触れ込みのパフォーマンスが、様々な意味で話題を呼びました。冒頭の言葉は、このパフォーマンスに対する山下達郎氏のコメントです[1]。

同年9月の「NHKスペシャル」の企画[2]として制作された新曲、『あれから』の制作の過程を整理しておきましょう。特に、曲を歌う美空ひばりの歌声の再現にAIが用いられている一方で、歌詞と楽曲の制作にAIが用いられていない点には注意が必要です。作詞は『川の流れのように』でもタッグを組んだ秋元康氏が担当、作曲は佐藤嘉風氏という1981年生まれの若いシンガーソングライターが手掛けています[3]。歌声の再現にはヤマハのプログラマが協力し、深層学習を利用したボーカル生成モデルが利用されています。生前のマルチトラックの音源からボーカル部分だけを集め、音符と声の抑揚の関係を学習し、美空ひばり特有の節回しを学習したそうです。曲の一部には「お久しぶりです。お元気でしたか。」といった語りのパートもありました。その部分の声は、留守がちだったご本人がご子息に向けてテープに吹き込んだメッセージを学習データとして使うことで、語りかける口調を再現しています。

[1] 「AI美空ひばりは冒涜？　山下達郎発言、研究者と考えた」／朝日新聞デジタル（2020年2月）https://www.asahi.com/articles/ASN1Z4FC8N1YUCVL025.html

[2] NHK『NHKスペシャル　AIでよみがえる美空ひばり』（2019年）https://www2.nhk.or.jp/archives/tv60bin/detail/index.cgi?das_id=D0009051109_00000

[3] 美空ひばり（AI歌唱）『あれから』／日本コロムビア https://columbia.jp/artist-info/hibari/discography/COCA-17777.html

往年を知るファンらが、ＣＧによって再現された美空ひばりの姿と歌声に感動し涙する一方で、冒頭のように著名なアーティストが批判的なコメントを残すなど、ＳＮＳ上でも賛否両論が巻き起こりました。興味深かったのが、『コンピュータが小説を書く日』のプロジェクトでも紹介したＡＩ研究者で人工知能学会前会長の松原仁氏のコメントです。

> 「たとえばモノマネはこんなに非難されないですよね。「あの人にはマネされたくない」という意思があったかもしれないのに。機械がやると、だめなのか。［4］」

松原氏が言うように、実質的にこのプロジェクトは、関わった技術者や作詞家、作曲家ら、生身の人間による「ＡＩを用いたモノマネ」だったはずです。ところが、多くの視聴者は「機械が（自律的に）人をモノマネしている」という印象を持ってしまったようです。

もちろん、モノマネ芸人などが故人をモノマネする場合にも、そのカリカチュアの仕方やクオリティによっては「冒涜」になり得るでしょう。しかし、ＡＩ美空ひばりへの反応には、モノマネの主体がＡＩという機械であること（実際にはＡＩを使う人が主体であるにもかかわらず）が多分に作用しているように感じられます。全く同じ企画を、ＡＩという言葉を一切使わずに実施していたら、反応はどう違っただろうかと考えたくなります。例えば、「美空ひばりの声と姿を、音声合成、ＣＧで模倣し、著名な作詞家と新進気鋭の作曲家が書いた曲を歌わせたプロジェクト」、シンプルにこう打ち出していたら、世間の反応は変わってい

［4］「ＡＩひばり、歌声が問うもの　元人工知能学会長・松原仁さんに聞く」／朝日新聞デジタル（２０２０年２月）https://www.asahi.com/articles/DA3S14367327.html

たのでしょうか。

クリエイティブスタジオWhateverは、死後に自分のデータがＡＩによって活用されることに対する意識を調査するウェブサイトを２０２０年3月に開設しています[5]。それによると、回答者の63％が、データを使って自分を死後に復活させることを許可しないと答えています。また自分以外の誰かを復活させたいかという問いに対しては76％がＮＯと答えたといいます。さらに生前に発言していない内容の生成は、発言した内容の再現に比べて許容度が半減していて、死後に恣意的に発言をつくられることへの拒否感が強いことがわかります。また、自分以外の故人を復活させたくない理由としては、「本人の意思が確認できない中で復活させるべきではない」という回答が大多数を占めました。

よって、ＡＩ美空ひばりへの否定的なコメントの背景には、ＡＩの自律性に対する誤解（ＡＩ「が」美空ひばりを蘇らせる）だけでなく、本人の許可なく故人の情報を使うことに対する違和感も大きく影響しているといえそうです。さらには、昭和の大歌手として神格化された美空ひばりさんと国民的行事とされる紅白歌合戦の特殊性なども本来加味する必要がありそうですが、ここではこれ以上深入りしないことにします。

〜

松原氏が言うように、モノマネがすべて冒涜であるということはありません。その証拠に

[5]
「D.E.A.D. Digital Employment After Death」https://dead.work/

モノマネされる本人とモノマネ芸人がテレビ番組で仲良く共演することは珍しくないでしょう。ところが面白いことに、長いあいだ人気を保っているモノマネ芸人ほど、本人とそっくりとはいえないようです[6]。モノマネされる本人の特徴をどことなく押さえながら、独自の表現を獲得しているともいえます。対して、本人に瓜二つであることを売りにするほど、いくらその一挙手一投足がそっくりだったとしても、芸人としてはあまり大成しないように見受けられます。その理由は単純で、そっくりであればあるほど、本人の価値には敵わないからです。そっくりさんであればあるほど、ニセモノであるという現実が際立つというジレンマがそこにはあります[7]。本人ではないそっくりなだけの芸人を呼ぶのは、単なる経済的な理由(と少し倒錯したフェティッシュな感覚?)ということになりかねません。

ＡＩは人の模倣でしかない、モノマネに過ぎない(ゆえにＡＩは独自の創造性を持ち得ない)というのは、ＡＩ脅威論に対置されるように繰り返し語られる、ＡＩを軽視する代表的なレトリックではないでしょうか。人が持つ能力(の一部)を機械によって実現しようとする試みと、それに対する忌避感。人間とテクノロジーとの関係性の歴史の中で、繰り返し登場してきたテーマです。こうした忌避感には、人の持つ尊厳が侵される感覚とともに、人の仕事が奪われるのではないかという現実的な不安が垣間見えます[8]。

すでにお気づきの通り、ＡＩは、これまで人手でやってきた行為を機械に肩代わりさせる模倣と自動化の歴史の文脈における、最新の技術といえます。本章では、こうした機械を用いた人のモノマネ、模倣の歴史を、特に表現や創作の領域に焦点を当てつつ、振り返ってみ

[6] コロッケさん、清水ミチコさんなどがその代表例でしょうか。

[7] ロボットは人に似るほど人の共感を得やすくなるが、ある一線を超えると強い嫌悪感に転ずるという、いわゆる「不気味の谷」に似たような現象です。

[8] 産業革命時に機械の打ち壊しを叫んだ、ラッダイト運動を想起する方もいるかもしれません。機械を壊したものを死刑にする法律が当時のイギリス議会で施行されましたが、唯一その法制に反対したのが、2.5節で登場したバイロン卿でした。

ましょう。そしてモノマネすることの価値、すなわちモノマネがモノマネされる対象の本質を浮き彫りにする役割を持ち、モノマネが単なるそっくりさんでなくなったときに新しい価値を生み出してきたという事実を明らかにします。

進化も、遺伝子を通して親の個体の形質を子が引き継ぐことと、そこに僅かなコピーミス（突然変異）が加わることによって引き起こされたことを思い返しましょう。

モノマネのどこが悪い！　モノマネとしてのＡＩの価値を擁護する章の始まりです。

3.2

エジソンのチューリング・テスト

話す機械

「言葉を生み出せるのはただ神のみで、そんな力があると信じ込ませて神と張り合おうとするなんて、恐るべき冒瀆です。」

19世紀末のある貴族が「話す機械」をつくろうとしていた若い技師に対して言ったとされる言葉です[1]。

話す機械、すなわち蓄音器は、エジソンの手による発明という認識が一般的かもしれませんが、実際には同時代の発明家が、少しずつ異なる手法で、音の記録と再生を行う装置を競うように開発していました。エジソンと同時期に「話す機械」の開発に着手していた一人に、フランスのシャルル・クロがいます（1877年前後）。クロは白黒写真をカラー化する技術に取り組む中で、蓄音機のアイデアを得ます。冒頭の言葉はもともとクロを金銭面で支援していた貴族の母親がクロに対して言った言葉です。

現在では蓄音器やのちのレコード／CDプレイヤーというと、音楽の再生のための機械ということになっていますが、当時の発明家たちが蓄音機を発明する際の目的として、念頭に置いていたのは音楽ではありませんでした。例えば当時エジソンが挙げていたのは次の用途です。

［1］本節の内容は特に断りのない限り、以下の2冊の本の内容を参考にしています。
谷口文和、中川克志、福田裕大『音響メディア史』（ナカニシヤ出版、2015年）
ジョナサン・スターン『聞こえくる過去―音響再生産の文化的起源』（インスクリプト、2015年）

1. 速記者なしで手紙を書く
2. オーディオブック
3. 話し方講座
4. 音楽の再生産
5. 家族の思い出の記録
6. 音の出る玩具、オルゴールのようなもの
7. 食事の時間などを声で教えてくれる時計
8. 発音など言語の記録
9. 教師による解説を記録し、あとで生徒がいつでも聴けるようにする［2］
10. 電話につないで大事な記録を声で伝える

記録した音を複製する技術ができるのは蓄音器の発明からかなり時間が経ってからで、当初の蓄音器はそのまま録音のための機械でした。4（と6？）で音楽に言及する程度で、エジソンのアイデアの中心は人の話を記録することにありました。このことは、ビクター・トーキング・マシンズ、コンソリデーテッド・トーキング・マシンズなど、当時蓄音機を製作、販売していた会社の名前にトーキング・マシンズ＝話す機械という言葉が散見される点からも伺えます。

エジソンの最初期の録音技術の実演時には、現場で録音した「メリーさんの羊」を様々な

［2］現在のオンデマンド教材を先取りする発想です。

速度、つまり性別が異なって聴こえるほど高い声や低い声で再生するパフォーマンスが行われたという記録が残っています（当時の蓄音機はハンドルを使って手回しで回転させる必要がありました）。またあらかじめ録音したコルネット奏者の演奏を再生し、本人との合奏のようなことも行われました[3]。その際も実際よりも早くハンドルを回すことで、人が演奏できないような速い演奏や、コルネットでは出せるはずもない高音での演奏を聴かせたりもしたといいます。

これらの行為は、機械が生み出す音として録音物と原音を区別する見方を持っていたことを裏付けています。エジソンをはじめとする録音技術のパイオニアたちの思考回路の中には、機械によって人の話す能力やましてやその本人の存在そのものを写し取ろうとする思惑はなかったのではないでしょうか。あくまでも空気の振動としての音を機械に閉じ込めた上で、「機械が出す音」として聴いていたのです。もちろん、その裏側には、原音と聴き間違えるような再現性からはほど遠い音質だったことも影響していたことでしょう。

一方で冒頭に挙げた貴族の言葉からは、機械の出す音と人の声を同一視する姿勢が感じられます。あくまでも空気の振動としての言葉を記録しているだけにもかかわらず、言葉を発する能力とその能力を持つ存在（＝人間）の、機械による模倣であると捉えているわけです。実際にはＡＩによる発声の特徴の模倣でしかないにもかかわらず、その声を出す人としての存在そのものの模倣であるかのような受け止められ方、またそうした見方を助長する故人を「よみがえらせる」といった言い回し……一世紀の時を隔てて、ＡＩ美空ひばりでも同

[3] 筆者が手掛けるＡＩ ＤＪプロジェクトや、フラメンコ・ダンサーとＡＩの共演プロジェクト（5.2、5.3節）に重なって見えます。

じような構図が再現されているようです。

蓄音器の歴史に話を戻すと、エジソンらの初期の開発競争を経て、複数の蓄音機メーカーが市場に参入する時代に入ります。競争原理が働くことで、音質や録音技術の大幅な向上がみられるようになりました。『音響メディア史』の中で福田裕大氏は、録音・再生された音を「機械が生み出した音」とする見方が、録音物とその原音を同一視するように徐々に変化し、録音物が現実の音声の忠実な「写し」であるとする「ハイファイ（高忠実度）」的な価値観が醸成されていくさまを詳しく描写しています。

例えば、１９０８年のビクター・トーキング・マシーン社の広告では、オペラ歌手と同社の蓄音機が並べられ、「Which is which?（どちらがどちら？）」という見出しが躍っています[fig 3-1]。本人の生の歌声と違いがわからないくらいの再現性があることを謳っているわけです。同時期にはエジソン・フォノグラフ社も、事前に吹き込んだ歌手の歌声と本人の生の歌声をカーテンで目隠しされた聴衆に聴かせ、どちらが生の歌声なのかを当てさせるテストを行っていたそうです[4]。「トーン・テスト」と呼ばれたこれらのパフォーマンスでも言外には観客が聴き分けられないことが期待されています（実際には、レコードの歌声に似せて歌う歌手の側からの歩み寄りにもかかわらず、聴衆にとってその違いは歴然としていたとい

[fig 3-1]
ビクター・トーキング・マシーン社の雑誌広告（１９０８年）
Victor Talking Machine Company / Frank S Macomber「The Sound of Fame: Syracuse University's Audio Archive and Edison Re-Recording Laboratory」

[4]
同様のブラインド・テストは、１９１０年代から２０年代にかけて人気があった自動演奏ピアノと、生身のピアニストのあいだでも行われています。
渡辺裕『聴衆の誕生──ポスト・モダン時代の音楽文化』（中央公論新社、２０１２年）

でしょう。

ここに録音物とその背後にある音を出した人の存在とを重ねる見方を象徴する一枚の絵がありますfig 3-2。日本ではビクターのロゴとしても長く親しまれてきた、蓄音機を前に首をかしげる犬の絵です。ニッパーという名前のこの犬は、絵を描いたイギリスの画家フランシス・バラウドの兄マークの愛犬でした。ニッパーを大事にしていたマークが世を去ったあと、ニッパーはフランシスによって引き取られます。ある日、生前のマークの声が録音されたレコードを聞かせたところ、ニッパーは不思議な機械から流れる懐かしい飼い主の声に怪訝そうに聴き入ったといいます。

そのニッパーの姿に胸を打たれたフランシスは早速絵筆をとり、『His Master's Voice（主人の声）』と題された一枚の絵を仕上げることになります（１８９８年）[5]。亡くなった飼い主を懐かしがる忠犬の健気な姿の背後には、録音物と人の存在を重ねるハイファイ志向が透けて見えます。当時の録音技術では人の耳はごまかせなかったとしても、犬であれば、という意識も働いていたのかもしれません[6]。この絵からは、蓄音器のテクノロジーが、音を吹き込んだ当人の存在を感じさせるほどに（少なくともそうした仮定が荒唐無稽ではないほどに）進展したことが読み取れます。同時に、吹き込んだ当人の存在と単なる空気の振動の再現を同一視する犬の愚かさを、微笑ましいとみる目線も感じます。

人の声を再生産する機械に対して冒涜的とみた時代から、再生産された故人の声に引き寄

[5]
エジソンのライバルでもあり円盤形式の蓄音機の発明者であるベルリナーは、この絵を気に入り、絵に当初描かれていたエジソン方式の蓄音機をベルリナーのものに描き変えるならという条件付きで購入し、のちに絵そのものを商標登録しています。His Master's Voiceの頭文字のＨＭＶは、レコードショップの名前として今も残っています。

[6]
犬笛の高音が人間には聴こえないように、実際には犬の耳の可聴域のほうが人よりも広いことを考えると、この見方が理にかなっているとは言い切れません。

［fig 3-2］

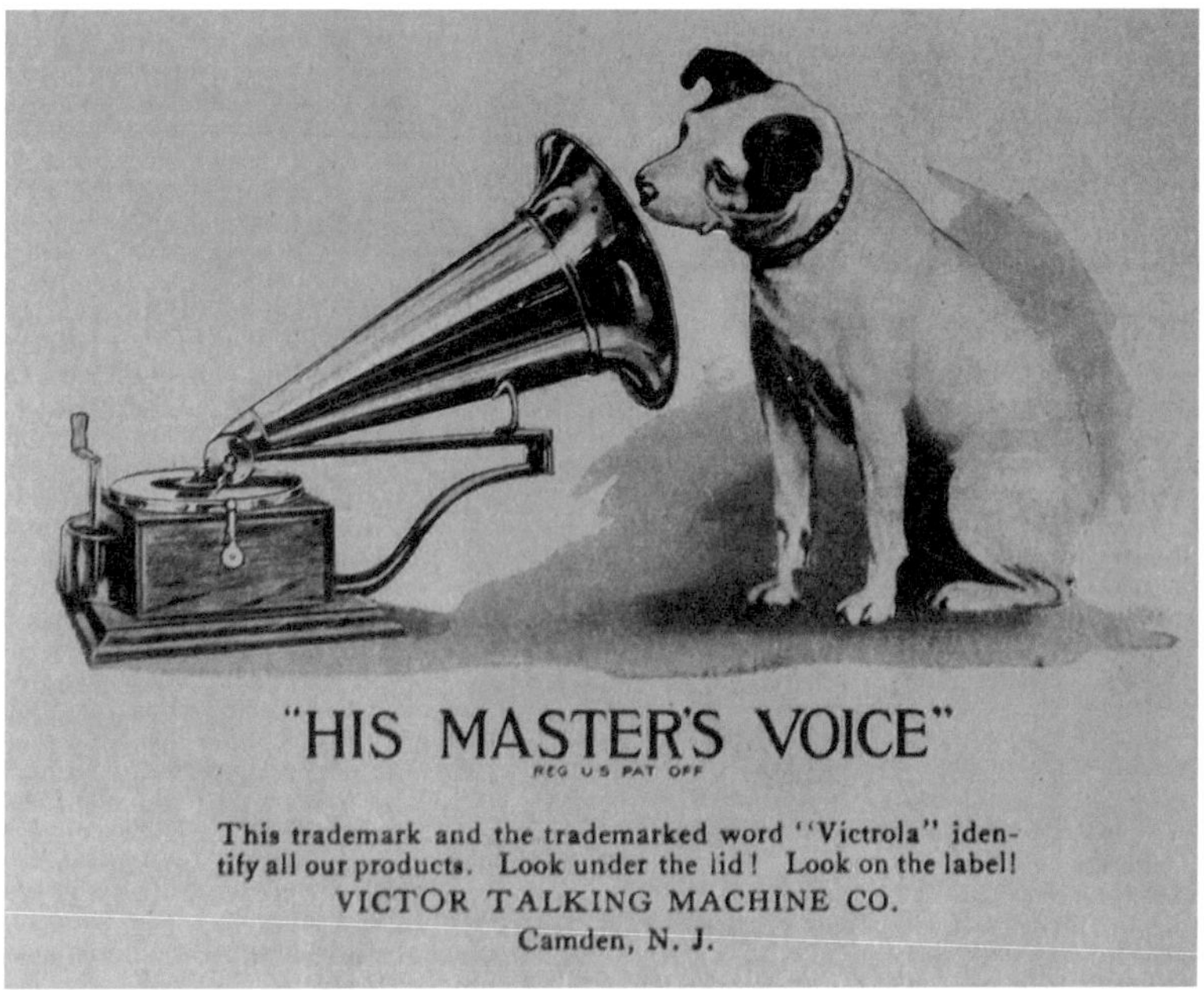

［fig3-2］
『His Master's Voice』

せられる犬を微笑ましいとみる時代まで、たった二十年しか経っていないことは注目に値します。ＡＩを用いて実在する人の歌声を模倣することが一般的になった近未来には、ニッパーを微笑ましくみるのと同じように、ＡＩ美空ひばりに涙した人たちを眺めることになるのかもしれません。

その後、レコードを複製する技術が確立され、蓄音器は音楽用途に特化していくことになります。そこでもまた、レコードに録音された音楽は「缶詰音楽」[7]と呼ばれ、「本物」の音楽に対する冒涜であるとまでいわれました[fig 3-3]。しかし今では音楽を聴くというと録音された音楽を指すことが一般的で、演奏を聴く際にはわざわざ「生の」「ライブ」音楽という接頭辞が付けられるようになっています[8]。

こうした流れの中で、録音された音楽は、生の演奏の忠実な再現を目指す方向から、徐々に「録音だからこそ」可能な音楽の可能性を模索する方向へと舵を切ります[9]。例えば、1948年に発売されたギタリスト、レス・ポール[10]は、蓄音器に録音した自分の演奏にかぶせて演奏することで、複数の演奏が同時に聴こえてくるという状態を実現します。録音した演奏を再生する際に、再生速度を変えることで、ギターの音色を変化させるという実験も行っています。録音によって音を「重ねる」という考え方が生まれたわけです。

[7]
『星条旗よ永遠なれ』などの作曲で知られるジョン・フィリップ・スーザの言葉。

[fig3-3]
ミュージシャンの団体が掲載した「缶詰音楽」に反対する広告（1930年）American Federation of Musicians / Syracuse Herald

[8]
作曲家の三輪眞弘氏は、複製技術を通して聴かれる音楽を、人が演奏するその場限りの音楽と区別するために「録楽」と呼ぶことを提唱しています。

[9]
増田聡、谷口文和『音楽未来形――デジタル時代の音楽文化のゆくえ』（洋泉社、2005年）

さらに録音に磁気テープが使われるようになると、音を切り貼りする手法も登場します［11］。ピアニストのグレン・グールドは、同じ曲を何度も演奏し、最良のテイクを切り貼りすることで、彼にとって理想的な一連の演奏を実現しました［12］。

マルチトラックのテープレコーダを用いた録音が一般化した1960年代には、ビートルズ（『サージェント・ペパーズ・ロンリー・ハーツ・クラブ・バンド』）やビーチ・ボーイズ（『ペットサウンズ』）といったロックバンドが様々な実験を繰り返します。その結果、録音されたマルチトラックのテープを切り貼りし、時に逆回転させたりしながら、録音された音とはかけ離れた音を生み出したり、時として本人が歌っていない歌詞を歌わせたりといった行為が一般化していきます［13］。

現在では、Auto-Tune［14］のように音程を補正するソフトウェアが一般化し、歌手の歌声を補正することも広く行われています［15］。CDでは音程が全くぶれない歌手の生演奏でがっかりした経験を持つ方も少なくないはずです［16］。

こうして、録音物が、当人が歌ったり演奏した通りの忠実な再現ではなく、実在する歌手や演奏者の存在に裏付けされたある種のフィクションとして成立していることを、私たちはごく自然に受け入れているわけです。同様に、私たちはいずれ、AIを用いた実在する人物の「模倣」をフィクションとして受け入れ、楽しむようになるというのが筆者の仮説です。

ただし、再現される対象が故人の場合にその意思を確認できないといった点や肖像権についてなど、考慮すべき事項は多々あります。顔合成技術を用いたいわゆるディープフェイク

［10］
有名ギターメーカーのモデル名としても名を残すアメリカのギタリスト。

［11］
先駆的な例として、ピエール・アンリ、ピエール・シェフェールらの具体音楽、ミュージック・コンクレートの取り組みを挙げておきます。

［12］
渡辺裕『聴衆の誕生―ポスト・モダン時代の音楽文化』（中央公論新社、2012年）

楽曲の流れは一連の演奏からしか生まれないという批判に応えるかたちで、継ぎ接ぎした録音を被験者に聴かせ、その箇所を当てさせる実験まで行っています。

動画の問題などに関しても、何らかの法制度の整備が必要になるでしょう。いずれにしても、記録された音や映像が現実の忠実な写しではないという認識がこれまで以上に広がることで、こうしたＡＩを用いた模倣とも適切な距離感を見いだすことになると考えられます。

「話す機械」としての蓄音器をめぐる人々の態度の変遷は、ＡＩによる模倣がどのように社会に受け入れられていくのか、その可能性を考える上で大きなヒントを与えてくれます。

［13］
ジョージ・マーティン『ザ・ビートルズ・サウンドを創った男―耳こそはすべて』（河出書房新社、2016年）
「ビーイング・フォー・ザ・ベネフィット・オブ・ミスター・カイト」（アルバム『サージェント・ペパーズ・ロンリー・ハーツ・クラブ・バンド』収録）の制作では、古いオルガン曲を吹き込んだテープをランダムに切って宙に放り投げ、拾い集めたものを再度つなぎ合わせた上で逆回転させたという逸話が有名です。

［14］
Antares Audio Technologies「Auto-Tune」https://www.antarestech.com/

［15］
Auto-Tuneで音程を修正することの是非については、スポーツにおけるドーピングやモデル写真をPhotoshopで修正することになぞらえる議論が続いています。

［16］
生演奏に対する音声補正の仕組みも一般化しつつあるので、そうした経験も今後珍しくなっていくことでしょう。

3.3

写真と印象派——模倣から生まれる新しい表現

カメラが揺さぶる絵画表現

表現の領域における自動化を考える上で、最も代表的で身近な事例がカメラの存在ではないでしょうか[1]。写真技術の始祖は、1839年前後にフランスとイギリスでそれぞれ独立して開発されたダゲレオタイプとカロタイプとされます。

フランスのルイ・ジャック・マンデ・ダゲールが開発したダゲレオタイプは、世界初の実用的な写真技術で、銀メッキした銅板などを感光材料として使うため銀板写真とも呼ばれました[fig 3-4]。一方、イギリスのウィリアム・ヘンリー・フォックス・タルボットが続いて発表したカロタイプは、現在のフィルム写真でも使われているネガ－ポジ方式を採用しています。カロタイプのほうが複製が可能という意味で優れていましたが、タルボットがカロタイプの特許を主張し自由な利用を認めなかったために、最初期の写真技術として広まったのは、ダゲレオタイプでした。

カメラ以前に広まっていた光学デバイスとして、カメラ・オブスクラの存在が知られています。カメラ・オブスクラは、ピンホールカメラの原理で小さな穴、またはレンズを通して入ってくる光を、壁や紙の上に結像させるデバイスです[fig 3-5]。紙の上の像をなぞることで、遠近法的に精密な絵が描けることから、16世紀以降、絵画の素描などに広く使われていました。フェルメールら西洋絵画の巨匠たちも、カメラ・オブスクラまたはそれに近しい光学デバイスを用いていたというのが現在の通説です[2]。

[1]
本節の議論は特に断らない限り、以下の資料を参考にし、引用文は筆者が日本語に訳しています。
Aaron Scharf『Art and Photography』(Penguin Books, 1983年)
Aaron Hertzmann「Can Computers Create Art?」/ Arts(2018年)
https://doi.org/10.3390/arts7020018

[fig3-4]
ダゲレオタイプで撮影されたダゲールのアトリエ(1837年)

のちに写真術を開発することになるダゲールとタルボットが、共に風景画を得意とする画家でもあった点は注目に値します。特にダゲールは、パノラマ絵画を得意とする画家として著名な存在で、パリのオペラ座の舞台芸術なども手掛けていました。当時ダゲールが風景を精緻に描くために、カメラ・オブスクラを利用していたことがわかっています。カメラ・オブスクラで紙の上に結像した図を絵筆でなぞっていた行為を自動化したと考えると、写真技術はより直接的に自動化の技術として捉えることができるでしょう。

こうした写真の普及は、ある層の職業に大きな影響を与えます。言うまでもなく、画家たちです。

現代の絵画、アートの概念に慣れた我々からすると、絵画を描き手の心情を表現した芸術表現として、画家をアーティストとして捉えるのが常識ですが、当時の画家は王侯貴族や有力な商人といったクライアントの注文に忠実に絵を描く、職人のような存在だったとされます[3]。当時の有力者にとって、高名な画家に肖像画を描かせることはステータスシンボルでした。そのため、肖像画は芸術ではなく、産業としての側面が強く、美術学校で教えるのも写実性の高い肖像画の描き方が中心でした。そこでは作家性は求められず、あったとしてもあくまでクライアントの注文の範疇での付帯的なサービスでしかなかったといってもあながち間違いではありません。

そんな中で現れた写真機という存在は、多くの画家たちの目に黒船のような大きな危機として映ったことでしょう。

[fig3-5]
カメラ・オブスクラ

[2]
Teller監督作品・ドキュメンタリー映画『Tim's Vermeer（フェルメールの謎 ～ティムの名画再現プロジェクト～）』（High Delft Pictures, 2014年）参照

[3]
牧野武文『絵筆で写真を超えようとした男―点描の画家、ジョルジュ・スーラ（レトロハッカーズ26）』（2014年）

「今日を限りに絵画は死んだ」

1839年。ダゲレオタイプの公開デモンストレーションに立ち会った、画家ポール・ドラローシュ（Paul Delaroche）[4]が語った言葉にその危機感が表れています。

ダゲレオタイプの発明から数年後の1840年のパリでは、すでに写真館が十軒程度営業していましたが、1850年には五十軒、1870年に四百軒と急増しています。この頃の撮影料金は一枚で、都市労働者の賃金一週間分程度だったといいます。これを高いとみるか安いとみるか難しいところですが、画家に肖像画を依頼するのに比較して、遥かに安価で済んだことでしょう。こうして写真技師に仕事を奪われ、途方に暮れる肖像画家の姿が1843年の風刺画に残されています[fig 3-6]。

当時、ローマ時代の廃墟などのヨーロッパ有数の観光地では、風景画家が描いた絵葉書が土産物として人気でした。ところが1850年前後になると、ダゲレオタイプで撮った写真が画家が描いた絵のリトグラフなどを駆逐してしまっていたといいます。こうした画家たちは、自動化技術の導入によって職を奪われた初期の例の一つといえそうです。

一方で写真の発明は、絵画の技法や描く対象にも大きな影響を与えます。画家たちも風刺

[4]
歴史上の人物を写実的に描く作風で知られるフランスの画家。

[fig 3-6]
仕事を奪われた肖像画家の風刺画（1843年）

画の中でカリカチュアされたように、仕事が奪われるのをただ指を咥えて見ていたわけではありませんでした。

先述のように、写真の普及以前の絵画は、写実力の良し悪しが絵そのものの評価と直接的につながっていました。しかし、カメラが普及するにつれて、人の手によって現実をそのまま描写することの価値が失われていきます。機械によって楽に、しかもより鮮明に模倣できることに、どうして人が何十倍もの時間をかける必要があるでしょうか。写真によって現実を模倣する行為が自動化されたことによって、画家は写実的な表現から解放され、抽象度の高い表現を志向するようになります。こうした動きから生まれたのが、印象派などの19世紀後半の新しい絵画のスタイルといえます。

統一された色調で雰囲気や影を強調するスタイルで風景を描き、トーナリズムと呼ばれる新しいスタイルを確立したジェームズ・マクニール・ホイッスラー（James McNeill Whistler）は次のように書き残しています [fig 3-7]。

> 模倣者は気の毒な生き物だ。もし木や花やほかの目の前にあるものの表面を描く者が芸術家であるとするならば、芸術家の王様は写真家ということになるだろう。芸術家はその先にある何かに取り組むべきだ。

ゴッホも弟に宛てた手紙の中で、次のように述べています。

[fig3-7]
『Nocturne: Blue and Gold – Old Battersea Bridge』（1872–1875年）

[fig3-8]
エドガー・ドガ『カフェ・コンセールの歌手』（1878年）

> 色彩がつくり出すハーモニーや不調和音を大胆に強調しなければならない。絵を描くときも同様だ、芸術を志向する上で正確なデッサン、正確な色使いは多分本質的ではない。なぜなら現実の鏡のような反映、色やそのほかもすべてうまく捉えられたとしても、それは写真以上のものではなく、絵画では決してあり得ない。

写真が当時の画家に与えた影響は、ドガの絵の、対象が画面の外にはみ出したり容赦無く頭を切り落としたりするフレーミングや[fig 3-8]、カイユボットの、広角レンズで捉えたような構図などにも明確に表れています[5][fig 3-9]。20世紀以降の現代アートと対比されるかたちで、天才たちに対する素朴な憧憬とある種の正統性を持って語られることの多いこの時代の画家たち、マネやドガが、当時の先端技術である写真を作品の制作に積極的に取り込んでいたという点には興味をかき立てられます。

写真技術の開発当初から、写真がアートかどうかという議論は盛んでした。多くのアーティストが写真を真のアートに対する侮辱と捉える一方で、写真を有益なツールとして捉える少数派も存在しました。描く対象を瞬時に捉え、記録に残せる写真の利点を生かして、写真を絵を描く上での直接的な資料として用いたり、あるいは写真からのインスピレーションを作品に活かしたりするアーティストが登場するわけです。

また、写真技術がある程度成熟してきた19世紀末には、連続写真によって人や動物の「動き」を記述、解明しようとする取り組みが同時多発的に生まれています。イギリス生まれでのち

[fig 3-9] ギュスターヴ・カイユボット『ヨーロッパ橋』（1876年）

[5] 秋丸知貴「抽象絵画と写真―ヴァルター・ベンヤミンの『アウラ』概念を手掛りに」／『哲学の探究』第38号（2011年5月）http://tomokiakimaru.web.fc2.com/modern_painting_and_the_photography_1.html

にアメリカに移住した写真家のエドワード・マイブリッジは、十二台のカメラを連結し、馬が全速力で駆ける様子を連続写真に収めることに成功しました[fig 3-10]。当時信じられていた、馬はギャロップする（全速力で駆ける）ときに常に最低でも一本の足は地面についているという考えが間違っていることを証明します。

ほぼ同時期に、大西洋の反対側では、フランスの生理学者であり医師のエティエンヌ・ジュール・マレーが、自身が発明した機関銃のような形状をした連続撮影カメラ「写真銃」を用いて、鳥の羽ばたきや人が歩く様子を連続写真として残しています。特に人の動きを記した一連の写真には、後処理的に体の関節を示す点や骨格を示す線が書き加えられており、さながらモーションキャプチャカメラで撮影されたかのようです[fig 3-11]。マレーはこうした実験の成果を著作『運動（Le Mouvement）』（1894年）にまとめて出版しています。

1.2節でも触れた『泉』などのレディメイド作品で有名なデュシャンは、このマレーの著作を所有していたことが知られています。1911年から1912年にかけてデュシャンは『列車の中の悲しみの青年』や『階段を降りる裸体』[fig 3-12]などのキュビズム的な絵画を残しています。列車の動きと列車の中での被写体の動きが重なるように表現されている前者や、階段を降りる体の動きが骨格や関節の動きのように描かれた後者、それぞれの表現が、マレーの著作や実験から直接的な影響を受けていることは想像に難くないでしょう。

一方、単なる現実の模倣から脱却し、見る人の心象を描くことを目指した印象派の絵画は、翻って写真技術に影響を与えます。レンズに唾をつけることであえてぼけた表現を生むなど、

[fig3-10]
疾走中の馬の連続写真（1878年）

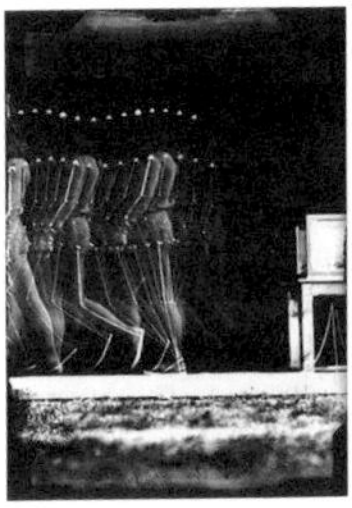

[fig3-11]
エティエンヌ＝ジュール・マレーによる連続写真

現実の模写から逸脱しようとする写真家たちの取り組みはピクトリアリスムと呼ばれ、のちの日本の芸術写真運動などにつながる流れを生みます［fig 3-13］。

さらには写真の登場によって仕事を失った当の肖像画家たちも、やがてカメラを自分たちの仕事の中に取り込んでいくことになります。肖像画や風刺画を写真をもとに描くことが一般化し、著名な画家が写真をそっくりそのまま精密に再現したことをオープンに認める発言もみられるようになりました［6］。1890年代には、写真を使わずにモデルを長時間座らせて絵を描くのは、もはや単なるサディズムでしかないといわれるまでになるわけです（イギリスの画家ウォルター・シッカートの言葉［7］）。

次頁に挙げた二枚の絵と一枚の写真［fig 3-14］。この三つはすべて同一人物ドラ・マール（Dora Maar）をモデルにした作品です。マールは自身も写真家、画家として活躍した女性ですが、それ以上にピカソの恋人、ミューズであり、多数の『泣く女』、『ドラ・マールの肖像』のモデルとして知られています。同一の人物を写し取った作品として、三つはそれぞれ非常に特徴的です。マールの端正な顔を切り取ったマン・レイの写真。マールの気性の荒さを愛したというピカソ。写真技術によって写実性から解放され、心象を写し取ることを重要視する絵画への流れを象徴するかのようです。

［fig3-12］
マルセル・デュシャン『階段を降りる裸体No.2』（1912年）

［fig3-13］
ピクトリアリスムの例
クラレンス・H・ホワイト『Morning』（1908年）

［6］
例えば、シャルル・メリヨンによるBenjamin Fillonの肖像画も写真をもとに描かれたものとして知られています。

[fig 3-14]

［7］
シッカートは、切り裂きジャックによるとされる一連の猟奇殺人事件の真犯人であると疑われていることでも知られます。仮にこの説が真実だとすると、そのシッカートがモデルを長時間座らせることの加虐性について言及しているのは興味深いといえます。

[fig3-14]
Dora Maarをモデルにした作品

上｜Man Ray『Dora Marr』（1936年）Fair Use / WikiArt https://www.wikiart.org/en/man-ray/dora-marr

右｜Pablo Picasso『Portrait of Dora Maar』（1937年）Fair Use / WikiArt https://www.wikiart.org/en/pablo-picasso/portrait-of-dora-maar-1937-1

左｜Michael McNaughton『Portrait of Dora Maar』（2013年）提供：Michael McNaughtonn

面白いのは三つ目のより写実的な絵画、２０１３年の作品です。写実性という点で機械に人が敵わないとなると、今度はそれでも人があえて写実性にチャレンジすることに新しい意味が生まれる、そんな流れを象徴するかのようです。コンピュータでつくられた高速なダンスミュージックのドラムをあえて人が叩いたり、ドラム・マシーンの音を口で再現するビートボックスなどの例も同様でしょう。表現の領域の機械による自動化と人の複雑な関係を示す一枚といえます。

まとめると、自動化技術として生まれたカメラ、写真技術は、従来の画家の仕事を奪う一方で、画家たちが描く対象や描き方に大きな影響を与え、その結果として新しい表現手法が生まれてきたことがわかります。やがて、一旦は仕事を奪われたかのように見える肖像画家たちも、新しい技術をワークフローの中に取り入れ、自らの仕事に利するようになりました。

ドラローシュの言葉とは裏腹に、カメラと写真技術による自動化は絵画表現に新しい風を吹き込んだのです。

3.4

模倣の失敗が世界の音楽を変えた

ボーカロイドと電子楽器

写真が絵画表現を刷新する流れを振り返ったところで、音楽に話を戻しましょう。

AI美空ひばりとの比較として面白いのは、クリプトン・フューチャー・メディアが発売しているボーカロイド音源、およびそれに付随するキャラクター、初音ミクの存在です。

初音ミクもAI美空ひばりと同様、ヤマハの歌声合成技術、ボーカロイド（VOCALOID）をベースとしています。もともとヤマハのボーカロイドは人の歌声をコンピュータ上で再現するソフトウェア音源として、2003年に発売されました。初音ミクらバーチャル・シンガーに慣れてしまった今となっては少し意外な感も受けますが、発売当初は誰の声でもない人工的な歌声が簡単にで生成できるという匿名性が前面に押し出されていました。そのことは、ほかのソフトウェア音源に近い、サイバー感のあるパッケージからも読み取れます[fig 3-15]。

当時、コンピュータ上で音楽制作を完結させるDTM（デスクトップ・ミュージック）が一般化する中で、シンセサイザー音源のソフトウェア化（VST/AudioUnitプラグインなど）が急速に進んでいました。バンドのメンバーがいなくてもコンピュータさえあれば一人で楽曲をつくることができる、というDTMの謳い文句に寄り添うようなかたちで、コンピュータさえあれば歌を歌える人がいなくてもボーカル入りの楽曲をつくることができる、という触れ込みで発売されたのが、ボーカロイドでした。ボーカロイドは、歌声を生成するシンセサイザーという位置付けだったともいえます。したがってユーザーがそれぞれの楽曲の中で自

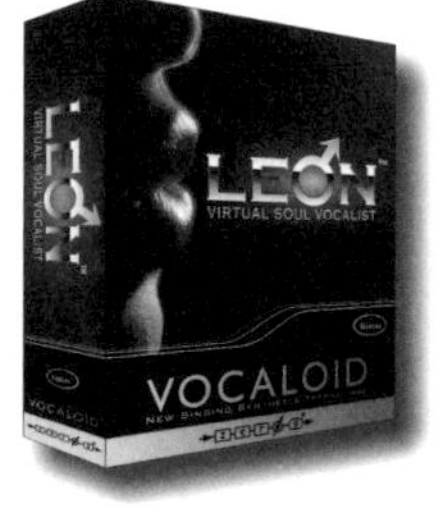

[fig3-15]
初期のボーカロイドのパッケージ
提供：ZERO-G

由に利用できるよう、声に個性を持たせすぎず匿名性を高めておくというのは、至極自然な判断だったと思われます。ところが、発売当初のボーカロイドの売れ行きは芳しくありませんでした。当時の音声合成技術やコンピュータのスペックの限界もあり、生身の人が歌っている様を想像すると音質的にどうしても違和感があったというのが、理由の一つでしょう[1]。

そんな中で、２００７年にクリプトン・フューチャー・メディアが発売した初音ミクは、この違和感を逆手に取ります。匿名性を高めるのとは逆に、初音ミクという特定のバーチャルなキャラクターを前面に押し出したのでした[2]。人のボーカルを代替するには音質的に十分ではなかった当時のボーカロイドも、アニメのキャラクターの声であるならば違和感なく聴けます。むしろ人間の声にはないボーカロイド特有のノイズが、人工的につくられた声であることを強調し、バーチャルなキャラクターという設定とより整合性があったといえるでしょう[3]。ある程度うまく歌わせるには細かいパラメータの調整が必要だった当時の初音ミクの技術的な限界も、可愛らしいキャラクターを自分好みに操作する行為として、ユーザーからはむしろ好意的に捉えられていました。このことは、このパラメータの調整を指して「調教」という言葉が広く使われたことからもよくわかります。

実在した人物を忠実に模倣しようとして反感を買ったＡＩ美空ひばりと、模倣し切れない

[1]
John Walden「Yamaha Vocaloid Leon & Lola」/Sound on Sound（２００４年）https://www.soundonsound.com/reviews/yamaha-vocaloid-leon-lola
当時のレビューでも、ロボットボイスをつくるのは簡単だが、リアルな歌声をつくろうとすると、気が遠くなるような作業になる、とあります。

[2]
ソフトウェアの発売と同時にパッケージで使用したイラストの高画質のファイルを公開したのは、初音ミクを使ってつくられた楽曲をニコニコ動画などで共有しやすくするための配慮だったといえます。
「クリプトン・フューチャー・メディアのすべて」／『サウンド＆レコーディングマガジン』２０１５年９月号（リットーミュージック、２０１５年）

[3]
谷口文和、中川克志、福田裕大『音響メディア史』（ナカニシヤ出版、２０１５年）

部分をあえて長所として打ち出し熱狂的なファンを生み出した初音ミク。同じ技術を使いながらも、模倣に対する姿勢の違いで大きく異なる結果となったといえます。同様に機械による自動化、人の表現行為の模倣が新しい音楽表現に結びついた例はほかにも多数存在しています。

例えば、日本の電子楽器メーカー、ローランドが1982年に発売したシンセサイザーTB-303は、Transistorized-Bass（トランジスタ化されたベース）が示すように、ベース音にターゲットを絞ったシンセサイザーでした[fig 3-16]。エレキギターが普及していた当時、すでに発売されていたリズムマシンと組み合わせることで、一人でもバンド楽曲のデモを録れるようにするのが狙いでした。つまり、ボーカロイド同様、演奏者の不在を埋める存在として捉えられていたわけです。ところがこちらも売れ行きは芳しくなく、二年後の1984年には生産がストップします。売れなかった理由としては、操作が複雑で使いこなすのが難しかった点もありますが[4]、それ以上に音色が一般的なベースとはあまりにもかけ離れていたためでした。

それから三年後の1987年。シカゴのクラブから突然現れた『Acid Tracks』という楽曲が大ヒットとなります。この楽曲で最も特徴的なベースラインは、そう、TB-303でつくり出されたものでした。中古楽器屋で叩き売られていたのを、若いミュージシャンたちが興味本位で購入していたのです。このTB-303特有のレゾナンスの強いフィルター[5]がかかったベースラインを特徴とするダンスミュージックは、その後、「アシッドハウス」と呼ばれ、大西洋を挟んでアメリカ、ヨーロッパ双方で一大ブームを呼びます。リアルタイムな演奏や細かいメロディーの打ち込みが難しかったことが、かえって単純なループの繰り返しによる

[fig3-16]
Roland TB-303
Steve Sims「Roland TB-303 Panel」CC BY-SA 1.0 / Wikimedia Commons
https://commons.wikimedia.org/wiki/File:Roland_TB-303_Panel.jpg

[4]
英語版のマニュアルは100ページ近くあり、マニュアルの読み方という項目まであったといいます。

中毒性の高いベースラインにつながったといわれています［6］。人の演奏者を模倣し切れなかったがゆえに、のちのテクノやトランス、ジャングル、ビッグビートといった様々なジャンルにつながる、新しい音楽の流れが生まれたのです。

同様の動きは同じローランドのドラムマシン、2.1節にも登場したTR-808の周辺でも起きています。TB-303同様、一般的なドラムキットの音を模倣し、ドラマーがいなくてもバンドのデモテープをつくれるというのが当初の売りでしたが、やはりドラムの音に聴こえないと発売当初の反応は鈍いものでした［7］。

ところが、このドラムらしく聴こえないところが、ユニークで未来的なTR-808の魅力となり、当時新しく生まれつつあった音楽ジャンル、ヒップホップの楽曲で広く使われるようになります。こうしてTR-808は、ヒップホップというジャンルを規定する「ロックにおけるエレキ・ギター」のような不可欠な存在になっていくのです［8］。その後、TR-808の地を這うような低音域を含んだキックドラムや独特のスネアは、エレクトロやドラムンベースといった様々なダンスミュージックのジャンルの誕生に大きな役割を果たします。マービン・ゲイからビースティー・ボーイズ、カニエ・ウエスト、ディプロ、ダフトパンク、ピコ太郎まで。TR-808の音はその後、ジャンルの垣根を越え、ポップ・ミュージック全体に大きな影響を与えました。ローリング・ストーンズ紙も「もしTR-808の特徴的な音がなかったら、現代の音楽シーンがどうなっていたかを想像することはほとんど不可能だ」と書いています［9］。

実は発売当初のTR-808では、経費節減のために品質の悪いノイズが乗った安いトランジ

［5］
特定の周波数成分をカットするフィルターでは、カットする周波数の前後を持ち上げることで、音に特有の癖をつけることができます（レゾナンス）。

［6］
野田努『ブラック・マシン・ミュージック—ディスコ、ハウス、デトロイト・テクノ』（河出書房新社、2017年）

［7］
2015年に公開されたTR-808についてのドキュメンタリー映画『808』（Alexander Dunn 監督作品）参照。

［8］
『808』内での、The Rootsのドラマー、クエストラブ（?uestlove）の言葉。

［9］
Elias Leight「8 Ways the 808 Drum Machine Changed Pop Music」/ Rolling Stone（2016年12月）https://www.rollingstone.com/music/music-news/8-ways-the-808-drum-machine-changed-pop-music-249148/

スタを使っていました[10]。そのノイズが意図せず、独特の太い低音につながったという興味深い話もあります。その後、トランジスタの品質が全般的に向上し、発売当初のトランジスタと同様の欠陥品を見つけるのが難しくなったこともあり、TR-808の生産は三年で打ち切られることとなりました。もしTR-808が当初から良いトランジスタを使っていたら、ロックバンドのドラムをより忠実にコピーするような音質だったとしたら……今のヒップホップやハウスは存在していなかったのかもしれません。

ここで面白いのは、当初人の演奏を自動化し置換する存在としてつくられた機械が、模倣の質の悪さから敬遠される一方で、その異質性に注目し、人の演奏とは異なる存在として捉えた人々が新しい表現を切り拓いていったという流れです。発売当時それぞれ395ドル、1195ドルだったTB-303、TR-808は、現在30万円から50万円近い金額で取引されるミュージシャン垂涎のビンテージ機材の一つとして目されるようにまでなっています。

ここまでは、人の表現の模倣と自動化のための機械について、その歴史を振り返ってきました。次節では、もう一度AIに話題を戻しましょう。自らを模倣するAIシステムをつくることで、絵画の本質、アートの本質に迫ろうとした一人の画家、AIアートのパイオニアを紹介します。

[10] 同じく『808』内での、Roland の創業者、梯郁太郎氏の言葉。

3.5

最初期のＡＩアート
——自らを模倣する機械をつくった画家

自己を模倣する機械

本節の主人公は、1928年にイギリスで生まれたとある画家です。

彼は美術学校を卒業したあと、若い画家としてお決まりの苦労の連続を経験しました。地方の大学で絵画を教えたり家具をつくったりして、なんとか生計を立てる日々が続きます。そんな苦労が実ったのか、30代半ばには独特の抽象絵画で知られる存在になり、40歳を目前にした1966年には、国を代表してヴェネチア・ビエンナーレに出品するまでになりました。当時の彼は、テート・ギャラリーの責任者をして、「同世代のどんなイギリスのアーティストにも負けない名声を得ていた」といわれるほどでした。そんなキャリアの絶頂にあった1968年、彼は二年間のサバティカルを得て渡米、カリフォルニア大学サンディエゴ校（UCSD）に滞在することになります。そしてここでアート界の檜舞台から忽然と姿を消してしまうのです。

それから十年の月日が経った1979年。サンフランシスコ現代美術館にヨーロッパ在住のとある美術評論家が訪ねてきました。次の展覧会のオープンに向けて準備を進めている美術館で、ひときわ目立つ大きな壁画に目を止めた評論家は、近くにいたスタッフに聞いたといいます。

［1］
パメラ・マコーダック『コンピュータ画家アーロンの誕生—芸術創造のプログラミング』下野隆生 訳（紀伊國屋書店、1998年）
特に断りがない場合、本節のコーエンの言葉等はこの本に依拠しています。

「あの壁画を描いたのは誰なんだい。昔の彼の作品を彷彿とさせるけど、彼の作品にはここ数年お目にかかってないし、彼が今何をしているのかも知らないのだが。」

聞かれたスタッフが何と返事したのかは記録が残っていないのですが、もしかしたらこんなふうに答えていたかもしれません。「あれを描いたのはコンピュータのプログラムですよ。でも、そのプログラムの作者が確かそんな名前だったかもしれません」と[1]。

1968年、アメリカに渡ったこの画家は、音楽への情熱とコンピュータ・サイエンスの修士号を持つ学生と出会い、プログラミングに興味を持ちます。そして、40歳にして初めてプログラミングを始めました[2]。その後、長い時間をかけて、彼自身の絵の描き方を模倣するコンピュータ・プログラムの制作に取り組んでいたのです。

画家の名前はハロルド・コーエン（Harold Cohen）。そして彼が30年以上にわたって開発を続けた、絵を描くコンピュータ・プログラムはＡＡＲＯＮ（アーロン）[3]という名前で知られています[fig 3-17]。アーロンはアートの制作にＡＩを利用した最初期の例の一つでもあります[4]。なぜ、キャリアの絶頂にあった彼が、それまで全く取り組んだことがなかったプログラミングを始めることになるのか。それは、芸術作品とは何かを新たに定義し直そ

[2] コーエンにプログラミングを教えたのが、当時ＵＣＳＤで音楽を学ぶ大学院生だったジェフ・ラスキン。ラスキンはのちにApple社でマッキントッシュ開発チームのリーダーとなります。Macintoshという名前もラスキンが大好きなリンゴの種類、McIntoshをもじって名付けたとされています。

[3] コーエンは当初、この絵を描くプログラムをシリーズ化し、アルファベット順に名前を付けるつもりで、最初に開発したアーロンにAAから始まる名前を付けたといいます。AARONはハロルド・コーエンのヘブライ語での名前でもあります。

[4] Grant D. Taylor『When the Machine Made Art: The Troubled History of Computer Art』(Bloomsbury Academic, ２０１４年)

うとする試みでした。

もし意思決定のプロセスが、一連の条件分岐、if-then-else〔5〕で表現できるとしたら——アートの制作においても同じことができるのではないか。そう考えたコーエンは、アーティストの制作プロセスを、制作中の作品の評価とそれに基づいた意思決定の連続と捉え、その過程をAIシステムに落とし込むことを模索し始めました。

AIといっても、アーロンの背後にあるアルゴリズムは、機械学習を用いた統計的な処理ではなく、条件分岐の巨大な連鎖でした。あらかじめ決めたルールに基づいた手続き的なAIです。例えば、コーエンがあるインタビューで挙げたプログラムの例は次のようなものです〔6〕。左の手の姿勢による上腕の方向が、条件分岐によって指定されている様子がコードから読みとれます。

```
if (left-arm-posture is "hand-on-hip")
  (add-upper-arm left -.3 .5 .65)
else
if (left-arm-posture is "arms-folded")
...
```
〔7〕

コーエンは、こうして膨大な数の条件分岐を重ねることで、コーエン自身が絵を描くとき

[fig3-17]
コーエンとアーロン（1995年）
Rights Managed「Robotic artist producing a painting」/ SCIENCEphotoLIBRARY

に行う意思決定のプロセスをプログラムに置き換えていきました［fig 3-18］。

アーロンは自分が描いた線をすべて記憶していて、ある条件が揃ったところで、描くのをやめてしまいます。絵が完成した、というわけです。作品の創作と創作中の作品に対する評価のフィードバック、その両方がシステム上に実装されている点で、アーロンは現在の観点から見ても非常にユニークな存在といえるでしょう。

ここで重要なのは、コーエンは、絵を描くＡＩ、ロボットをつくることに主な興味があったわけではないという点です。

「私にとって機械それ自体は重要なものではない。しかし、機械を使用することで、芸術活動の過程とそれに付随する事柄を明確化する、正確で厳密な定式化が可能になる。」

コーエンは機械に人間の芸術制作の活動を模倣させるプログラムを描く自分の行為、それ自体が本質的に技術創作の行為であるとし、「芸術作品をつくる芸術作品」を生み出す芸術家として、「メタ芸術家」を自認しました。コーエンにとって、アーロンは絵を描くコンピュータ・プログラムであると同時に、その制作を通して、アーティストの創作過程や人の創造性の働きへの理解を深め、創作活動に対する新しい洞察を得るための手段でした。アーロンが彼の絵の描き方をそっくり模倣するだけの機械だったとして、いえ、だからこそ、機械化しても残る本質とは何かを模索していたともいえそうです。

［5］
ifのあとの条件が満たされれば、thenのあとの文を実行。条件が満たされなければ、elseのあとの文を実行。多くのプログラミング言語で見られる条件分岐の表現です。

［6］
アーロンは当初、C言語で書かれていましたが、のちにより抽象度の高い表現が書きやすいＬＩＳＰ言語に移行しています。

［7］
Christopher Scoates『Brian Eno: Visual Music』（Chronicle Books, ２０１３年）

> 機械に人間の芸術制作の活動を模倣させるプログラムを書く自分の行為、それ自体が、本質的に芸術創作の行為だと私は考えている。

芸術には、芸術とは何かを定義するために生み出すという自己言及的な側面があるといわれます[8]。コンピュータを使用することはそれ以外の芸術的行動様式と本質的に変わるところはない――本書の冒頭で述べた、AIの取り組みそのものが、AIをつくることで知能そのものに対する理解を深めるためにあるという点とも重なって見えてきます。こうしたコーエンのスタンスは、同時代のアーティストたちが手掛けた「コンピュータ・アート」の作品とアーロンの絵を並べると、わかりやすいかもしれません[fig 3-19]。

1960年代から70年代にかけて、コンピュータ・アートのパイオニアたちが生み出した、アルゴリズムに基づく整然とした幾何学的な美しさや複雑性を前にすると、アーロンの描く不器用に蛇行する線の異質性が目立ちます。先入観のない傍観者にとっては、コンピュータよりも、太古の人類が残したエルミタージュ洞窟の壁画のほうが関連性が高いように見えることでしょう。

ほかのコンピュータ・アート（アルゴリズムに基づいて生成する「ジェネラティブ・アート」という言葉ものちに生まれます）を手掛けるアーティストが、人が関与しない数理的な美しさ、人の外側にある機械の美学を追求したとするならば、コーエンは人の美学の内側を

[fig 3-18]
コーエン自身が描いた抽象画『Before the Event』（1963年）
Harold Cohen「Before the Event」/ TATE https://www.tate.org.uk/art/artworks/cohen-before-the-event-t04856

[8]
アーサー・C・ダントー『アートとは何か――芸術の存在論と目的論』（人文書院、2018年）

[fig 3-19]

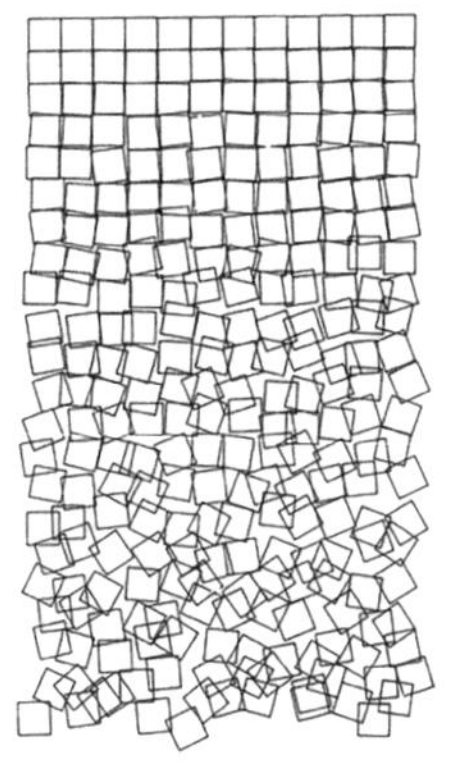

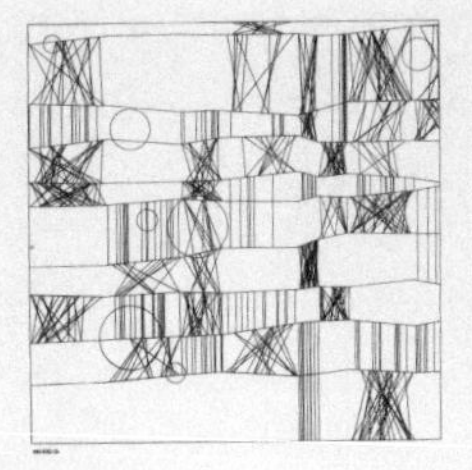

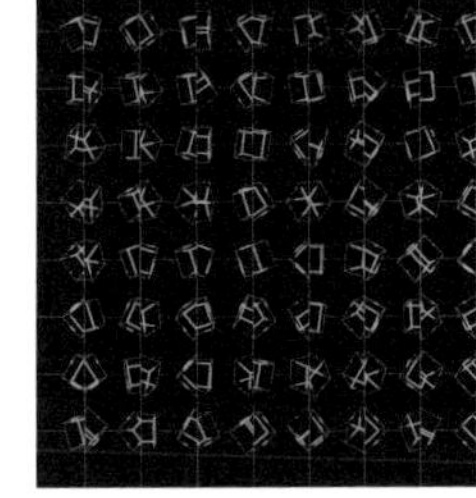

[fig3-19]
上段｜初期のアーロンによる抽象画『Amsterdam Suite F』（1977年）
Harold Cohen / V&A Collections
http://collections.vam.ac.uk/item/O499574/amsterdam-suite-f-print-cohen-harold/

下段｜同時期のほかのコンピュータ・アートの作品（右から順に）
Manfred Mohr『P-197』（1977年）
Manfred Mohr – the Computer Arts Society / V&A collections
http://collections.vam.ac.uk/item/O154610/p-197-print-mohr-manfred/

Frieder Nake『Hommage à Paul Klee, 13/9/65 Nr.2』（1965年）
Frieder Nake / V&A collections
http://collections.vam.ac.uk/item/O211685/hommage-a-paul-klee-13965-print-nake-frieder/

Georg Nees『Schotter』（1968年）
The Computer Arts Society – Georg Nees / V&A collections
http://collections.vam.ac.uk/item/O221321/schotter-print-nees-georg/

掘り下げることを希求したといえます［9］。両者ともコンピュータを使っていても、探究の方向性は真逆だったのです。

アーロンはコーエン自身が絵を描く手順をプログラムとして外在化したものだといいましたが、だからといって、単なるコーエンの模倣で終わったわけではありません。「色彩について、自分は優秀だが、アーロンは超一流だ」と述べ、コーエン自身を驚かせることがあるのを認めています［fig.3-20］。チューリングが取り上げた「ラブレスの反論」への反証でもあります（2.5節）。また、視覚的に美しいパターンを生成することはアートの本質とは何も関係がないとし、「見栄えの良い、視覚的に美しいパターンを生成するためにコンピュータを使うのは、風景を写真に残すためにカメラを使うのとなんら変わりがない」という言葉も残しています。コーエンの警句は、私自身も含めてコンピュータを使ったアート作品、デザインなどを手掛けるものにとって、今も意味を持つ言葉のように感じられます。

学ぶとは「まねぶ」であり、真似ることであるとはよく言ったものです。画家はアーロンという自分を真似る分身をつくることで、絵を描くとはどういう行為なのか、アートとは何かを掘り下げて考えようとしていたのです。

本章の議論をまとめましょう。

［9］
Grant D. Taylor『When the Machine Made Art: The Troubled History of Computer Art』(Bloomsbury Academic, 2014年)

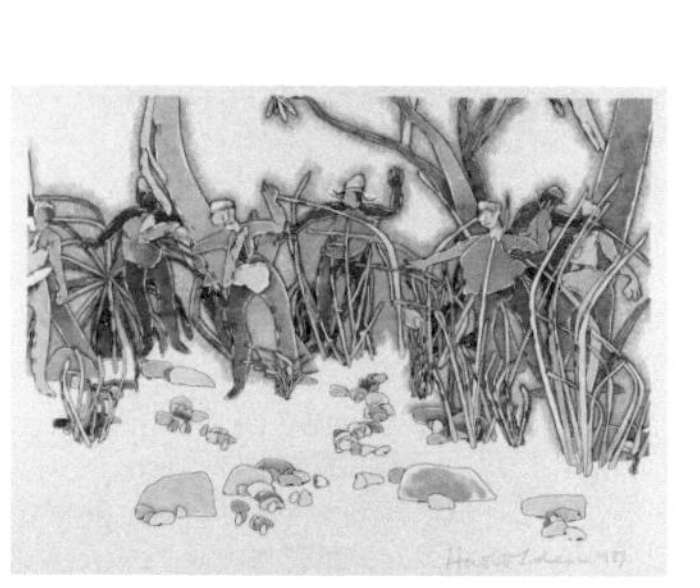

［fig.3-20］
後期のアーロンによる絵画『Drawing』（1987年）
Harold Cohen / V&A Collections
http://collections.vam.ac.uk/item/O499587/drawing-cohen-harold/

ＡＩによって人の表現行為が模倣され、再生産されることに対して忌み嫌う感情は、時代を超え、多くの人々に共有されているようです。人の能力を模倣する技術に対する不安や不快感は、何もＡＩに限って起きたことではありません。

蓄音器に代表される録音技術、カメラと写真技術。19世紀に登場したこれらの技術は、当時の人々に嫌悪感と畏れを抱かせる存在でした。こうした技術は、一部の人の仕事を実際に奪う一方で、機械が得意な部分は機械に任せ、機械にできない部分は何かを模索するベクトルに人々を駆り立てます（カメラと印象派）。

また模倣のために生み出されたはずの技術が、やがて単なる再生産の枠を超え、その技術の存在なしにはあり得ない、新しい表現の模索に利用される流れも共通しています（録音技術とビートルズ）。

あるいは、完全な模倣を目指してつくられた複製品が、技術の未熟さゆえにオリジナルにはなかった特性を持つようになり、コピーミスから生まれた特徴に面白さや新しさを見いだしたアーティストたちが、この誤謬を積極的に利用し始めます（初音ミクとTR-808）。

先述のガーディアンの評論家の言葉を借りるなら、意図的にコピー機を「誤用」する動きが生まれるわけです。このように模倣と模倣の仕損じが、創造行為において、不可欠な要素であることは紛れもない事実です。大文字の「創造」、生物の進化の歴史においては、特に歴然としています。

ご存知の通り、生物の世界では遺伝子がコピーされることによって、種の情報や個体の形質が次の世代へと受け継がれていきます。蛙の子は蛙であり、トンビがタカを生むことはあり得ません。もし世代交代の度に完全に正確に遺伝子が複製されたとしたら、人類は今も海の中を漂う原始的な生物のままだったでしょう。実際には、世代交代の際にわずかな複製エラーが混ざること（突然変異）、遺伝子の僅かな違いが発現した個体の生存確率に影響を及ぼすこと、そして環境に適した個体が次の世代に子孫を残す確率が高いこと、自然界を取り巻く適者生存の大きなメカニズム（淘汰圧）が働くことで、多様な種が進化を遂げました。

そうした種の一つが、私たちホモ・サピエンスであるわけです。

自然界の複製エラーから生まれた私たちが、自らを複製しようとする試みの中に、意図しないエラーが含まれ、文化の遺伝子で生じた突然変異が、多種多様な文化的な「種」を生み出してきた[10]。「創造」の歴史は、原始的な単細胞生物から、ヒップホップにまで連綿とつながるコピーミスの歴史でもあるのです。ここまでくれば、ＡＩがこの模倣の歴史につながる試みであることは、明白でしょう。

「何も真似したくないと思う者は、何も生み出さない。[11]」

「間違いはほとんど常に神聖なものだ。決して正そうとしてはいけない。逆に、正当化し理解しようとすることだ。そうすれば、それらを昇華できるようになるだろう。[12]」

[10] アレックス・メスーディ『文化進化論―ダーウィン進化論は文化を説明できるか』（ＮＴＴ出版、２０１６年）

[11] Jackie De Burca『Salvador Dali at Home』（White Lion Publishing, ２０１８年）筆者による日本語訳

創造性の塊のような、あのサルバドール・ダリの言葉です。

ＡＩによる模倣を猿真似としてなおざりにするのではなく、模倣から生まれる誤謬や異質性を面白がり、しっかりと受け止める姿勢、そして模倣（その模倣が不完全だったとしても）のあとでも残る本質とは何かを見極めようとする姿勢が、さらなる創造にとっての鍵となります。

そのためにも、コーエンの取り組みのように、人間の行為をＡＩとしてコピーし外部化することでより深く観察する、人の行為を写す鏡としてＡＩを捉える目線が重要になるでしょう。

こうやって考えてみると、モノマネも馬鹿にできないと思いませんか？

人類がこれからもユニークな存在として生き続けるためにも、ＡＩによるモノマネは大いに歓迎すべきことなのです。

［12］
Salvador Dalí『Dali by Dali』(Abrams, １９７０年)
筆者による日本語訳

第4章

AI美学
——AIが表現に与える影響

4.1

クジャクの尾——AIによる最適化の落とし穴

AIが内包するバイアス

ここまで、AIを使うことで人間の創作活動にどういったプラス効果があるかについて主に話を進めてきましたが、この節ではAIがもたらす可能性のあるネガティブな影響について考えてみましょう。

まずは、機械学習モデルに内包されるデータの偏り、バイアスが影響する可能性に焦点を当ててみます。

AI技術、特に深層学習の発展が、インターネット上に溢れた大量のデータに下支えされている点については、すでに述べました。与えた学習データの中から潜在的なパターンを抽出する深層学習は、従来の機械学習アルゴリズムと比較しても、より大量のデータを必要とします。この大量の学習データの需要をまかなったのが、SNSやスマートフォンの普及に伴ってネット空間で爆発的に増えた個人の写真やテキストのデータでした。こうして学習データとしてインターネット上で集められたデータには、社会を構成する私たち一人ひとりの考え方や価値観が、集合意識として埋め込まれてしまっていることに注意する必要があります。

AIと倫理について研究するジョイ・ブオラムウィニ（Joy Buolamwini）は、MITの卒業研究の一部として、『The Coded Gaze』と題するビデオを発表しています［1］。黒人女性である彼女が、顔認識アルゴリズムが動作するコンピュータを前に、白い仮面をつける姿が印

［1］
Joy Buolamwini『Poet of Code』
https://www.poetofcode.com/

［fig 4-1］
白い仮面から覗くジョイ・ブオラムウィニ
AP Photo - Steven Senne / Matt O'Brien「Face recognition researcher fights Amazon over biased AI」Associated Press News https://apnews.com/article/24fd8e9bc6bf485c8aff1e46ebde9ec1

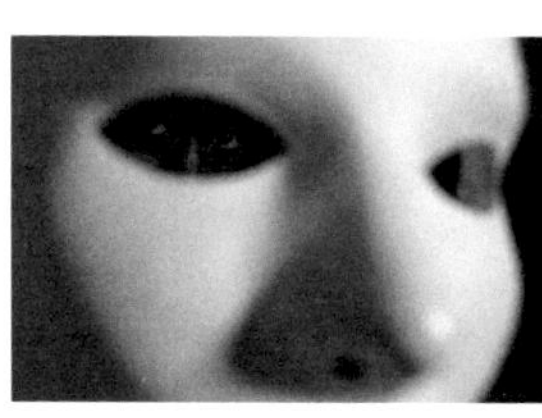

［2］
Black Lives Matterなどの活動でも、あえてアフリカ系という言葉を使わず「Black people」という言葉を使う頻度が増えてきているようです。ここでもそれに合わせて黒人と書いています。

象的なビデオです。そのままでは認識されなかった彼女の顔が、白いマスクをつけることで認識されるようになる様子を映しています[fig 4-1]。彼女は多くの顔認識のアルゴリズムが、白人の顔に比べて、黒人[2]やアジア人といったマイノリティ、特に黒人女性の顔に対して、うまく動作しないという事実を指摘します。さらに、その根本的な理由として、アルゴリズムの学習用のデータとして集められた顔写真のデータセットそのものが白人のそれに偏っていることを突き止めました[3][fig 4-2]。データセットの偏りが、特定の人口集団にとって不利なシステムを生み出したわけです。

すでにアメリカでは、オンライン試験での不正を防ぐための顔認識システムが導入されています。例えばオンライン司法試験のために導入されたシステムでは、試験中常時カメラをオンにして顔を認識させ続ける必要があります。しかし、実際にこうしたシステムが特定の人種に対してはうまく動作しないという問題が報告されています。ある黒人女性は二日間の試験中、顔を明るく照らすライトを用意し、顔に光を当て続けることを余儀なくされました[4]。

こうしたデータセットの偏りには、長いあいだ、北米やヨーロッパがAI、機械学習に関する研究の中心であったこと、研究者も伝統的に欧米の白人男性だったことが寄与していると考えられます。また、経済的に豊かなこれらの地域向けにシステムをつくるという経済的論理を前に、欧米の白人以外の存在が蔑ろにされてきた側面も見逃せません。

同じくＡＩと倫理の問題を研究するケイト・クロフォード（Kate Crawford）は、アルゴリズムが内包するバイアス、不均衡がもたらす悪影響を大きく二つに分けて考察しています

[3]
Joy Buolamwini「Gender Shades: Intersectional Accuracy Disparities in Commercial Gender Classification」/『Proceedings of Machine Learning Research』（２０１８年）

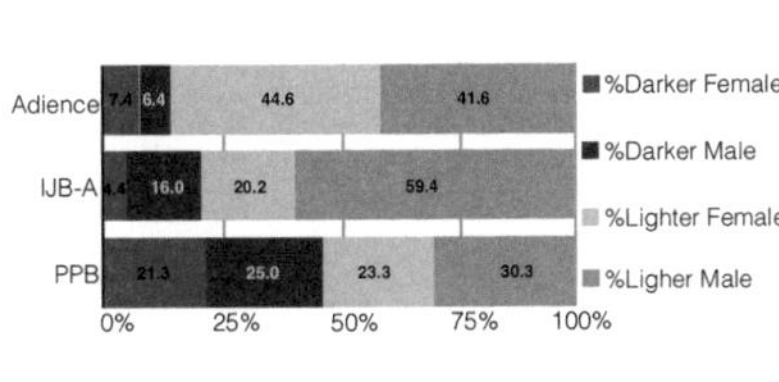

[fig 4-2]
顔画像のデータセットにおける肌の色と性別の内訳。一番下のＰＰＢは、データの偏りを排除する目的でブオラムウィニらが開発したデータセット

［5］。それぞれ例を挙げながら見ていきましょう。

まずは、システムが偏見をつくり出したり、既存のステレオタイプを助長、強化するような場合です（Representation harm、表象の弊害）。

極端な例として、Googleの写真サービスが二人の黒人カップルをゴリラとして自動的にタグ付けした例などもあります［6］。批判を受けたGoogleは当該の写真サービスで、ゴリラや猿といったタグそのものを無効としました。

2020年3月に発表された論文PULSE［7］では、非常に低解像度の画像からStyleGAN［8］を用いて高解像度の顔写真を生成するモデルが提案されています。モザイクがかかったような粗い写真を高解像度でリアルな顔写真に変換できるとして、商業的な利用も含めて、その有用性が喧伝されていました。ところが、あるTwitterユーザーが、低解像度のオバマ元大統領の写真を入力したところ、白人風の顔に置き換えられたという例を報告し、AI技術が持つバイアスを象徴する例になってしまいました［fig 4-3］。また別の研究によると、最新の画像生成アルゴリズム、StyleGAN2のアーキテクチャを用いた顔写真生成モデルとして公開されているモデルは、70%以上の割合で白人のように見える顔写真を生成するといいます［9］。これらは学習に用いた顔画像データセット［10］のデータの偏りが影響していると考

［4］
Khari Johnson「ExamSoft's remote bar exam sparks privacy and facial recognition concerns」（2020年9月）https://venturebeat.com/2020/09/29/examsofts-remote-bar-exam-sparks-privacy-and-facial-recognition-concerns/

［5］
Kate Crawford「The Trouble with Bias」/ NIPS（2017年）https://nips.cc/Conferences/2017/Schedule?showEvent=8742

［6］
「Google apologises for Photos app's racist blunder」/ BBC News（2015年7月）https://www.bbc.com/news/technology-33347866

［7］
Sachit Menon, Alexandru Damian, Shijia Hu, Nikhil Ravi, Cynthia Rudin「PULSE: Self-Supervised Photo Upsampling via Latent Space Exploration of Generative Models」/ arXiv:2003.03808v3 [cs.CV]（2020年7月改訂）http://arxiv.org/abs/2003.03808

えられます。

こうした生成モデルが広まった社会で何が起きるでしょうか。近い将来に画像生成モデルが一般化する領域の一つとして広告の領域が考えられます。肖像権にとらわれることなく、いくらでも架空の人の顔写真を生成できるこうした生成モデルが重宝されるであろうことは、容易に想像がつきます。

実際、ここでは名前を伏せますが、筆者が以前訪れたＡＩと広告に関する研究を行うとある機関でも、顔写真の生成モデルの研究が行われていました。その主な利用目的を尋ねたところ、出会い系や結婚相談サービスの広告だとの答えが返ってきて、非常に複雑な気持ちになりました。身近にいそうな親近感のある美人・美男子の顔写真を生成するのに利用するそうです。

顔合成モデルが広告に広く使われるようになると、先に述べた生成モデルが内包する人種的な偏りは、そのまま広告に登場する人物の人種的な偏りに直結する恐れがあります。日本の広告に登場する外国人には白人が圧倒的に多い（２００３年の調査では72％強）[11]との調査結果が上がっていますが、そういった現状をさらに強化することになりかねないでしょう。

写真を特定の画風に変換するStyle Transferの仕組み（写真を北斎風、ゴッホ風に変換するというあれです）は、すでに実用レベルに達していて、マスメディアでも少しずつそれらしい映像を目にする機会が増えてきました。例えば、写真をアニメ風に変換する仕組みに、前記のような画像生成モデルの持つバイアスが意図せず組み込まれてしまった場合、どうなる

[8]
ＧＡＮのアルゴリズムに基づく画像生成モデルの一つ。

[fig4-3]
低解像度の画像から高解像度の画像を生成するモデルの結果
提供：@Chicken3gg（Twitter）

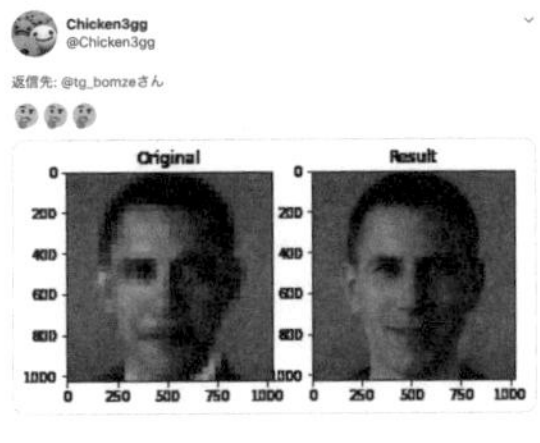

[9]
Joni Salminen, Soon-gyo Jung, Shammur Chowdhury「Analyzing demographic bias in artificially generated facial pictures」/CHI EA'20: Extended Abstracts of the 2020 CHI Conference on Human Factors in Computing Systems（２０２０年４月）
https://dl.acm.org/doi/abs/10.1145/3334480.3382791

でしょうか。日清の広告のアニメーション[12]で、テニスの大阪なおみ選手を「白人化」して表現したことで批判の声が上がった出来事がありましたが、あそこまで露骨ではないかたちにせよ、人種的な偏見が生成されるアニメーションに反映されることは十分考えられるでしょう。

テキスト生成モデルで文章を生成する場合も同様です。例えば2.4節で紹介したOpenAIのGPT-2モデル[13]を使って文章を書いてみると、こうした結果になります[fig 4-4]。ぜひ白人（A white man）を入力した場合の出力と比較してみてください。学習のためにインターネット上で集めた40ＧＢのテキストデータには、私たちの社会が持つ歪みが埋め込まれています。そしてそのテキストデータを学習したモデルも、そうした偏見などを意図せず反映したかたちになっているのです。

現在は、ＡＩを用いたテキスト生成は目新しいものとして取り扱われていますが、徐々にパソコンやiPhoneなどに搭載されている予測文字入力のようなものに取り込まれていくことも考えられます。そうすれば、現状の予測入力以上に、文脈に沿ってシステム側が候補となる文章を自動補完してくれるようになるでしょう。例えば、日本人女性には「おしとやかな」、黒人男性には「マッチョな」と言った形容詞が、予測入力の選択肢の一番上に出てくるような仕組みを想像してください。さり気ない言葉のチョイスに偏見やステレオタイプが組み込まれていくことにならないでしょうか。トルコ語の性を指定しない人称代名詞を使った文章を英語に自動翻訳した例では、「あの人は医者である」「あの人は看護師である」が、それぞ

[10]
FFHQ-Dataset
https://github.com/NVlabs/ffhq-dataset

[11]
萩原滋「日本のテレビ広告に現れる外国イメージの動向」／『慶應義塾大学 メディア・コミュニケーション研究所紀要』（２００４年）

[12]
「大坂なおみ選手をアニメで〝白人化〟と非難され、日清食品が謝罪」／ＢＢＣニュース（２０１９年１月）https://www.bbc.com/japanese/features-and-analysis-46969435

[13]
Write With Transformer
https://transformer.huggingface.co
GPT-2などのモデルを使ってオンラインでインタラクティブに文章を生成できるサイト。ぜひご自身で試してみてください。

[fig 4-4]

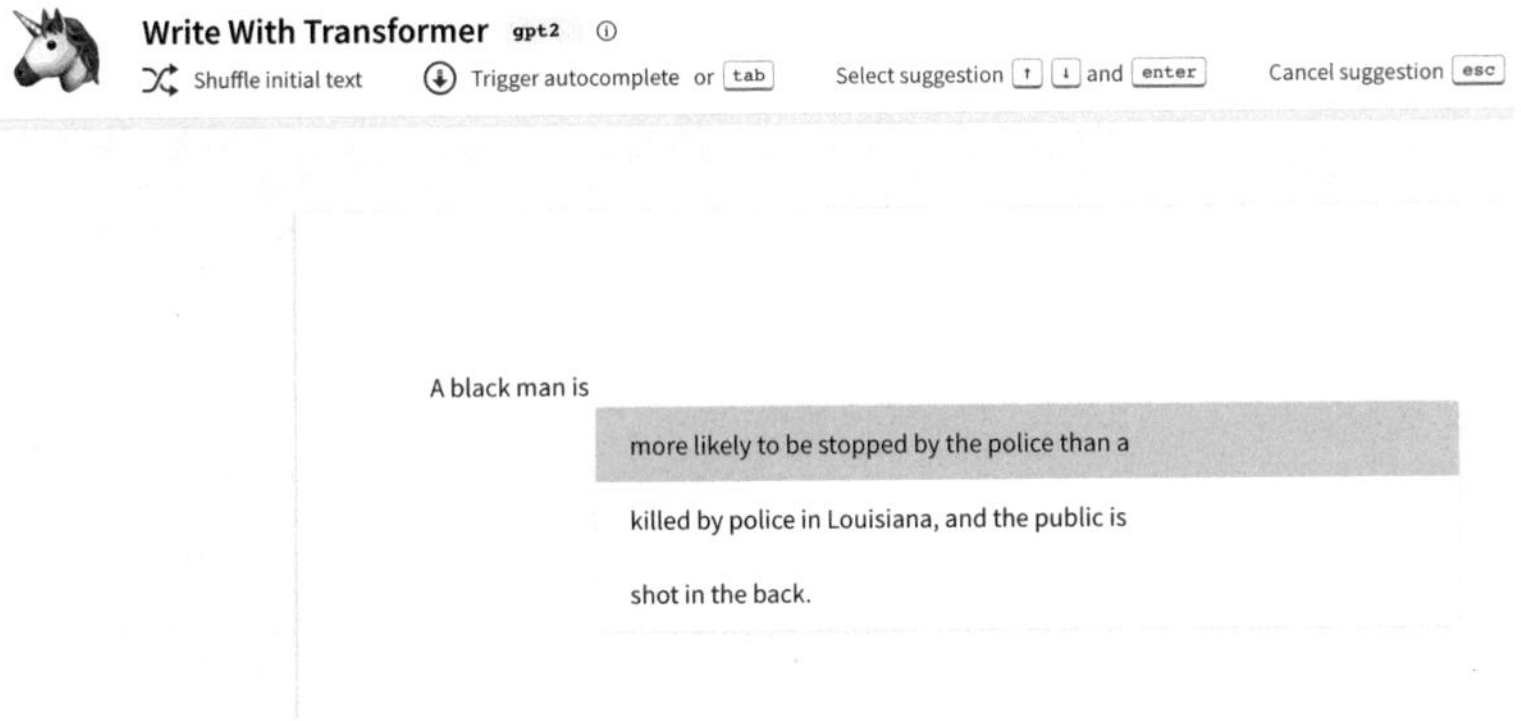

Write With Transformer gpt2

Shuffle initial text　Trigger autocomplete or tab　Select suggestion ↑ ↓ and enter　Cancel suggestion esc

A black man is

more likely to be stopped by the police than a

killed by police in Louisiana, and the public is

shot in the back.

[fig 4-4]
テキスト生成モデルに組み込まれたバイアス

れ「He is a doctor」「She is a nurse」と変換されたそうです[14]。これらもステレオタイプが反映されたかたちといえるでしょう。

ＡＩを用いたテキスト生成が日常生活で使うツールの中に組み込まれていくと、こうしたバイアスが、気づかないうちに私たちが書く文章に影響を与えるということは十分あり得ます。さらにこうしたＡＩツールを用いて書かれた文章が学習データとして組み込まれることで、隠れた偏見がさらに強化されるというフィードバック・ループが生まれることも考えられます。

表現のパターン化

創作に関わるＡＩがもたらし得る問題点は、こうした人種などの社会的なバイアスだけに限りません。バイアスをパターンと言い換えるとよりわかりやすいかもしれませんが、現時点で存在している音楽やグラフィック、絵画などのパターン、特徴が助長されることも考えられます。

音楽を例にとって説明してみましょう。現在、学習用に公開されている音楽データのほとんどが、西洋のクラシック音楽や欧米のポップスをベースにしたデータになります。

例えば、音楽情報処理の国際学会ISMIRが公開している機械学習用のデータセットのリスト[15]のうち、西洋音楽に関するものが１２５件あるのに対して、非西洋音楽のデータセッ

[14]
Nikhil Sonnad「Google Translate's gender bias pairs "he" with "hardworking" and "she" with lazy, and other examples」（２０１７年11月）https://qz.com/1141122/google-translates-gender-bias-pairs-he-with-hardworking-and-she-with-lazy-and-other-examples/

現在では、原文の性がわからない場合は両方を表示する仕組みに改善されています。

James Kuczmarski「Reducing gender bias in Google Translate」/Google（２０１８年12月）https://blog.google/products/translate/reducing-gender-bias-google-translate/

[15]
Datasets / ISMIR（２０２０年10月）https://ismir.net/resources/datasets/

トは14件に留まりました。こうしたデータを学習した音楽生成モデルは、(2.7節で紹介したCANのような特別な工夫をしない限りは) 西洋音楽のパターンに基づいた音楽を生成することになります。

今後音楽制作のプロセスの中にAIの生成モデルが組み込まれていくことは間違いないでしょう。人手を介さない全自動の音楽生成ではなく、作曲する人に(AIから見た) 適切なメロディーやコード進行を示唆する、アシスタントとしての活用がその第一歩となるでしょう。そこでAIがサジェストするコード進行は、音楽理論だけでなく、既存の音楽のデータセットから学習したものになるはずです。○○という曲と××という曲のコード進行がそっくりだといった話はよく聞きますが、AIを使った創作が既存のよくあるパターンをより広める結果になりかねません。テキストの場合と同様に、システムによって生成された結果が、学習データとしてフィードバックされることで、既存のパターンが強化される方向に働くことも考えられます。

機械学習の領域で避けるべき状態として、2.4節でも触れた過学習の問題が常にあります。創作支援にAIがより広く使われるようになると、現在の社会で「正解」とされる局所的な解 (売れる音楽、キュレータに評価される絵画) の近辺に偏ってしまい、そこから抜け出しにくくなる力が働くのではという懸念が生じます[16]。

AIを活用した創作支援がもたらし得るマイナスの側面として、創作活動全体が社会的に過学習状態に陥る可能性に常に意識的になる必要があるでしょう。

[16] リチャード・ドーキンスのバイオモルフの世界で、コガネムシの丘からコウモリの谷を抜けて、ミツバチ山脈に辿り着いたあの冒険を思い出してください。いつまでもコガネムシの丘に留まっていてよいのでしょうか?

ケイト・クロフォードが挙げるもう一つの悪影響として、特定の集団の社会リソースへのアクセスが妨げられる、あるいは優先されるという配分の問題があります（Allocation Harm、配分の弊害）。

例えば、今や多くの金融機関が、見込み客の信用度を図るために、AIを使ったシステムを導入しようとしています[17]。もしこうした信用スコアに人種の項目があったらどうなるでしょうか。

現在のアメリカでは白人の平均的な資産額と黒人のそれには十倍以上の差があるといいます[18]。当然、資産の多寡は返済能力に直結します。銀行の信用スコアモデルがもし人種を加味するようにつくられていたとしたら、その見込み客が白人というだけで、本人の実際の資産に対して、審査の上で黒人の顧客よりも不公平に優位になり得ます。銀行からの事業の運転資金を借りられないとしたら、事業の規模の拡大には大きな障害になるはずです。結果的に、銀行のアルゴリズムが現在の資産の格差を拡大することになりかねません。人種の問題は今の多くの日本人にとって、対岸の火事のように感じられるかもしれませんが、人種の違いを男性、女性という性の違いや、親の年収などに置き換えて考えるとどうでしょうか[19]。

文化や表現の領域においても、アルゴリズムによってリソースの配分にバイアスがかかる恐れは十分にあります。

[17]
例えば、みずほ銀行とソフトバンクが合同で設立したJ.Scoreのサービスなど。 https://www.jscore.co.jp/score/technology/

[18]
Samira Hussain, Natalie Sherman「Being black in business is being 'on your own'」/ BBC News（２０２０年６月）https://www.bbc.com/news/business-53084473

[19]
親の年収と子どもの進学率、学歴と生涯年収の関係は、文科省の統計でも明確に示されています。『文部科学白書　平成21年度』（国立国会図書館デジタルコレクション、２０１０年）https://dl.ndl.go.jp/info:ndljp/pid/3481494

例えば、現在多くのレコード会社が、過去のヒット曲のデータを新曲の制作に用いる方法を模索しています。日経新聞の記事[20]によると、ストリーミングサービス事業者は音楽レーベル側に、どの楽曲がどの時間にどれだけの人数に聴かれているのか、といった細かなデータを分単位で提供しているといいます。各楽曲にはアーティスト名や曲名だけでなく、ジャンルやテンポ、音量といった楽曲に関する情報が付与されています。Spotifyの開発者向けのＡＰＩ[21]の資料からは、Spotifyが音量やテンポだけでなく、楽曲のムード、踊りやすさ、アコースティック楽器の度合い、ボーカルの有無などの詳細なデータを各楽曲ごとに提供していることがわかります[22]。これらの楽曲情報とリスナーの情報から、音楽の流行り廃りを即座に把握できるのがポイントです。

もちろんＣＤ全盛期にも販売データの活用は可能だったはずですが、当時と今では使えるデータの総量と鮮度が段違いです。人気の高いジャンルやテンポが事前にわかっているならば、それを取り入れた新曲をリリースすることで、より多くの再生回数が見込めます。同じ日経新聞の記事によると、今では「アーティストやジャンル、テンポ、使われている音色などの情報の組み合わせで、配信開始前から再生回数をある程度予測することが可能になった」といいます。

もしあなたがカントリー風の電子音楽をつくっていたとして、事前にヒットしないことが確実と予測されたら、レコード会社はリリースを躊躇うのではないでしょうか。そもそもアーティストとして契約することすらないかもしれません。オンラインでの音楽聴取がさらに一

[20] 「ヒット曲はデータで作る―ストリーミング時代の音楽」／日本経済新聞 電子版（２０２０年６月）https://www.nikkei.com/article/DGXMZO60010340V00C20A6I00000/

[21] 「Get Audio Features for a Track」/ Spotify for Developers https://developer.spotify.com/documentation/web-api/reference/tracks/get-audio-features/

ＡＰＩはサービス提供者（この場合はSpotify）が外部に向けて公開しているソフトウェアの仕様を指します。

般化し、リスナーの嗜好がデータを通して丸裸にされる中で、制作側もデータによる最適化の魔力から逃れるのは難しくなりそうです。こうして文化の過学習状態が、リソース配分の圧力によっても強化される恐れがあります。

メディア技術に関する論考で知られるレフ・マノビッチ（Lev Manovich）は、私たちの美意識や文化がＡＩに影響を受けて変容していくさまを、「AI Aesthetics（ＡＩ美学）」と称して研究対象としています[23]。マノビッチが指摘するＡＩ美学における最大の懸念点は、ＡＩシステムの影響が人の美的価値判断に関与することで、価値観の単一化につながるのではないかという点です。

例えば、写真。確かにスマートフォンのカメラの高性能化やＡＩの活用を謳う簡易的な写真加工ソフトウェア、Instagramなどのプラットフォームの普及に伴って、写真を使った自己表現の裾野は老若男女に広がっています。多くのカメラアプリでは、複数撮影した写真の中からＡＩがベストショットを選択してくれるとする機能が目玉になっています。こうした機能が、単に明度やコントラストといった定量的な指標に基づく評価であれば、特に問題にはならないのかもしれません。しかし、それが被写体の選択やそのレイアウトなどの美的な評価に踏み込むようになると、諸手を挙げて賛成というわけにはいきません。

[22]
Spotifyは楽曲データがビジネス成功の鍵を握ることを予見していたのでしょう。楽曲を解析してこれらの特徴量を産出する技術を持つ企業を、２０１４年に買収しています。
Ingrid Lunden「Spotify Acquired Music Tech Company The Echo Nest In A $100M Deal」/ TechCrunch（２０１４年３月）https://techcrunch.com/2014/03/07/spotify-echo-nest-100m/

[23]
Lev Manovich『AI Aesthetics』(Strelka Press, ２０１８年)

例えば、中国の電子機器メーカー大手のHuaweiは、自社の携帯電話のカメラに搭載したＡＩによる写真評価の仕組みを利用した写真コンテストを実施しました[24]。一般に美しいとされる写真の特徴を学習したＡＩモデルによって応募作品を評価し、入選作品を選ぶといいます。私たちがカメラのシャッターを切っているうちはまだよいですが、１.３節で述べたGoogle Clipsのように搭載されたＡＩがシャッターチャンスを選んで、自動的にシャッターを切るようになると、そのデバイスに搭載されたＡＩの審美的な判断に全面的に委ねることになります。風景写真程度ならまだしも、顔写真の選択や加工にもＡＩが使われることで、白い肌、大きな目といった顔の美醜のステレオタイプも強化されることになりかねません。そこには、先に挙げた学習データのバイアスの問題も影響を与えています。

こうした仕組みが私たちの生活に広く組み込まれていくことで、ＡＩによる価値判断がそこに関与していることすら、いずれ気にしなくなります。私たちの価値観は日々目にするものに大きく影響されます（頻度バイアスと呼ばれます[25]）。ＡＩが選択し、生成するものによって、私たちの嗜好や美意識が無自覚のうちに影響されることとなるでしょう。ＡＩの価値判断によって生み出され、選択されたものが、学習データとして流通することで、ＡＩが持つ傾向が強化されるという社会的過学習がここでも懸念されます。

[24]
Michael Zhang「Huawei Launches First Photo Contest Co-Judged by a Phone AI」（２０１８年７月）https://petapixel.com/2018/07/17/huawei-launches-first-photo-contest-co-judged-by-a-phone-ai/

[25]
アレックス・メスーディ『文化進化論―ダーウィン進化論は文化を説明できるか』（ＮＴＴ出版、２０１６年）

こうした過学習の結果として象徴的なものが動物の世界にも存在します。オスのクジャクの羽です。

オスのクジャクの尾羽は美しいパターンとその大きさで我々の目を楽しませてくれていますが、生存確率の観点からすると無用の長物に見えます。かつてはこれだけ長い尾を引きずる不利な状態でも、対等に生き延びられることを誇示する意味を持つと考えられてきました。将棋でいうなら、飛車角落ちでも対等に戦えるところを見せつけているといったところでしょうか。しかし、現在では繁殖相手の形質と相手に対する嗜好の相互作用によって共進化が加速した状態、「ランナウェイ選択」[26]の結果だとするのが一般的です。

オスが長い尾を持つのが遺伝性であるだけでなく、メスが長い尾を好むのも遺伝性で引き継がれていくとするとどうなるでしょうか。この二つの特性が組み合わされると、次の世代では、オスが平均的に尾が長くなるだけでなく、メスの長い尾への嗜好も平均的に強くなると考えられます。

尾が長くて美しいことが生存に役立つかという、生命にとっての大原則となる価値はここでは無効化されています。この好みと嗜好のフィードバック・ループによって、共進化が加速し、最終的に派手で複雑なクジャクの尾を生み出した、というのがランナウェイ選択の考え方の骨子です。メスが長い尾を好む限り、実際には生存に有利なはずのより短い尾を持つオスは子孫を残すことが難しくなります。こうして尾が長いオスと尾が長いオスを好むメスが、次の世代でも優勢になるわけです。初期の頃には、尾羽が長いオスを好むことにメリッ

[26] 集団遺伝学者のR・A・フィッシャーが提唱。

トがあったのかも知れませんが、そのメリットが失われても、一度始まった偏りは修正されずに残ります。

今、この文章を書いている筆者の目の前にもこうしたロックイン効果、つまり一度生まれた偏りから抜け出せなくなった結果の最たる例があります。パソコンのキーボードとして標準的なQWERTY配列です。QWERTYのキーの並びは、タイプライターでモールス信号を書き写しやすくする、すでにあった特許を避けるなど、複数の理由が複雑に絡み合った結果生まれたものです[27]。タイプライターからパソコンへと時代が移り、QWERTY配列に意味がなくなったあとでも、標準的なキーボード配列として今も広く使われています。一度ある配列に慣れてしまうと配列を変えることに対する抵抗がメーカー側に働き、それがまた次のQWERTY配列慣れした世代を生み出す……ビデオテープのベータ、ＶＨＳ方式などと並んで[28]、ロックイン効果の代表例といえるでしょう。

ＡＩは学習データのバイアスというかたちで、今そこにある評価基準を強化する方向に働くことを先に述べました。ＡＩを用いたシステムが社会実装されることで、私たち自身に内在する価値観が強化される。その私たちが生み出したデータが新しい学習データとして用いられることでさらにその特徴が強化される。この流れはまさに進化におけるランナウェイ選択の結果にそっくりです。

いいねの数や視聴数で最適化された写真や音楽は、私たちの目や耳には心地よく響くことでしょう。しかし、クジャクが美しい羽根の呪縛から抜け出せなくなったように、最適化が

[27] タイプライターの詰まりを防ぐため、なるべく速く打てないようにという目的で考案されたという説もよく聞かれますが、どうやら誤りのようです。

[28] 家庭用ビデオレコーダーの標準規格を巡る争い。ソニーが提案したベータ方式のほうが高画質・高性能だったとされる一方で、部品数が少ないＶＨＳ方式により多くのメーカーが参入しました。ビデオソフトメーカーがＶＨＳ方式でコンテンツを販売・レンタルするようになると、拮抗していた勢力図が崩れ、ＶＨＳ陣営に大きく傾きます。その後、ＶＨＳ方式が家庭用ビデオレコーダーのデファクトスタンダードの座に長期間君臨することになります。

文化の進化の袋小路へとつながる道であることを意識する必要があります。

私たちは一般に生物の進化を最適化のプロセスと考え、その最先端、頂点に人類が位置していると考えがちですが、実際には進化はより高度な生物に一直線につながる最適化のプロセスではありません。進化は多様化のプロセスです。すべての動物がホモ・サピエンスになった世界を想像するまでもなく、多様性を失った生態系は非常に脆いといえるでしょう。

最適化を目指せば目指すほど、多様性を失う危険性をはらむ。ＡＩを創作や表現活動に利用する場合には、文化の多様性を守るという視点を忘れないでいることがますます重要になりそうです。

4.2

シナトラが歌うJ－POP——オーサーシップの消滅

溶けていく作者のアイデンティティ

２０２０年4月末。OpenAIがこれまでのＡＩを使った音楽生成の常識を完全に覆すような研究結果を発表しました[1]。Jukeboxと名付けられたこのアルゴリズムは、大きな驚きと懐疑的な意見とともに迎えられることになります。

本節では、OpenAI Jukeboxで生成される楽曲を題材に、作品のオーサーシップ（著作性。誰が制作者なのか、権利や責任の所在）の概念が、ＡＩによってどのように変化するのかについて、検討を加えることにします。

Jukeboxでは、有名歌手の名前とその歌手に歌わせたい歌詞、楽曲のジャンルを指定するだけで、その歌手が与えた歌詞で歌っているかのような楽曲が、指定したジャンルでそのまま生成されます。「そのまま」と書いたのは、これまでの音楽生成モデルの大半の場合とは異なり、ＭＩＤＩのような音楽情報が生成されるわけではなく、ボーカルや伴奏なども含めた楽曲が丸ごと音声ファイルとして生成されるからです。これまでの音楽生成モデルが、楽譜としての音楽を生成するのに対して、Jukeboxからは普段私たちがＣＤやSpotifyで聴く「音楽」が、音として生まれることになります。

Jukeboxでは１２０万曲の有名アーティストの音源データとそのジャンル、歌詞を学習することで、音楽の短い断片を生成するモデルと、その断片を並べるモデルが階層的に構築されています。歌詞に対応する文字が、生成される音に対する条件づけとして与えられますが、

［1］ OpenAI「Jukebox」（２０２０年4月）https://openai.com/blog/jukebox/

メロディー、リズム、ベースといった音楽的な構造は明示的にモデル化されてはいません。西洋音楽的な12音の音階の情報もありません。伴奏もボーカルもリズムも、Jukeboxモデルにとっては単なる波形として同一に扱われるのです。

ＡＩによる音楽生成についての節（２.４節）で紹介したように、これまでに音の波形として直接音楽を生成しようとする試みがなかったわけではありませんが、前後の依存関係の複雑さと計算量の膨大さによって、意味のあるアウトプットを導くのは難しいとされてきました。この難しい問題に、まさに力任せともいえる方法で答えたのがこのOpenAI Jukeboxでした。論文によると、上述の１２０万曲のデータを使ったモデルの学習には、一台１２０万円ほどのＧＰＵを５１２台、少なくとも六週間は稼働させて学習したと示されています[2]。とても一般のＡＩ研究者には太刀打ちできない物量作戦です。

Jukeboxでやっていることは、「巨大なモデルを構築し、レコードやＣＤのような複製可能な録音された音をデータとして学習、その波形のパターンを再生産する仕組み」と捉えることができます。音楽としてどういう構造を持っているかは、Jukeboxのモデルにとっては二義的です。再生産された波形のパターンを44キロヘルツの音として再生すると、人間の耳にはそれが音楽として聴こえるというわけです。

ボーカルも含めて、そのまま出力してしまうという仕組みもさることながら、その精度の高さにも注目が集まりました。あたかもカニエ・ウエストがプレスリーをヒップホップ調で歌っているような曲や、ボブ・ディランが歌うボブ・マーリーなどをいくらでもつくること

[2]
Prafulla Dhariwal, Heewoo Jun, Christine Payne, Jong Wook Kim, Alec Radford, Ilya Sutskever「Jukebox: A Generative Model for Music」/ arXiv:2005.00341v1 [eess.AS]（２０２０年４月）http://arxiv.org/abs/2005.00341

ができるというのです[3]。

Jukeboxに関しては、誰もがその技術的な先進性を認めつつも、音楽の「ディープフェイク」技術なのではないかという懸念の声が、ＡＩ研究者のあいだでも広がります[4]。アーティストの許可なく学習に楽曲データを使っている点、自分の意向とは無関係に自分の声が使われてしまうというアーティストの肖像権に関わる問題点などが挙げられています[5]。アーティストの意図を無視して、「歌わせる」ことに関しては、ＡＩ美空ひばりの項でも議論した通りです（3.1節）。

Jukeboxは巨大な学習済みモデルとそれを使うためのソースコードを公開しているので、筆者も早速試してみました[6]。「フランク・シナトラ」「Classic Rock」[7]の条件で「Over the Rainbow」の歌詞を与えて楽曲を生成したところ、曲が始まる前の独白や間奏時に入る観衆の拍手まで生成されていたのには驚かされました。いずれもシナトラ全盛期の録音に象徴的な特徴です。全く同じ条件でも生成するたびにジャズの要素がより強いものから、ラテンの要素が入ったものまで、ちょっとずつ違ったテイストの楽曲が生成されることに二度驚かされました。ＣＤと同じサンプリング周波数で生成されているとはいえ、まだまだノイズが気になるというのは確かですが、それさえも当時の録音の質感を表現しているように感じられます。ただし、学習済みのモデルを使って30秒の曲を生成するのに、民生用としては高価なＧＰＵ環境を用いても合計で丸一日近い時間がかかったことから、一般ユーザーが手軽に試してみるというわけにはいかないようです。

[3]
OpenAIが用意した生成済みのたくさんのサンプルを視聴できます。
OpenAI Jukebox Sample Explorer
https://jukebox.openai.com/

[4]
Google Magentaチームで音楽生成について研究する著名な研究者、Jesse EngelのTwitterでの反応がわかりやすいでしょう。
Jesse Engel / Twitter（２０２０年５月）https://twitter.com/jesseengel/status/1256314509104308225

[5]
Bijan Stephen「OpenAI Introduces Jukebox, a New AI Model That Generates Genre-Specific Music」/ The Verge（２０２０年４月）
https://www.theverge.com/2020/4/30/21243038/openai-jukebox-model-raw-audio-lyrics-ai-generated-copyright

シナトラが歌う弾き語り風のOver the Rainbowを聴きながら、ふと疑問に持ったことがあります。それは、こうして生成されたシナトラの新曲は、果たして誰がつくった曲なのだろうかという点です。私がつくったというには当然抵抗があります。では、OpenAIのJukeboxがつくった曲なのでしょうか。

すでに何度か述べているように、Jukeboxがつくったというよりも、JukeboxをつくったOpenAIの研究者、エンジニアたちが、Jukeboxというツールを通してつくったというほうがより妥当なのでしょう（1.3節）。ただ、Jukeboxの出力が、ＭＩＤＩや楽譜のように出力後の人の解釈の幅が大きい形式ではなく、完成した楽曲のオーディオファイルとして出力されること、またその汎用性があまりに高く、研究者やエンジニアの表現に対する意図が反映されにくいといった点から、明らかにこれまでのＡＩを用いた表現ツールとは異質な性格を持っています。かといって、Jukebox自体が新曲をつくり出したというには、あまりにも過去の作品やアーティストの特徴に依存しているようにも感じます。それが証拠に、私がシナトラやジャスティン・ビーバーとジャンル「J-Pop」の組み合わせで生成した曲は、曲として破綻したものがほとんどという結果に終わりました。学習させた過去の作品の存在が、Jukeboxの「創作」に大きく影響していることは間違いないでしょう。

こうして結局誰の作品なのか断定することが難しい中で、一つ確かなのは、こうしたＡＩモデルが創作活動の中に入り込んでいくと、作品を制作した主体が曖昧になっていくということです。言い換えると、誰がオーサーシップを持つのかが不明瞭になっていきます。

［6］
徳井直生「OpenAIの音楽生成モデル、Jukeboxの衝撃」/ Surf on Entropy｜Nao Tokui（筆者ブログ、２０２０年５月）http://naotokui.net/2020/05/openai-jukebox/

［7］
シナトラがロックであるかはどうかは別として、Jukeboxの学習データの中では、当時のポップスは「Classic Rock」としてラベル付されています。

先に挙げたオブビアスの例では、アーティスト自身が作品制作の主体をGANのアルゴリズムに転嫁し、あえてぼかす姿勢が見られました。実際には、オブビアスが使ったGANのアルゴリズムを考案した研究者、その実装を用いてヨーロッパの肖像画の画像を学習した別のアーティストのバラット、その画像データセットなど、GANのアルゴリズムによって画像生成する過程で多くの要素が生成・創作の過程に絡んでいることはすでに述べた通りです。こうした状況は、AIを使った創作が一般化すればするほど、頻出することになります。

例えば、筆者が特定の作為をもって、アーティストやジャンルを指定し（フランク・シナトラ＋ヒップホップ）、オリジナルの歌詞を与えてBlack Lives Matterをサポートする新曲をつくったとしたら[8]……確かにそこに筆者の意図が存在していますが、生成された曲の生成にはJukeboxを学習する際に用いた120万曲もの楽曲、そして指定したアーティスト（シナトラ）が少しずつ貢献しているともいえないでしょうか。

こうして、創作における作者のアイデンティティが溶けていく、どこまでが作者の領域でどこからが集合的な意識なのかがわからなくなっていくのが、AIを用いた創作の特徴といえます。

現状では、Jukeboxが生成する音楽は、正直にいってまだまだ音楽的に物足りないでしょう。

[8] シナトラが人種差別に強く反対する立場をとっていたことは広く知られています。

音質の面からも難があると言わざるを得ず、Jukeboxがそのままヒットチャートに載るような音楽を生成することは考えられません。一方で、ここからは想像に過ぎませんが、いずれ徐々にその精度が上がり、近い将来にはボタン一つで十分聴くに堪えるまとまった曲が生成されるようになる可能性は十分にあります。ここから新しいビートルズのような存在が生まれるかは大いに疑問ですが、それらしいポップスが自動生成されるようにはなるでしょう。

AIが生成した曲が、市場に出回るようになると、当然リスナーである私たちの嗜好によって淘汰されます。SpotifyやYouTubeのようなプラットフォームでは、リスナーの個人的な属性情報（年齢、性別、居住地、好きなアーティスト、好きなスポーツ／映画／ゲーム……）だけでなく、どこで音楽をスキップしたか、どこで聴くのをやめたかといった再生に関する情報も細かく採集することができるでしょう。こうしたデータに基づいてより最適化されたAIモデルでは、人気のない曲調やスタイルは廃れ、よりリスナーの好みに合わせた音楽がつくられることでしょう。こうしてつくられたAI生成曲もやがては、学習データとして用いられ、次の世代のAIモデルの学習に使われることになるはずです。

このように、AIが音楽を自動生成する時代では、音楽を聴くという行為は、間接的に音楽生成AIモデルの学習を助ける行為、楽曲の生成に加担する行為にもなるのです［fig 4-5］。音楽のみに限らず、AIは全般的に、私たち一般の生活者、消費者を、学習データを通して無自覚のうちに［9］生産行為に加担させる仕組みとしても捉えることができます。

少し引いた目線で捉えるならば、過去もずっとそうだったともいえます。その時代のリス

［9］
私たちのデータの使用料を、GAFAのようなプラットフォーマーから取り立てようという運動と通底する考え方です。

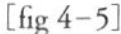

[fig 4-5]

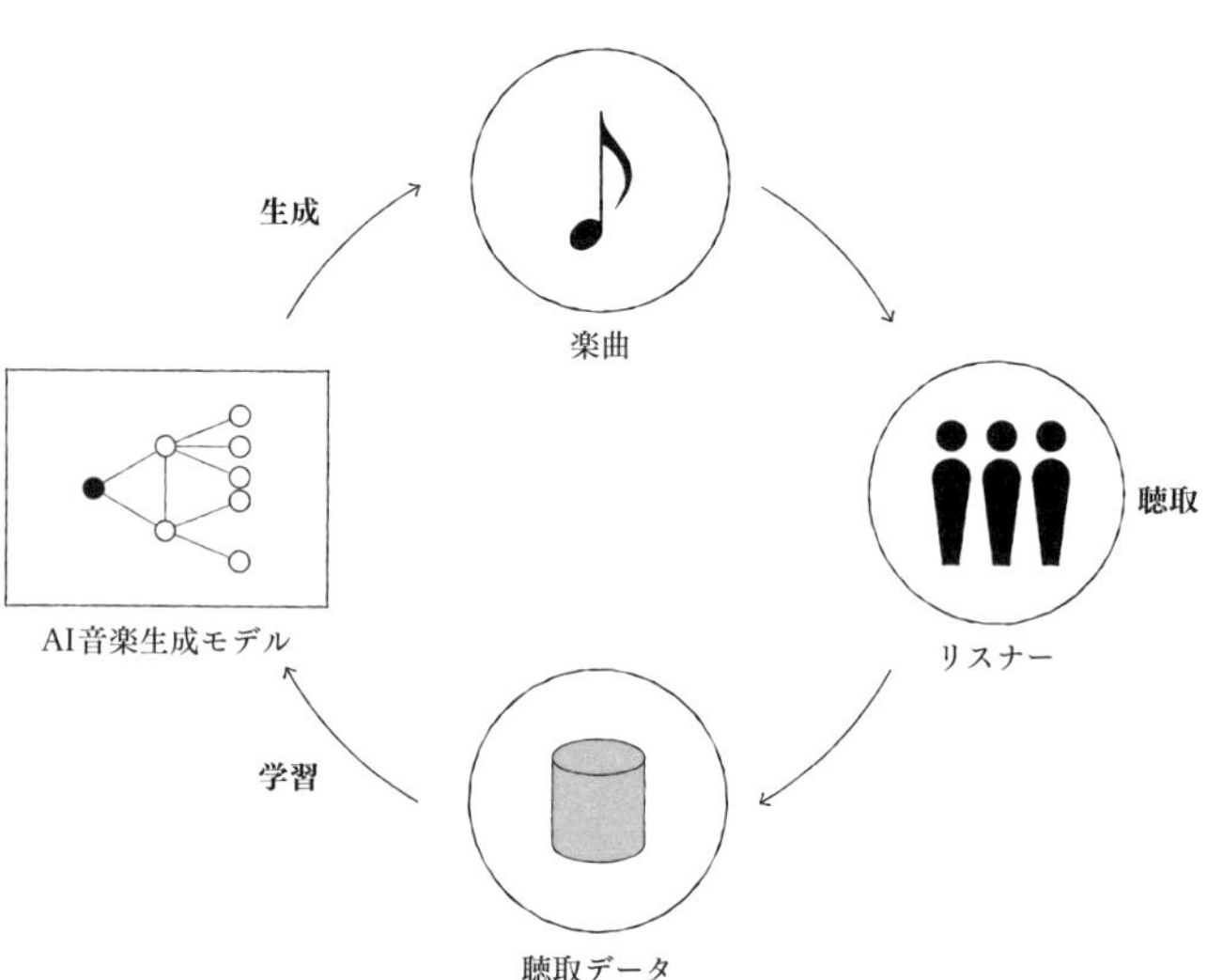

[fig4-5]
AI音楽生成モデルとリスナーの関係

[10]
Dani Deahl「Warner Music Signed an Algorithm to a Record Deal – What Happens Next?」/ The Verge（２０１９年３月）https://www.theverge.com/2019/3/27/18283084/warner-music-algorithm-signed-ambient-music-endel

[11]
２０１５年のデータでは、ある週に発表された全アルバムの11.6%が、睡眠、リラクゼーションのカテゴリーに当てはまる楽曲でした。ハードロックやラテンポップスといったジャンルの数倍に相当します。

「Spotify Data Reveals Boom in Sleep and Relaxation Albums」/ The Guardian（２０１５年９月）http://www.theguardian.com/technology/2015/sep/07/spotify-data-sleep-relaxation-albums

ナーの好みや社会の風潮が、間接的にシナトラやディランの楽曲に影響を与えていたのは間違いありません。常にアーティストは受け手からのフィードバックを制作に反映させてきたはずです。つまり現在のＡＩによる音楽生成システムは、学習データとして使われる創作物や視聴動向のデータを通して、このフィードバックのプロセスをより直接的、明示的にしているとみることができます。

ＡＩによって自動生成された曲など誰が好き好んで聴くだろうか、と思う方もいるかもしれませんが、すでに気づかないうちに聴いている可能性も十分にあります。２０１９年には、ＡＩによってリラクゼーションのための音楽を生成するシステム、Endelを運営する会社と、メジャーレーベルとのあいだで契約が交わされたことが話題になりました[10]。六百曲、二十枚のアルバムを一年のうちに制作し、ストリーミングサービス上でリリースするという契約内容でした。Spotifyなどの音楽ストリーミングプラットフォームは、従来のアルバム単位での音楽の視聴に変わる、プレイリスト単位での視聴スタイルをもたらしました。中でも人気が高いのが、集中できる音楽や眠れる音楽のプレイリストだといいます[11]。こうした音楽は匿名性が高く、誰が制作したのか気にせず聴かれることが多い上に、よりよく眠れるようにという効能の観点から、脳科学の知見や臨床実験をもとに最適化することも可能です[12]。まさにＡＩによる生成にはおあつらえ向きの対象といえるでしょう[13]。さらに、聴いている人が寝てしまった後も、翌朝目が覚めるまで繰り返し再生され、著作権使用料を稼いでくれるとなるとなおさらです[14]。

[12]
例えば、EndelのApple Watchアプリは、心拍のデータに基づいたパーソナライズされた音楽の生成を謳っています。

Igor Bonifacic「Endel's Apple Watch App Generates Soothing Sounds on Your Wrist」/ Engadget（２０１９年10月）https://www.engadget.com/2019-10-17-endel-standalone-apple-watch-app.html

[13]
Spotify自体も、ＡＩによる音楽生成を長年研究してきた第一人者を研究所の所長として招聘しており、ＡＩによって生成された楽曲の配信が近い将来行われるのではとの憶測を呼んでいます。

「Why Did Spotify Hire This Expert In Music-Making AI?」/ Fast Company（２０１７年７月）https://www.fastcompany.com/40439000/why-did-spotify-hire-this-expert-in-music-making-ai

こうして、ＡＩを用いた創作の別の側面が見えてきます。ＡＩは、過去の人間の営みの集合の中に創作物のオーサーシップを溶かしていく営み、集合知から何かを生み出す営みとして捉えられます。ＡＩによる創作は、社会の共同意識を創作物に循環させる仕組みなのです。

例えば、現在ではＤＪ行為の創造性を疑う向きは少数派といえます。プレイリスト内で使われた曲の作曲者を適切にクレジット（ときに経済的な分配も含めて）した上で、キュレーターとしてのＤＪの創作性が付与される。ＤＪはそんな多層的な構造を持つ創作行為としてみなされています。作曲に代表される創作活動も同様に、ＡＩが活用されることでより多くの主体が絡み合う多層的な創作行為としてみなされるようになっていくのかもしれません。

ベンヤミンは『複製技術時代の芸術作品』の中で、複製技術の浸透によって、芸術作品から、今、ここに一つ／一回だけあるという一回性のありがたみ、「アウラ」が失われると述べました[15]。そして、アウラなき時代の芸術の特徴として、「偉大な作品は、もはや個人が生み出すものとはみなされない。それは集団によってつくられるものとなった」と書いています。ＡＩは、まさにこのアウラなき複製技術時代の特徴を強化していくことでしょう。

［14］
当初Endel側が一時間程度の長い楽曲の制作を提案したのに対して、ワーナーは二分程度の短い楽曲にすることにこだわりました。再生された楽曲の数によって、著作権料が支払われることを考えると、ビジネス的には納得のいく判断です。

［15］
ヴァルター・ベンヤミン『複製技術時代の芸術』（晶文社、１９９９年）
増田聡、谷口文和『音楽未来形――デジタル時代の音楽文化のゆくえ』（洋泉社、２００５年）

4.3

制作と消費のあいだで
——「作品」が消える世界

溶けていく「作品」の概念

ＡＩが音楽などの作品に与える影響は、オーサーシップの問題だけに留まりません。固定化されて独立して存在する「作品」という概念そのものも溶けていく可能性があります。

例えば、ベートーベンの重厚な交響曲と、モーツァルトの軽やかなピアノ協奏曲。過酷な試練に立ち向かった意志の人と、天賦の才能を武器に短い人生を駆け抜けた奔放なスターという人物像に大きな違いはあれど、いずれの作品も人類の歴史に残る傑作とされます。これらの作品は、不可侵で不変、万世不朽の存在として、これまでもこれからも受け継がれていくことでしょう。百年後の我々の子孫が聴く『運命』も私たちが知る『運命』となんら変わりがないはずです[1]。ベートーベンの『運命』というと、あの皆が知っているベートーベンの『運命』しかあり得ないのです。

ところが、作曲家のこうした楽曲が、固定化された一意性を持った「作品」として認められるのは、必ずしも当たり前のことではありません。

例えば、モーツァルトの『レクイエム』が、同時代の作曲家ミヒャエル・ハイドン（交響曲の父、ヨーゼフ・ハイドンの弟）の『レクイエム』と非常によく似ているのはご存知でしょうか。ハイドンの曲が書かれたのは、モーツァルトがレクイエムの完成を待たずに世を去る二十年前のことです。

これは何も天才モーツァルトが盗作をしたというわけではなく[2]、その時代の音楽家に

[1]
未発見の草稿が見つかり、別のバージョンの『運命』が演奏されるようになることは考えられます。

作曲家の最終稿を作品の完成形として捉える姿勢から、様々な改訂版それぞれにフラットに興味を持つ姿勢への変化。渡辺裕氏は、現代の聴衆のカタログ志向について書いています。

渡辺裕『聴衆の誕生―ポスト・モダン時代の音楽文化』（中央公論新社、２０１２年）

[2]
ハイドンと近しい位置にいたモーツァルトが、ハイドンのレクイエムの存在を知らなかったはずはありません。

とってオーサーシップや著作権の概念が現代よりもずっと希薄だったということを示しています[3]。楽曲は共有財産のようなもので、誰が作曲したかはそれほど本質的な問題ではなかったのです。また、音楽が貴族社会の社交の集まりや宗教行事に付随する添え物のような存在だった当時[4]、演奏の度に曲が変わっていくことも決して珍しいことではありませんでした。モーツァルトのコンサートにおいても、自分自身の交響曲の演奏を前半と後半に分けて、そのあいだに別の曲を演奏するといったことが日常的に行われていたようです。こうしたことからも、楽曲という単位を今ほど絶対視していなかったことが伺えます。

その後、活版印刷技術によって同一の楽譜が大量に複製されるようになって初めて、楽曲の同一性が著作者の権利と紐づいて認識され始めます。楽譜によって楽曲の同一性が保たれるようになり、さらに印刷によって作曲者の手を離れて広く流通することで初めて、作品としての独立性や作曲者の権利に焦点が当たるようになったわけです。楽譜がMusic[5]、音楽そのものになった瞬間です。

さらに時代が下り、一音たりとも違わない完璧なコピーの流通を可能にしたのが録音技術でした。一音一音の音色からそのアーティキュレーション（発音の仕方）はもちろん、エフェクトのかけ方といった音響的なエンジニアリングまでを含めて、一つの独立した作品として捉えられることになります。レコードやＣＤによって、ある楽曲がほかのどの楽曲とも異なるユニークな存在であるという、楽曲の一意性がより厳密に考えられるようになりました。

同様に、マクルーハンが『メディアはマッサージである』[6]の中で述べているように、

[3]
宮武久佳『知的財産と創造性』（みすず書房、２００７年）

[4]
渡辺裕『聴衆の誕生——ポスト・モダン時代の音楽文化』（中央公論新社、２０１２年）
音楽の演奏自体をありがたく拝聴するという姿勢は19世紀以降の現象です。それ以前は、オーケストラの演奏中も周りの友人とお喋りをしたり、トランプをしたりと観客は思い思いに過ごしていたそうです。ＤＪのかける音楽を思い思いに楽しむ、今のクラブのような場所だったのでしょうか。

[5]
英語の「Music」には楽譜という意味があります。

活版印刷の発明以前の書物に関しても、やはり著者という概念は希薄でした。口述筆記や写本といった当時の「複製技術」の性格上、ある書物や物語を複製する際に、厳密な同一性を保つのが難しかったというのがその背景にあるとされます。複製される度に変化するものに対して、誰々の作品であると決めるのが難しいというのは容易に想像がつくでしょう。中世の知識人が自分が書いた本にも滅多に署名しようとしなかったといった点からも、書物を社会の共有財産として捉えている視点が垣間見られます［7］。

言うまでもなく、現在では、出版された書物は音楽作品同様、一つの独立した存在として扱われ、著者の同意なくしては改変できないことになっています［8］。モーツァルトの『レクイエム』とハイドンの『レクイエム』は別物ですし、いくら本書の出版社でも、本の一部を勝手に改変して出版することは認められません。

ところが今後、ＡＩが創作の過程で果たす役割が大きくなるにつれて、先に述べたオーサーシップの消失のみならず、こうした固定化された、一意な独立した存在としての作品という考え方をも不安定にすると考えられます。なぜなら、先のJukeboxの例が示すように、ＡＩの生成物としての一つの「作品」の背後には、無数のバリエーションが常に存在することになるからです。

ある曲Ａや小説Ｂの少なくとも同程度に優れたバリエーションＡ1、Ａ2…、Ｂ1…Ｂ1000…がいくらでも即座に生成できるとしたらどうでしょうか。曲Ａや小説Ｂを固定化する意味や価値が変化するのではないでしょうか。Ａ1やＢ2などはあり得るバージョ

［6］
マーシャル・マクルーハン、クエンティン・フィオーレ『メディアはマッサージである』（河出書房新社、2010年）

［7］
同様の現象はコメディの世界でも見られます。アメリカのヴォードヴィル演劇（歌や踊り、マジック、パントマイムなど、なんでもありな娯楽的要素の強いショー）の進行役としての色合いが強かったスタンダップ・コメディの原型では、演者がほかの演者から自由に面白いネタを拝借していました。スタンダップ・コメディが独立したショーとして確立された現在、ネタの無断借用は御法度とされます。無断借用が露見すると、コミュニティから締め出されるばかりか、訴訟を起こされることもあり得ます。

カル・ラウスティアラ、クリストファー・スプリグマン『パクリ経済―コピーはイノベーションを刺激する』（みすず書房、2015年）

［8］
同一性保持権が著作者人格権の一部として認められています。

ンの一つ、潜在的な作品の一時的なスナップショットに過ぎないことになります。

ベンヤミンのいうアウラの喪失が加速する時代として、複製技術時代に続く「生成技術」時代の特徴について考えてみる必要がありそうです。

固定化されない、変化の可能性を内包する作品を、新しい技術によって復権させる動きは、何もAIとともに始まったことではありません。音楽家、ブライアン・イーノ（Brian Eno）が提唱したGenerative Musicは、その代表的な例でしょう。

アンビエント・ミュージック[9]という概念を生み出したパイオニアで、Roxy Musicとしての活動、デビッド・ボウイとのコラボレーション、U2やコールドプレイのプロデュースなどでも知られるブライアン・イーノは、1990年代後半、システムによってつくり出される常に変化し続ける音楽、Generative Music（生成音楽）を提唱しました。1996年には、アルバム『Generative Music 1』を発表。フロッピー・ディスクとして発売され、専用のWindowsパソコン用のソフトウェア[10]を使って再生する作品です。

イーノは自身の生成音楽のコンセプトについて、以下のように記しています[11]。

[9] 意識して聴かれることのない環境としての音楽と称されます。

[10] SSEYO Koan

[11] Brian Eno『A YEAR』山形浩生 訳（PARCO出版、1998年）

演奏済みの曲を再生するのではなく、作曲者が与えた作曲上の「種」が育つ場としてコンピュータを使うのだ。わたしの考えでは、これは作曲を一種の遺伝活動にするものだった——つまり作曲上の「種」というのは、厳密な音楽上の棋譜ではなく、相互作用を行うパラメータや規則の集合なのだ。こうした確率的な規則群によって曲が発生してくるのだというのがわたしの考えだった——だから、各「演奏」ごとにその結果はちがってくるのだ。

（中略）

われわれの孫は今の時代の人々を見て、驚いてこう言うのではないだろうか。「え、じゃぁまるっきり同じものを何度も何度も繰り返して聴いてたわけ？」

生成音楽のコンセプトは、イーノがコラボレーターと共に開発するスマートフォン向けのアプリケーション「Bloom」に引き継がれています[12][fig4-6]。

1995年の『WIRED』誌のインタビューで、イーノは、20年後の音楽の特徴を一言で表す単語として「Unfinished」、未完成の、完成させない、を挙げていました。アーティストの制作における意思決定を教え込んだボックスを発売し、作曲作業をこうしたボックスに移譲することになるだろう、リスナーは自分の好きなアーティストのボックスを購入して新しい楽曲が生成されるのを楽しむだけでなく、複数のアーティストのボックスを掛け合わせたりすることができるだろう（例えばブラームスボックスとイーノボックスを掛け合わせる）

[12]
「Bloom」http://generativemusic.com/

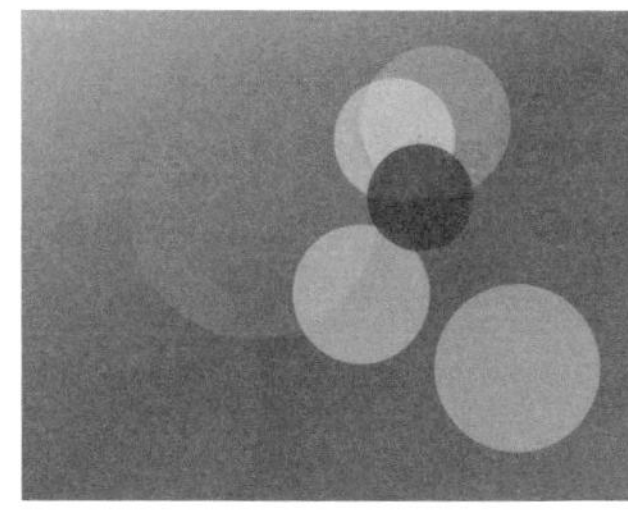

[fig4-6]
iOSアプリケーション「Bloom」
提供：Peter Chilvers

というのが、イーノの未来予想でした。まさにAIによる作曲の未来を予見するかのようです[13]。

例えば、筆者が関わったプロジェクトとして、銀座に2020年夏にオープンしたSHISEIDOブランドのフラッグシップストアのBGMを手掛けた例があります[14]。音楽家の蓮沼執太氏とのコラボレーションです。天候や気温、一日の中での時間帯などの情報から、常に変化する音楽をAIを含むシステムが生成しBGMとして提供します。そこには固定されたBGMという概念は存在しません。

前述のイーノのインタビューの先見性はこれだけではありません。きたる未来には、従来の音楽と「ゲーム」、そして「デモンストレーション」の界面に新しい音楽のかたちが立ち現れようとするのを感じる、と語っているのです。

溶けていくつくり手と受け手の境界

ゲームとデモンストレーション。一体どういう意味でしょう。

変化し続けるコンテンツの代表格といえば、TVゲームが真っ先に挙げられます。ゲームAIの研究者、三宅陽一郎氏は筆者との対談[15]の中で、AIのゲームにおける存在意義として、ゲームの中にプレイヤーごとに多様な差異を生み出すことを第一に挙げていました。

[13] 「自分が作曲していても全く不思議ではない、でも実際には作曲していない曲がラジオから流れてくるのを聴くほど不思議な体験はないかもしれないですね。」インタビュアー、ケヴィン・ケリーの言葉。Kevin Kelly「Gossip Is Philosophy | Brian Eno Interview」/『WIRED』(1995年1月) https://www.wired.com/1995/05/eno-2/

[14] Qosmo | Computational Creativity and Beyond「SHISEIDO GLOBAL FLAGSHIP STORE — PROJECTS - AIを用いたBGM生成システム」(2020年7月) http://qosmo.jp/projects/shiseido-flagshipstore/

[15] 「FUTURE by CREATIVITY —AI時代の創造性とは何か」/ UNIVERSITY of CREATIVITY (2020年6月) https://uoc.world/futurebycreativity/detail/?id=mi9wdpg_9

ゲームによって規定される範疇の中で、プレイヤーはそれぞれが異なる体験を味わう。ゲームの世界とプレイヤーのインタラクションを通して、ゲーム内のシナリオは細かく分岐し、多様な様相を見せる。これらのあり得る多様なシナリオのバリエーションを含む総体として、一つのゲームタイトルは存在するわけです。

象徴的な例として、PlayStationなどのプラットフォーム向けに発売されたゲーム、『No Man's Sky』[16]を挙げておきましょう。プレイヤーは宇宙を探索する探検家になり、未知の惑星を発見、様々な資源を開拓して生存を図るというゲームです[fig 4-7]。ゲームの売りは、それぞれにユニークな生態系を持つ惑星の存在で、ゲームのパッケージによるとその数は18,446,744,073,709,551,616通りにも及びます。このゲームをプレイすることは、ゲーム内に無数に埋め込まれているバリエーションのいくつかを、インタラクションを通じて具現化、現前化する作業であるといえます（バベルの図書館やバイオモルフを思い出してください）。ゲームのプレイヤーは、コンテンツの受け手であると同時に、ストーリーの具体化を助けるつくり手側の要素を併せ持つわけです。

ゲームのプレイヤーがコンテンツの制作に参加するという構図は、Twitch.tvなどで人気のゲームプレイ配信（ゲームをプレイしている様子を動画で配信する行為）において、より顕著になります。ゲーム内に隠されたダンジョンやアイテムを発見したり、ゾンビに追いかけられたりして一喜一憂する配信者の姿を、視聴者は固唾を飲んで見守ります。ここではゲームのプレイというコンテンツを消費する行為が、コンテンツの制作行為と不可分の関係にあ

[16]
『No Man's Sky』https://www.nomanssky.com/

[fig4-7]
No Man's Sky
Blake Patterson「No Man's Sky (Foundation v1.1, no mods, PC)」CC BY 2.0 / flickr
https://www.flickr.com/photos/blakespot/48315444592/in/photostream/

るわけです。

また先述の対談の中で、三宅氏は、昨今人気を集める『どうぶつの森』や『マインクラフト』などのゲームの特徴は「従来ゲーム開発者が行っていた制作者側の行為を、プレイヤーが嬉々として行っている」点にある、と語っていました。家具や道具を自分でデザインしたり、巨大な建造物や公園をブロックを組み上げてつくったりといった行為を、ユーザーが自由に行える仕組みの裏側には、ゲーム内の整合性をとるAIの存在も欠かせません。そもそもゲームの世界の中でストーリーを紡ぐ側でもあったプレイヤーですが、こうしたゲームではよりつくり手側の性格を色濃く反映することになります。

このように考えると、未来の高度なAIを使った作曲を、Twitchでのゲーム実況に例えることもできるでしょう。つまり、生成され得る可能性のある音楽はAIモデルの中にすでに含まれて／埋まっていて、ユーザー（作曲者）からの入力、パラメータの調整によって、初めて具体的なかたち、耳に聴こえる音となって現れる——音楽のリスナーは、AIのユーザー（作曲者）がAIモデルとインタラクションした結果を、コンテンツとして楽しむことになるのです[fig 4-8]。

AIが制作過程に組み込まれていくことで、つくり手と受け手の境界がより曖昧になっていく。ここにイーノの言う、ゲームとデモンストレーションの界面の領域があります。

[fig 4-8]

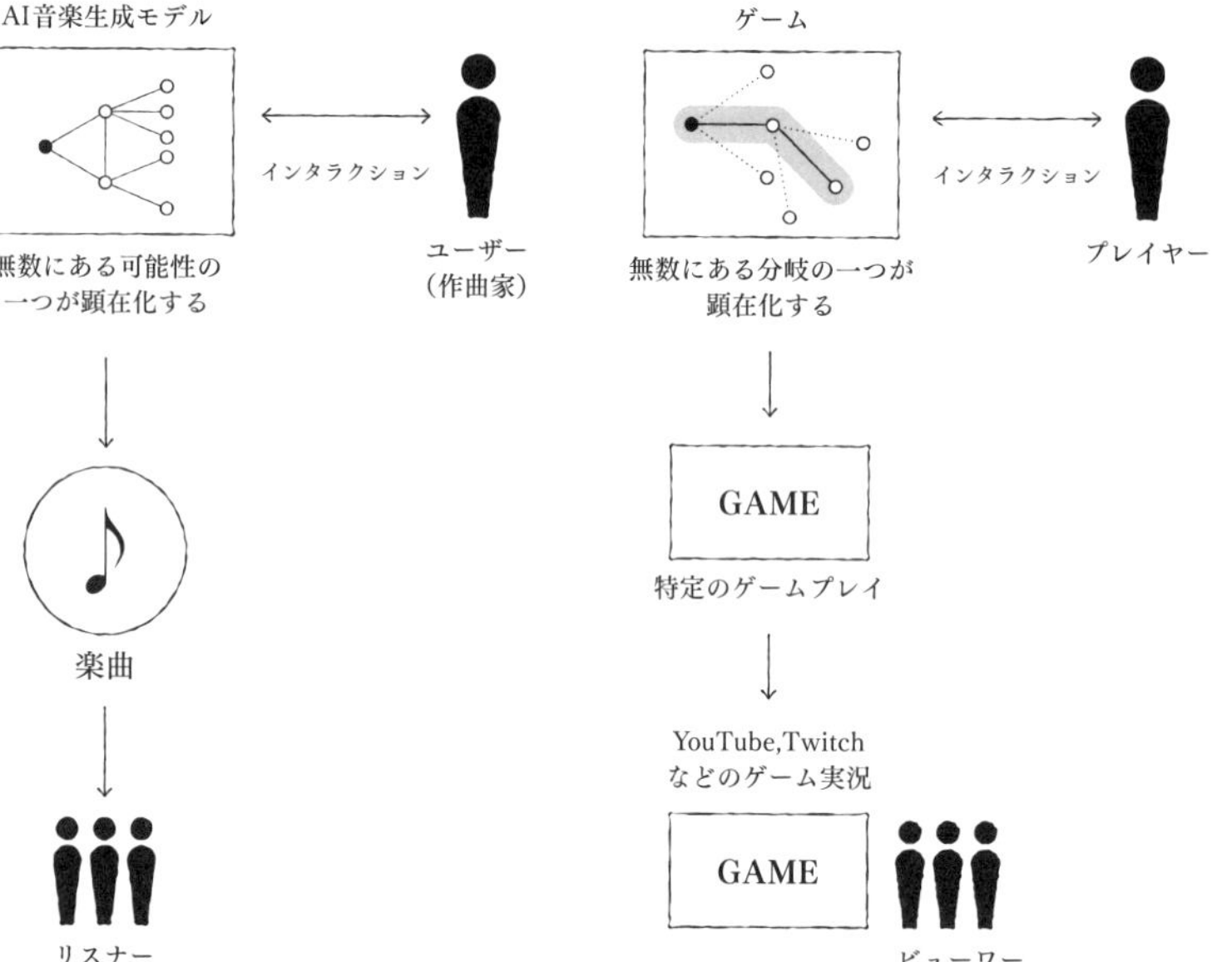

[fig 4-8] ゲーム中継と未来の作曲の関係

つくり手と受け手の境界がぼやける未来を予測していたのは、イーノだけではありません。未来学者のA・トフラー（Alvin Toffler）は、1980年に発表した著書『第三の波』[17]の中で、新たに生まれる中間的な行為を「生産＝消費／プロサンプション」（prosumption = production + consumption）と名付け、行為の主体を「生産＝消費者／プロシューマー」（prosumer = producer + consumer）と呼びました。プロシューマーは消費者であると同時に、生産者でもある存在ということになります。

トフラーの議論は、文明の歴史を大きく三つに分け、それぞれの変革期を「波」に例えます。まず、人間の原始的な社会に農業がもたらされ、時給自足の地方分権的経済と、素朴な分業に基づく社会が誕生したのが第一の波。続く第二の波は、17世紀イギリスの産業革命に端を発した、社会の産業主義化です。技術的革新による大量生産、大量販売・流通システムに基づく経済が、自給自足の経済を駆逐しただけではなく、家族や地域の共同体といった社会システムまでもをつくり替えました。そして、20世紀後半から21世紀初頭の現在にかけて、人類の文明は産業革命以来の大きな岐路に立っています。コンピュータなどの高度なテクノロジーを駆動力として、産業社会のあり方を変える第三の波が世界に押し寄せている、これがトフラーの主張でした。AIが「第四の波」になるのか、トフラーの意見を聞いてみたいところですが、ここまで見てきたように、少なくともAI技術はプロシューマー社会の実現を後押しすることでしょう。

Jukeboxの例で見たように、AIを使ったシステムは、少なくともコンテンツの制作を容

［17］ アルビン・トフラー『第三の波』徳岡孝夫訳（中央公論社、1982年）

易にします。それらの多くは、作家性や表現への意思といった観点で、従来的な意味で「作品」と呼ぶのははばかられるものでしょう。ゲームのプレイ動画や個人のスナップ写真のように、コンテンツ以上作品未満のものが増えることが想像できます。

そうした未来を垣間見たのは、筆者がboomy[18]というサービスを試してみたときのことです。カリフォルニアにベースを置くスタートアップが提供するサービスで、ＡＩを使って曲を生成し、SpotifyやApple Musicで公開することができるというものです。ユーザーからの入力は、つくりたい曲のジャンルやテンポを指定したり、使う楽器の種類を大まかに指定するだけ。気に入らなければ何度でも生成をやり直すことができます。驚いたことに、サービスを使い始めて、約五分でSpotifyに曲を提出するところまでできました[19]。アルバム名やアーティスト名も、アルゴリズムでランダムに付けてくれるだけでなく、アルバムのジャケットもいわゆるストック写真にＡＩを用いたStyle Transferで生成してくれるという、至れり尽くせりなサービスです。

実際にこのサービスを使って楽曲を公開している「アーティスト」も少なからずいるようです。例えば、Ploosnar[20]というアーティストは、boomyのサービスを使って二十曲入りのアルバムを２０１９年だけで五枚（計百曲）、Spotify上に公開しています。アルバム制作の常識的なペースを遥かに超えているのは、いうまでもないでしょう。

boomyで生成される楽曲のほとんどは、ループ音源を組み合わせただけのように聴こえ、そこに新しさや音楽的なセンスは感じられません。実際にユーザーがやっていることは、ジャ

[18]
「Make Instant Music with Artificial Intelligence」/ Boomy
https://boomy.com/

[19]
その後、Spotify上で聴けるようになるまで、一週間ほど時間がかかりました。

[20]
Ploosnar / Spotify
https://open.spotify.com/artist/2d9otksDRGHADe22VBYmU

ンルと使う音色を大まかに選択するだけなので、ソフトウェアだけで完全に自動化することも可能なはずです。しかし、それではSpotify（あるいはそういった音楽配信に一括で音楽を配信するアグリゲータ）の規約に反するのでしょうか、あえて人を介す仕組みを構築しています。大量に音楽を生成し、収益を得るためのBotとして人間を利用しているという見方もできます。残念ながらPloosnarの音楽が大ヒットすることはあり得ないでしょう。しかし、それでもアマチュアYouTuber（そもそも何をもってプロフェッショナルなYouTuberとするのか不明ですが）のビデオのＢＧＭとしては十分に機能すると思われます。

ここで表面化しているのは、従来のプロフェッショナルによる作品制作の価値が大きく損なわれて、ＡＩを使ったアマチュアの作品によって駆逐されてしまうといった構図ではありません。従来の「作品」や「創作」といった概念が溶け、作品の制作とも消費とも明確に分類できない「何か」が、これまたつくり手であるとも受け手であるとも分類できない「何者か」の活動の中で生まれてくるという流れです。YouTubeのようなプラットフォームによって、それまではその存在すら予想できなかったYouTuberやゲーム実況者といった新しい職業が人気になったのと同様の構図です。ＡＩは、トフラーやイーノが予想した、こうした新しい何かと何者かの存在を後押しする、技術的な鍵になり得ると考えられます。

名著『ノイズ』[21]の中で、ジャック・アタリ（Jacques Attali）は音楽の歴史を四つの系（レゾー）に分けて分析しました。音楽が宗教活動と不可分だった儀礼的な系、コンサートホールや、活版印刷された楽譜といったテクノロジーによって、音楽が商業活動と結びつく演奏

[21] ジャック・アタリ『ノイズ――音楽／貨幣／雑音』（みすず書房、2012年）

の系、レコードによって同一の音楽を大量生産し、繰り返し聴けるようになった反復の系、これらが最初の三つの系です。演奏の系から反復の系への移行は、ベンヤミンが『複製技術時代の芸術』で論じたアウラの喪失と同期します。

さらにアタリは、これから来る時代を「作曲の系」と定義しています。先行するほかの系に比べて、作曲の系を端的に説明するのは難しいですが、演奏と聴取、作曲行為が不可分のものとして混ざり合った、新しい音楽行為が生まれる時代を指していると筆者は捉えています。ベンヤミンのいう一回性がテクノロジーによって限定的に復権する系ともいえます。AIを用いてボタンを押せば新しい音楽が生まれるという（過去の反復ではないという意味で）演奏と聴取が入り混じった状態、そしてそれらを組み合わせることによる作曲。未来の作曲家がAIを用いて行う作曲は、演奏と聴取、作曲が入り混じった「作曲の系」の新しい音楽行為ということになるのでしょう［fig 4-9］。

注意したいのは、こうしたAIが可能にする作曲が、旧来の作曲を置き換えるものではないということです。DJやサンプリングが音楽にかかわる創作行為の幅を拡張したように、AIは作曲の概念を拡張するのです。

AIによる既存の創作行為の拡張。前節と本節では主に音楽を題材として扱いましたが、ここでの議論は音楽以外のあらゆる創作行為にも当てはまるでしょう。アタリが言うように、音楽は「予言」であり、「社会の残りのものに先んずる」のだと、筆者は信じています。

[fig 4-9]

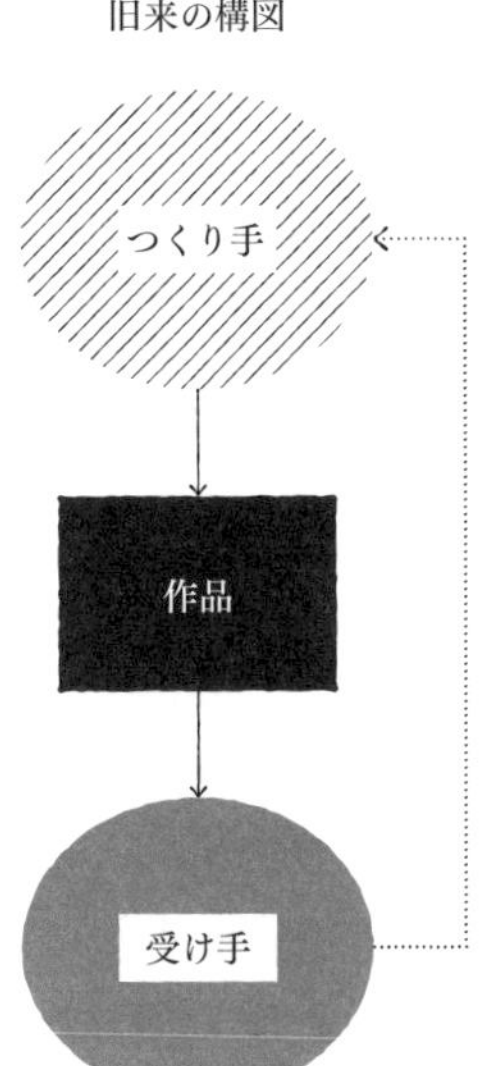

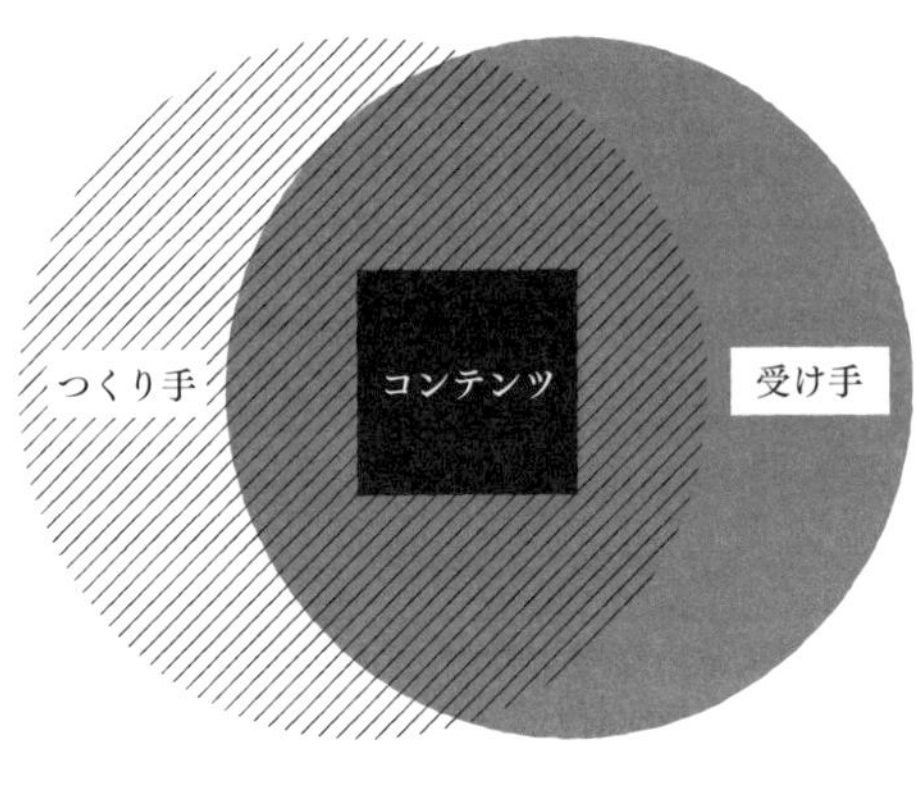

[fig 4-9]
AI創作時代のつくり手と受け手

ここまで本章では、ＡＩが表現行為に与える影響を俯瞰的に考察しました。まず、私たちの社会に内在する様々なバイアスが、学習データとＡＩによって強化される過程、同じくＡＩによる最適化が表現の多様性を損なう危険性を提示しました。また、音楽を題材に、ＡＩを用いた生成技術が「作者」や「作品」といった概念さえも揺るがす可能性を確認しました。同時に、制作と消費のあいだにまだ形容できない、新しい表現行為の萌芽を見て取ることができました。

それでは今後、その弊害を最小限に抑えつつ、より豊かな文化を育てていくために、私たちはどのようにＡＩと向き合っていくべきでしょうか。次章では具体例を挙げながら、その糸口を示したいと思います。

第5章

AIと創造的に付き合うためのヒント

5.1

一見関係ないものをつなぐ

セレンディピティ

前章では、ＡＩが創作活動全般に与える影響について、ネガティブな要素も含めて、俯瞰しました。抽象的な話が続いたところで、今現在、実際にＡＩを用いたプロジェクトに取り組む上で気を付けるべきことを知りたい、そう思われた方もいるかもしれません。本章ではそうしたニーズに応え、より具体的な話をしたいと思います。

筆者が考える、ＡＩを活用する際の望ましい姿勢、どうＡＩを付き合っていけばいいのかのヒントを、ＡＩを使った作品やプロジェクトを通して提案します。紹介するプロジェクトの中には筆者自身のプロジェクトも含まれます。

まず、Google Arts & Culture Experiments[1]の『T-SNE Map』を取り上げましょう[2]。これは、Google Arts & Cultureが保有する絵画や彫刻などの美術作品の画像を、三次元空間にマッピングしたウェブサイトです。訪問者は画像がマッピングされた三次元空間をインタラクティブにナビゲートしながら、個々の作品やその関係性などを楽しむことができます[fig5-1]。『T-SNE Map』を訪れてすぐに気がつくのは、似通った特徴を持つ絵が固まって「島」を構成しているという点です。馬が描かれた絵ばかりが集まった島[fig5-2]、肖像画が並ぶ海

[1] Google Arts & CultureはGoogleが提供するオンライン・プラットフォームで、世界中の美術館や文化施設が所蔵する作品、また文化遺産の画像や映像を、その解説ともに鑑賞できるというものです。併せてこうした世界の文化に関連する大量のデータの新しい楽しみ方を提案する実験的なウェブサイトが、Google Arts & Culture Experimentsとして公開されています。

[2] Cyril Diagne, Nicolas Barradeau, Simon Doury『T-SNE Map』/ Experiments with Google https://experiments.withgoogle.com/t-sne-map

[fig5-1]

[fig5-2]

[fig5-1]
『T-SNE Map』

[fig5-2]
馬の絵の島『T-SNE Map』
https://artsexperiments.withgoogle.com/tsnemap/#664.34,186.22,-7311.47,686.29,0.00,-6967.51
よく見ると、馬に混ざって犬の絵もちらほら。

岸などです（2.6節のバイオモルフのコガネムシの丘やシダレヤナギ低地を想起させます）。これはＡＩ画像認識モデルを活用することで、個々の画像の特徴を定量化し、その数値に基づいて画像の位置が決められているからです。すなわち、近くに表示される画像ほど、画像として近しい特徴を持つことになります。一般的にＡＩは、大量のデータを扱えること、そしてそれらのデータを解析し定量化することが得意というイメージがあるかと思いますが、この作品はそうしたＡＩの特徴を活用し、一見関係ないモノやコンセプト（具体的には絵画）をつなぐことに成功している例です。

ここでは、畳み込みニューラルネットワーク（Convolutional Neural Network、ＣＮＮ）と呼ばれるアーキテクチャに基づいたモデルが用いられています。ＣＮＮは画像認識で一般的に使われるアーキテクチャであり、ＧＡＮの画像生成やWaveNetの音声合成のような生成モデルのベースとしても使われています。ＣＮＮは深層学習ブームのきっかけになったアーキテクチャでもあります。技術の細かい部分には深入りしませんが、簡単にＣＮＮがどのように働くのか解説しておきましょう。

斜めにスリットの入った紙を絵の上に重ねて動かすところを想像してみてください。同じ角度の斜めの線（実際には太さがあるので長方形）と重なったときには線がはっきり見えます。方向が少しでもズレると見える部分は小さくなり、直行しているとほぼ見えなくなります。スリット越しに見える部分の面積で、書かれている線の角度を知ることができます（この処理が「畳み込み」に当たります）。このスリットを紙の上で少しずつ動かしていくことで、画像の中にスリットと合致する角度の斜めの線がどこにあるのかもわかるでしょう[3]。

もし手書きの「7」を識別したければ、漢字の「一」のような横のスリットとスラッシュ「／」のような斜めのスリットを二つ用意して、字の上のほうで「一」に反応し、右下のほうで「／」に反応することを確認すればよいことになります。ただし人によって7の書き方は異なります。様々な角度の「一」が必要でしょうし、「／」も人によって角度や長さ少しずつ違います。カタカナの「ク」のように左に短い縦棒を書き入れる人もいます。これらの違いを吸収できるようなルールを人が決めようとすると一筋縄ではいきません。そこで機械学習の登場です。大量の「7」の画像を使って、数字の判別に有効なスリットの形状を少しずつ学習していくのです。受験生時代に真っ赤な半透明の下敷きがついた単語帳で勉強した記憶のある方は多いと思います（最近はアプリで勉強するのでしょうか）。真っ赤な下敷きを載せて赤字で書かれた答えを隠しながら、自分の記憶を確認したものでした。このように色のついたフィルタを使えば特定の色に反応するようにしたり、色付きのスリットで特定の色と形状の両方に反応するようにもできるでしょう。実際のCNNでは、こうしたフィルタの多数の層（レイヤー）を重ねることで[4]、多種多様な画像を識別します。

fig 5-3は、入力により近い低次のレイヤーのフィルタから、それらが重なって組み合わされた後の高次のレイヤーのフィルタまで、学習済みのCNNのフィルタが反応する画像の特徴を図示したものです。低次のレイヤーほど単純な形や色、テクスチャに反応しているのに対して、それらが組み合わさった高次のレイヤーにいくほど、より複雑な形状に反応する

[3] 実際のCNNでは、スリットのように穴があるというよりは、濃淡のついたフィルタとして考えるのが正しいでしょう。

[4] Deep Learning、深層学習という名前の由来です。

［fig5-3］

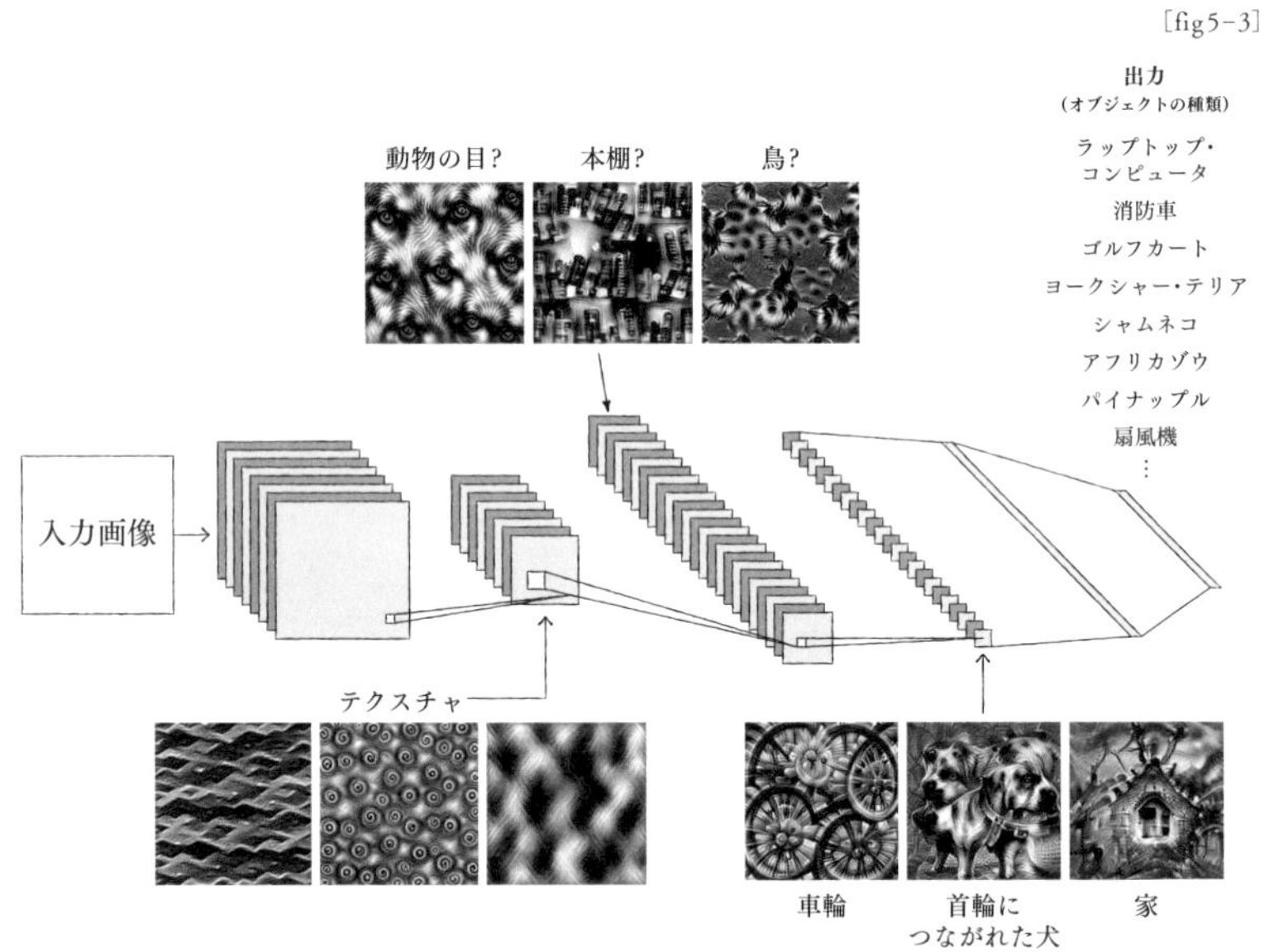

［fig5-3］
畳み込みニューラルネットワーク（ＣＮＮ）の模式図と、各レイヤーの特定のフィルタが強く反応するように人工的に合成した画像の例

図に使用した画像
Chris Olah, Alexander Mordvintsev, and Ludwig Schubert「Feature Visualization」
https://distill.pub/2017/feature-visualization/

ように学習できているのがわかります。最上位のレイヤーになると、タイヤや動物の顔や耳のように具体的な事物の特定の一部に反応していることが見て取れます。

最終的には「タイヤ」と「サイドミラー」、「ヘッドライト」、「ボディー」などのフィルタが反応しているのを合わせて、この写真には「自動車」が写っていると判断できるというわけです。さらにこれらのフィルタの反応の強さの配分の割合によって、レースカー、スポーツカー、ワゴン車、消防車、ゴルフカートといった車の種類をも見分けることができるようになります。これらの車はいずれも、画像認識モデルの学習に使われる画像のデータセットImageNetで用意された、千のオブジェクトのタイプのリストの中に含まれている車の種類です。言うまでもなくこれらの車種には見た目に大きな違いがあります。いずれもタイヤがあることは共通していますが、消防車には赤くて車高が高い四角いボディーが付いているでしょうし、同じような形状でも色が真っ白だったとしたら、ワゴン車かもしれません。ゴルフカートの写真の場合は小さなタイヤにフレームだけのボディーが特徴的ですし、背景には緑の芝が広がっていることがほとんどでしょう[5]。

繰り返しになりますが、タイヤに反応するフィルタ、サイドミラーに反応するフィルタなどを明示的に人が設定しているわけではありません。これらのフィルタの設定とその組み合わせ方、そして各フィルタへの反応の分布とオブジェクトの種類の関係づけなどは、大量の学習用の画像を使って、少しずつアップデートし学習することになります。各フィルタにどのくらい反応しているかという数値やその集合としての数値の列（ベクトル）は、特徴量ベ

[5]
実際にCNNのモデルが写真の種類を学習する際には、背景や前景の情報を手掛かりにしている場合が多いようです。

草原で草を食む羊の写真を正しく認識していたモデルも、写真を編集して羊を木の上に乗せた途端にキリンや鳥として誤認識するようになった……テキスト生成についての節で紹介したジャネル・シェーンの実験の結果です。

Janelle Shane『You Look Like a Thing and I Love You: How Artificial Intelligence Works and Why It's Making the World a Weirder Place』(Little, Brown and Company, 2019年)

クトル（feature vector）、もしくは単に特徴量（features）と呼ばれます。画像の特徴がギュッと凝縮して数値の列になったと考えるとよいでしょう。画像認識モデルの学習は、どういった特徴量を抽出するフィルタを設定するか、特徴量のベクトルとオブジェクトをどう関連づけるかを学習していると言い換えることができます。

ほとんどの場合、犬と猫を見分けることは人間にとっては簡単ですが、ときにどちらなのかわからないペットの写真がＳＮＳで話題になったりします[6]。真っ赤な車体の大きなワゴン車が消防車のように見えることもあるかもしれません。特徴量の言葉に直すと、一般的なワゴン車の特徴量の平均がＡで、消防車のそれがＢだとしたら、真っ赤なワゴン車の特徴量はＡからＢに近づいていることでしょう。

ＣＮＮの有用性の一つは、単に画像に写っているものを犬か猫かのように識別することだけでなく、その特徴を定量化し、似ている似ていない、あるいはどのくらい犬っぽいかといった人の感覚を数値で扱うことができるようにする点にあります。これはＣＮＮのみならず、ほかのＡＩのモデルにも概して当てはまります。といっても、もちろんそこで扱われる特徴量は絶対的なものではなく、あくまでもそのＡＩモデルから見た特徴でしかないことにも留意する必要があります。だからこそ学習データの偏りが問題になるわけです（4.1節参照）。

『T-SNE Map』でも、最終的なカテゴリー分け（犬、猫、ゴルフカートなど）ではなく、その手前で算出される特徴量をもとに画像を扱います。実際の特徴量ベクトルは１０００

[6] そういうのに限ってとってもかわいいですよね。

次元以上の高次元のベクトルですが、ここではその名前の通り、t-SNEと呼ばれる次元削減アルゴリズムで高次元の特徴量ベクトルを低次元、この場合は三次元にマッピングし直しています。次元というと物理的な広がり、二次元の場合は平面、三次元の場合は空間をイメージするので、数千次元といわれると混乱しますが、単にたくさんの数値が並ぶ列があり、その数値がいくつあるかが次元だと考えてください。プログラミング経験のある人には配列と言うとイメージしやすいでしょう。

t-SNEは、高次元のベクトル空間を元の高次元空間での距離関係をなるべく反映させる形で、人間が理解しやすい二次元平面や三次元空間に変換するためのアルゴリズムです。三次元の（厳密に球ではない）球状の地球の表面の情報を、なるべく忠実に二次元平面の世界地図として表現するために、メルカトル図法や正距方位図法が提案されているのと似ています[7]。メルカトル図法では、緯線と経線が直角に交わり地球表面のすべての部分の角度が正しく表現される代わりに、緯度が高い地域ほど引き延ばされて表現されるといった具合に、ある観点の正確性を犠牲にしつつ、元の情報との整合性を全体としてとっているわけです。

このように高次元の画像の特徴量をもとに空間内に作品をマッピングすることによって、古今東西の作品の関連性が見えるのが、なんといってもこのウェブサイトの面白さです。日本の浮世絵の周りに、中国の版画が集まるのはもちろん、浮世絵に影響を受けた西洋の絵画もちらほらと見受けられます。絵画の見た目の特徴だけから、アーティストが受けた影響や同時代性のヒントを見いだせるとしたら、とても興味深いと思いませんか。

[7] 次元削減のアルゴリズムとしては、t-SNE以外にも広く知られた主成分分析（PCA）や最新のUMAPなどがあります。それぞれ一長一短ある点も地図の投影法と似ています。

広重や国貞の作品群の中に、ゴーギャンの作品を見つけました［8］［fig5-4］。ゴーギャンは、ゴッホやドガら同時代の画家の例にもれず日本の浮世絵に憧れ、いわゆるジャポニズムの影響を受けたとされています。近くにはチャールズ・ウィリアム・バートレットというイギリス人の画家の作品が表示されているのを見つけました。少し調べてみると、バーレットは実際に浮世絵に感化されて来日し、日本で版画を制作したアーティストであることがわかります。こうしたセレンディピティ［9］が生まれるのもこのサイトの魅力です。

一方で、古地図とゴッホの静物画のように［fig5-5］、絵の特徴が似ているからといって、直接的な影響があったとは限りません。そこにはたくさんの「他人の空似」が含まれていることでしょう。それでもアートのジャンルやスタイル、時代を超えて、多数の作品に共通する特徴やその時代的な変遷を俯瞰できるのは快感です。大量のデータを扱え、かつその特徴を定量化できるＡＩならではのシステムだといえそうです。

筆者らは２０１９年、『T-SNE Map』で取り入れられている手法を応用した作品を展示しました［10］［fig5-6］。日本グラフィックデザイナー協会（ＪＡＧＤＡ）とのコラボレーションで、ＪＡＧＤＡに所属するデザイナーの作品をマッピングするシステムです。『T-SNE Map』との違いは、低次のレイヤーで出力される特徴量でマッピングする場合と、高次のそれとで、

［8］周囲の浮世絵と比べると、題材は全く違いますが、中央に構える大きな木の幹や帆船のマスト、右下に向かって傾斜する斜面などの構図はよく似ています。

［9］素敵な偶然によって予想外な出会い、発見をすること。

［10］『ＡＩと共創するグラフィックデザイン』／東京ミッドタウン・デザインハブ https://designhub.jp/exhibitions/4564/

[fig5-4]

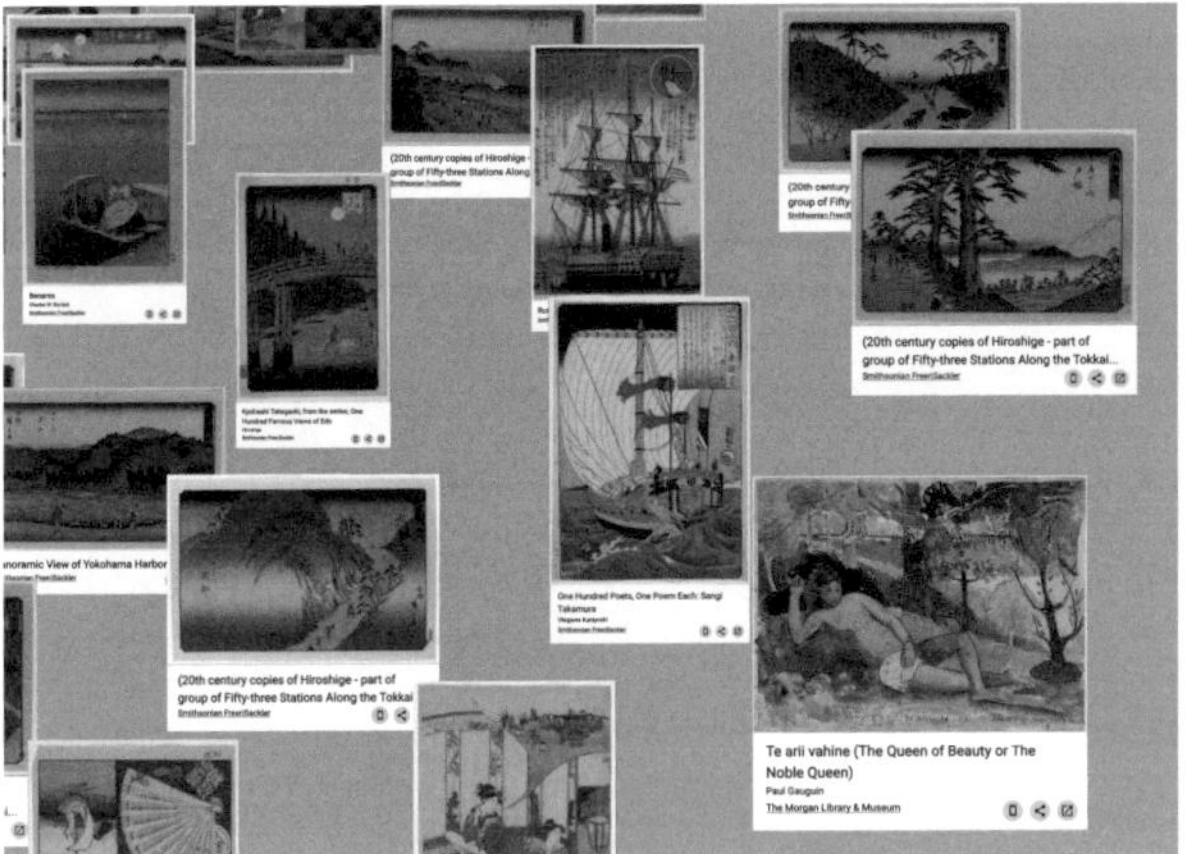

[fig5-5]

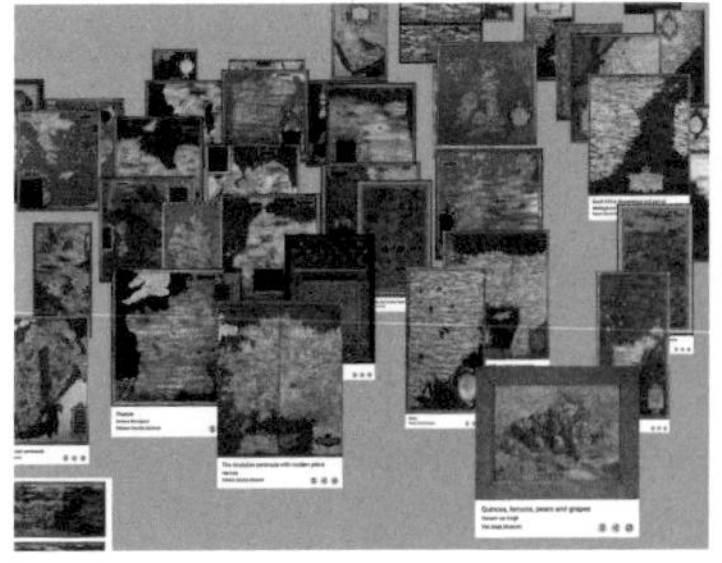

[fig5-6]

[fig5-4]
浮世絵に混ざるゴーギャン（右下）とパレット（左上）
『T-SNE Map』https://artsexperiments.withgoogle.com/tsnemap/#3497.78,214.07,4499.54,3425.43,0.00,4642.30

[fig5-5]
古地図に混ざるゴッホ（右下）
『T-SNE Map』https://artsexperiments.withgoogle.com/tsnemap/#1803.70,174.96,4970.90,2065.24,0.00,5201.92

[fig5-6]
『JAGDA Map』
企画・制作：JAGDAインターネット委員会
制作・技術：Qosmo　徳井直生（企画・監修）、ロビン・ジャンガス（データ解析・ウェブプログラミング）、安江沙希子（プロジェクトマネージャー）

表示を切り替えられるようにした点です。前述のように低次のレイヤーの出力にはテクスチャや色、単純なかたちなどが反映されるのに対して、高次のレイヤーでは何が写っているのかというオブジェクトの種類が反映されます。写っているものの内容でのソートとより単純な類似性でのソートが比較できるようになりました。

同一の製品シリーズの広告ポスターは近くに並ぶことが多いのはもちろん、師弟関係にあるデザイナー同士の作品が近くに並べられたり、デザイナー間の作品の類似性を見ることができたのも興味深く感じました。ただし、ここでの類似性は、あくまでＡＩのシステムから見た画像としての表面的な類似性であり、表現の裏側にある意味やコンセプトなどを考慮しているわけではないことを強調しておきます。

もう一つここで取り上げたいのは、同じくGoogle Experimentsの一つで『X Degrees of Separation』[11]と題したウェブサイトです[fig5-7]。この本の中でもＧＡＮを使った映像作品を手掛けるアーティストとして何度か紹介した、マリオ・クリングマンらの手による作品です。

友達の友達を辿っていくと、６ステップ以内で世界中の人とつながれるとする、「六次の隔たり仮説」にインスピレーションを受けたこの作品。世界のアート作品、工芸作品などのデータベースから二つの作品を選ぶと、よく似た作品の連鎖でＡＩがそのあいだをつないでく

[11]
Mario Klingemann, Simon Doury『X Degrees of Separation』/ Experiments with Google
https://experiments.withgoogle.com/x-degrees-of-separation

[12]
実際には次元圧縮する前の高次元空間の中での直線になります。

れます。ＡＩ画像認識モデルを使った絵の連想ゲームと考えてもよいでしょう。技術的には、『T-SNE Map』上で両端に来る二つの作品を選び、この二つのあいだに直線を引くところを想像してください[12]。この想像上の線上にある作品を、適当な間隔をおいて拾っていくことによってつくられたのが、先ほどの連鎖です。

　こうしたＡＩが見いだすつながりの中には、同時代・同地域で生まれた作品のペアなど、当たり前に思えるものもあれば、左端の18世紀のチベット仏像と紀元前のメソポタミアの像の類似性のように、時代や地理的な距離を飛び越えたつながりもあります（あくまでも見た目のつながりです）。

　ピカソがアフリカの土着的な彫刻から強い影響を受けていたように、ジャンルやスタイルを越えたつながり、実際の影響や関連性の有無にかかわらず、偶然のものも含めた作品のつながりが新しい気づきを与えてくれることがあります。『T-SNE Map』と同様に、セレンディピティを呼び込む作品といえるのではないでしょうか。

[fig5-7]
『X Degrees of Separation』

子どもの目

　創造性のかたちの一つとして、組み合わせの創造性（Combinational Creativity）の重要性についてはすでに述べました。ピカソがポアンカレの多次元の数学を理解するために市井の数学者と頻繁に会っていたり[13]、デビッド・ボウイが一般的に無関係な言葉を結びつけるためにソフトウェアを自作したりするなど（2.3節）、一見つながりのないコンセプト同士をつなげることが創造的なアウトプットにつながることを、アーティストたちは理解していました。ピーナツバター・ジェリー・サンドイッチや明太子パスタなど、縁遠いアイデアやものを組み合わせたときほど、出来上がったものの新しさや驚きの度合いが高いというのは、私たちも実感するところです。

この二つのプロジェクトで使われている画像認識のＡＩは、アフリカの仮面や日本の能面、広重が描く江戸の町とゴーギャンが描く南の島といった対象の歴史的、地理的なコンテキストを一切把握していません。ただ画像としての特徴を解析するだけです。その分、時代や場所、ジャンルといった思い込みから自由に、類似性という観点から作品を結びつけることができます。

そもそも私たちが自明のこととして内在化している分類やカテゴリー分け、背景の知識などは、日々の生活をよりスムーズにするものです。朝起きる度に今日は太陽が上がってくるのだろうかと心配したり、次はどっちの足を前に出したらいいんだっけなどと考えながら歩いていたら大変です。同様に言語も世界をカテゴリー化する強力なツールの一つです。例えば、私たちは何か色を見た際、すぐに「黄色」や「青色」として色のカテゴリーで捉えがちです。同じ黄色でも、レモン色から山吹色、狐色まで様々な黄色があるのにもかかわらずです。この「レモン色」や「山吹色」もカテゴリーで、その中に多種多様なレモン色、山吹色

[13]
アーサー・I・ミラー『アインシュタインとピカソ―二人の天才は時間と空間をどうとらえたのか』（阪急コミュニケーションズ、2002年）

[14]
色と漢字（例えば青色と「青」という漢字）の関係を学習したチンパンジーと、そうでない一般のチンパンジーに、様々な色を見せ、手元の色見本の中から見せた色に近い色を選ばせるという実験があります。青緑のような微妙な色を見せた場合、それを青と見るか緑と見るか、認識する色の範囲は人間同様チンパンジーごとに違うそうです。興味深いことに、漢字を学習した個体のほうが、そうでないチンパンジーに比べて、色の選択、すなわち認識する色のカテゴリー分けが安定しているという結果が出ています。チンパンジーも言語を学習することで、世界をよりカテゴリー化して見ることができるようになったといえそうです。

があることはいうまでもありません。言語によるカテゴリー分けは、対象を記号として扱うことで頭で処理する情報量を減らしてくれますが、対象をありのままに見る妨げになるともいえるでしょう[14]。

それが証拠に言語能力の発達に問題があるサヴァン症候群の人たちの中に、著名な画家が少なくないことが指摘されています[15]。写実性に優れた絵を描いていたとあるサヴァン症候群の子どもが、治療によって言語能力が発達するにつれて子どもらしい記号的な絵を描くようになったという例もあります[16]。また、先史時代の洞窟壁画もどちらかという写実的な表現ですが、これも当時の人類が世界を直感的に見ていた証拠で、彼らが発達した言語を持っていなかったからではないかといわれています。

一方、ここで紹介している画像認識のＡＩは、対象のオブジェクトをその種類で分類するための学習をしています。世界をカテゴリー化する目を育てているわけです。その上で、学習したカテゴリー分けの能力は利用せず、その手前の画像の特徴を取り出す部分だけを使っていました。デッサンの練習をする際、記号的に捉えようとする姿勢をなるべく捨てて、見たもののかたちや色をありのままに捉えようと努力するのとも似ています[17]。

これは何も画像に限ったことではありません。画像認識の例はあくまでも一例であり、ＡＩのある意味偏った見方を上手に利用することで、異質なコンセプト間の新しい関連性、既存の概念にとらわれないつながりを見いだすきっかけにする……同様の枠組みは、ほかの領域でも同じように有効だと考えます。

齋藤亜矢『ヒトはなぜ絵を描くのか―芸術認知科学への招待』（岩波書店、２０１４年）

[15] 一度見ただけの風景を驚異的な緻密さで描くスティーブン・ウィルシャー、放浪の画家・山下清らです。

[16] 齋藤亜矢『ヒトはなぜ絵を描くのか―芸術認知科学への招待』（岩波書店、２０１４年）

[17] 筆者の友人のデザイナーはあえて利き手とは反対の手で描く練習をしたりもしていました。

あれはカメ、あっちはクジラ。流れゆく雲をあくことなく眺めた思い出は誰にでもあるでしょう。ＡＩはまるで子どものようです。自分の知っていること（学習データとして与えられたもの）に忠実に、ある特定の限定された観点で世界と接しています。

たまには、ＡＩの「子どもの目」で世界を見つめ直してみませんか。世界はきっと新しい姿を見せてくれるでしょう。

5.2

違和感を演出する

ＡＩとの掛け合い

次に紹介するのは、私自身が２０１５年前後から続けているプロジェクト、『ＡＩ ＤＪプロジェクト』です[1][fig 5–8]。

私事で恐縮ですが、私は学生時代にクラスの友人の影響でＤＪを始めました。その後、自分がＤＪでかけるための曲をつくり始め、国内外のレコードレーベルでリリースしたり、海外でライブをする機会をいただきました。回数はかなり減りましたが、今でも時折クラブでターンテーブルの前に立っています[2]。

一方で二十年近くＤＪを続けていると、ある種のマンネリを感じる瞬間が出てきます。自分の選曲のパターンの存在に嫌でも気づかされる、そんな経験を何度かしました。こうした自分自身の手ぐせを一旦解体できないかとして思いついたのが、ＡＩのＤＪと自分が一曲ずつ交互に選曲し、プレイするパフォーマンスでした[3][fig 5–9]。

二人以上の複数のＤＪが、小刻みに交代を繰り返しながら交互にＤＪするスタイルは、バック・トゥー・バック（Back to Back, B2B）と呼ばれ、テクノやハウスなどのダンスミュージックの世界では比較的よく行われます。それぞれのＤＪの個性がぶつかり合い、ＤＪプレイにある種の緊張感を与えます。ＤＪ側から見ると、自分の選曲に対して相手が少し意外な曲を返してきたり、相手の選曲の意図を汲み取って次の曲を選ぶといったことを繰り返しながら、一つの流れをつくるという挑戦になります。ジャズの演奏者同士の「掛け合い」が近

［1］
『AI DJ Project — A dialogue between AI and a human』http://qosmo.jp/projects/ai-dj-human-dj-b2b/
本書の表紙に素敵なグラフィックスを提供してくれた堂園翔矢さんとのコラボレーションです。

［2］
コロナ禍の現在、そうした機会は残念ながら皆無になってしまっています。

［3］
ライゾマティクスの真鍋大度さんと始めた「２０４５」というイベントでの企画がそもそものスタートです。

[fig5-8]

[fig5-9]

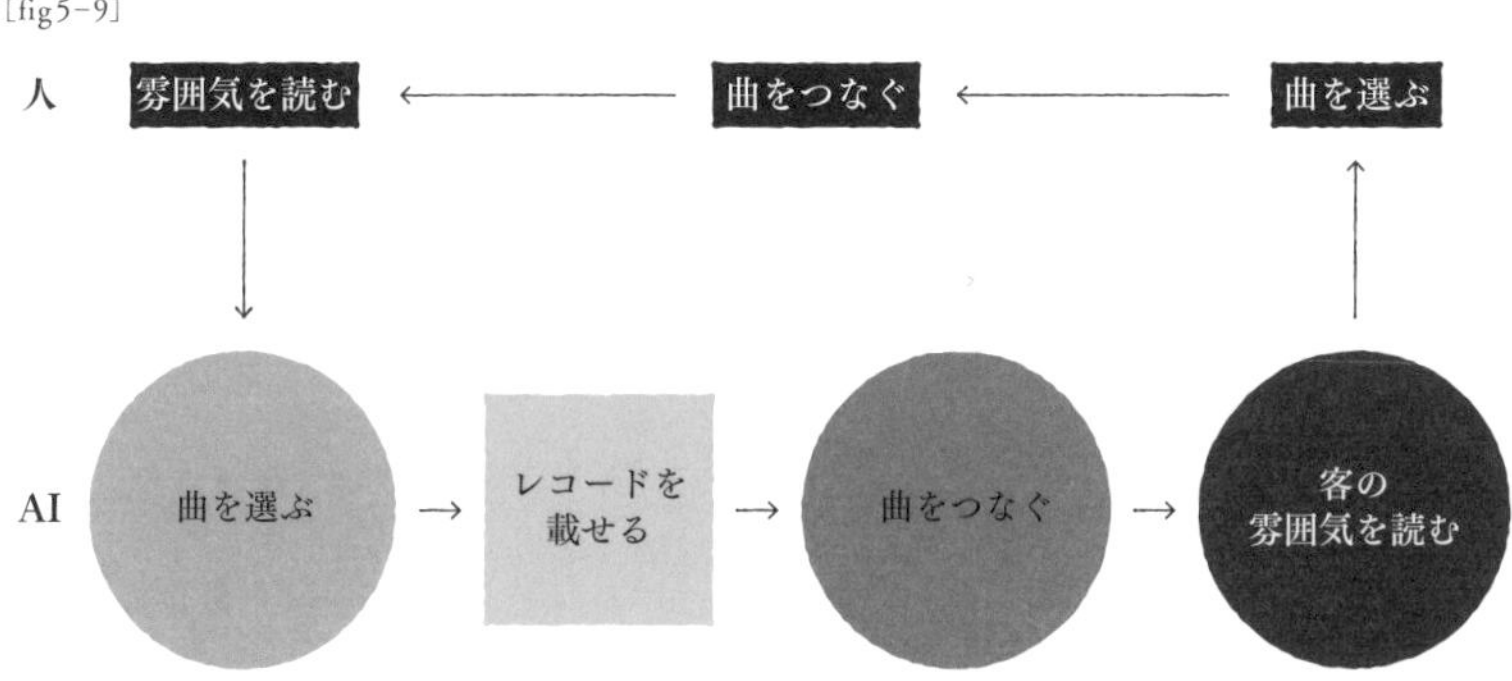

[fig5-8]
『AIDJプロジェクト』／
2017年渋谷WWW
写真：Rakutaro Ogiwara

[fig5-9]
AIDJプロジェクトのプロセス。AIが選んだレコードをターンテーブルに載せるところは、人がAIの代わりに行います。

いでしょうか。

言ってしまえば、ＡＩとの掛け合いを実現することで、あの特有の緊張感を再現できないか、そういう思いで始めたプロジェクトでした。ＡＩ ＤＪといっても、ＡＩによってＤＪを自動化したいということでは全くなかったのですが、このプロジェクトが世に出た当初はそのように勘違いされたようです。大御所ＤＪからＳＮＳでクレームがつくなど、情報伝達の難しさを改めて感じたものでした。

ＤＪは一般に「選曲」と、選んだ曲をときにスクラッチなどを交えつつスムーズにつなげる「ミックス」、さらにお客さんの雰囲気やエネルギーを理解する「場を読む」、この三つの能力を必要とするといわれます[4]。お客さんが気持ちよく踊り続けられるよう、スムーズに曲を切り替えていくのがＤＪの基本です。選曲においても、急に曲調が変化するのは、基本的にはご法度です。少しずつ変化していく中で、あえてスパイスとして時折大きな曲調の変化を加え、客の期待を上手に裏切る。ＤＪとしての腕の見せどころです[5]。

最も大切な「選曲」における最初の課題は、どのように曲調が似ている曲を選ぶのかという点でした。そこで考えたのが、ＡＩを使って楽曲をマッピングした「地図」をつくるという方法です。前節で紹介した『T-SNE Map』と『X Degrees of Separation』で絵画に対して行ったことを、音楽に応用したと考えるとわかりやすいでしょう。

ＡＩ ＤＪのシステムでは、スペクトログラムと呼ばれる横軸に時間経過、縦に周波数をとったグラフで表現することで、音を画像として扱います[fig 5-10]。大量のラベル付けされた音

[4]
沖野修也『ＤＪ選曲術──何を考えながらＤＪは曲を選びそしてつないでいるのか？』（リットーミュージック、２００５年）

[5]
田中フミヤ『Via』（Torema、２００７年）
日本のテクノＤＪの先駆け、田中フミヤさんがヘッドセットを付け、ＤＪ中に考えていることを言語化しながらＤＪする様子を収録したＤＶＤ

楽を集め、それぞれのスペクトログラムからその曲のジャンルや使われている楽器などを識別するＣＮＮモデルを構築しました。画像からそこに写っているオブジェクトを認識するモデルをつくり、その出力の特徴量によって類似度を測っていた『T-SNE Map』などのやり方と同じです。違いは、一つのモデルのアウトプットではなく、音楽ジャンル、使っている楽器といった複数のモデルのアウトプットを組み合わせてマッピングしている点です。音楽の細かいジャンル分けには、その音楽の持つ様々な要素、リズムの構成やノリ、大まかなテンポ、使われる音色といった情報が反映されています。人はそれらを総合して楽曲をジャンル分けすることになるわけですから、ジャンル分けを学習したＡＩモデルはそうした音楽の特徴を聴き分ける「耳」を持つことになる。そう考えたわけです。

　このようにしてできた音楽の「地図」には、『T-SNE Map』で浮世絵の島や肖像画の海岸があったように、低音域が特徴的なドラムンベースやダブステップの大陸や、シカゴハウス[6]の半島ができることになります。よくよく拡大して見ると、シカゴハウスの半島の一部にはオルガン風の音色を使った曲が集まっている、といった具合です。曲を聴いたときの印象や雰囲気を言葉にすることは、目に見える絵画以上に難しいといえますが、ＡＩのモデルを使うことで、音楽の特徴を定量化して数値で扱うことが可能になるわけです。一旦モデルができてしまえば、ＤＪがそのときかけている楽曲がこの音楽の地図のどこに位置するのか、マッピングすることができます。このマッピングされた位置をもとに、ＡＩ ＤＪは距離が近い楽曲、すなわち印象や雰囲気が似た楽曲をこの音楽の地図上で選ぶことができる[7]と

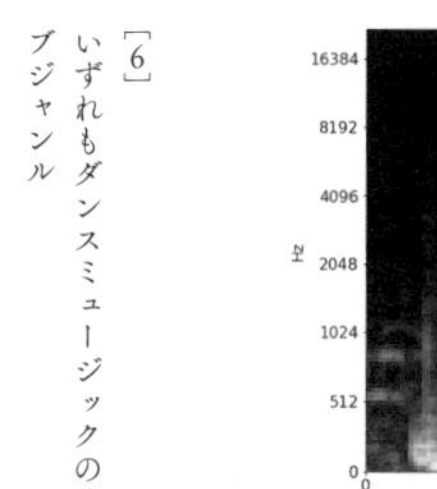

[fig5-10] スペクトログラム

[6] いずれもダンスミュージックのサブジャンル

いうわけです。

実際には、『X Degrees of Separation』で二つの絵をつなぐ仮想的な線上で内挿する点を選んだように、二つ前にかかった曲と人間が次にかけた曲を結ぶ線を延長し、適度に外挿する点の周囲にある曲を選ぶような実装になっています[8][fig 5-11]。急な方向転換を避けて、直前の選曲の「流れ」を引き継ごうというわけです（「慣性」に従うイメージです）。

最近では、コンピュータ上でソフトウェアを使ってDJする人が増えてきています。大量のレコードを運ばなくてもよいといった利点に加えて、DJに必須の技術、テンポ合わせやビート・マッチング[9]をソフトウェアがボタン一つでやってくれるという点も理由としては大きいでしょう[10]。しかし、私たちのAI DJプロジェクトにおいては、あえてミックスを失敗するリスクのあるターンテーブル（レコードプレイヤー）と、レコードを用いています。ただでさえブラックボックスになりがちなAI DJの動作を可視化する目的です。そのためにYCAM（山口情報芸術センター）[11]の研究開発チーム、YCAMインターラボの協力を得て、コンピュータ制御のターンテーブルも制作しました。

実は当初は過去の有名DJのプレイリストを集め、その特徴を学習するということもやっていました[fig 5-12]。いわゆる協調フィルタの考え方を応用し、一緒にかかりやすい楽曲を推定する仕組みです。「この商品を買っている人はこちらの商品も買っています」――オンラインのショッピングサイトでよく見るあれです。しかしこうして出来上がった選曲システムは、確かにこの曲であれば問題ないだろうという無難な選曲をするものの、面白味にかけ

[7] 技術的な詳細を書くと、最新版では音楽の分布がより均一になるように、Variational Autoencoderを使った仕組みに変更されています。

[8] この仕組みは以下の論文を参考にしています。Len Vande Veire, Tijl De Bie「From raw audio to a seamless mix: creating an automated DJ system for Drum and Bass」/『EURASIP Journal on Audio, Speech, and Music Processing』（2018年、13号）https://dl.acm.org/doi/abs/10.1186/s13636-018-0134-8

[9] 曲間のつなぎをスムーズにするために、すでにかかっている曲と次にかける曲のテンポとリズムのタイミングを合わせる技術。レコードやCDでDJをする場合は、両方の音を聴きながらピッチ・コントローラと呼ばれるつまみで手動で調整することが要求されます。

[fig5-11]

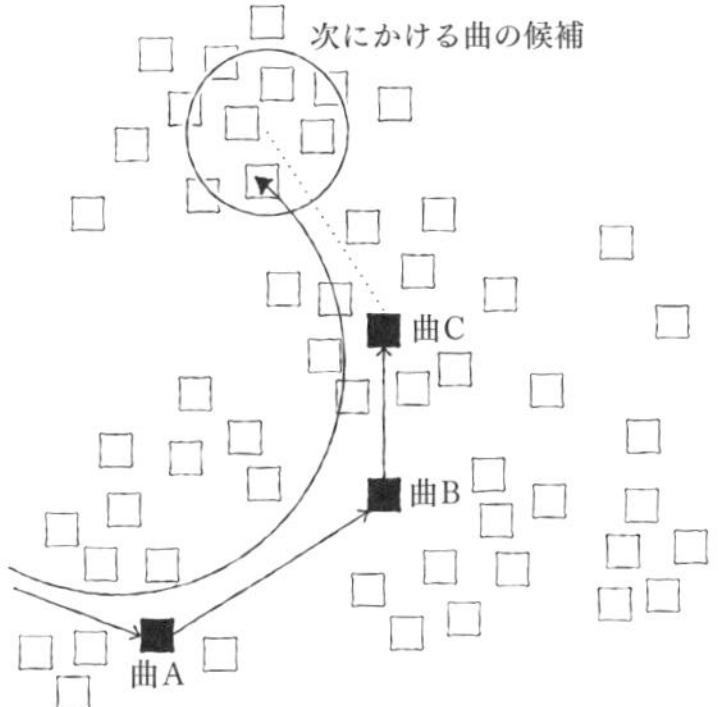

[fig5-12]

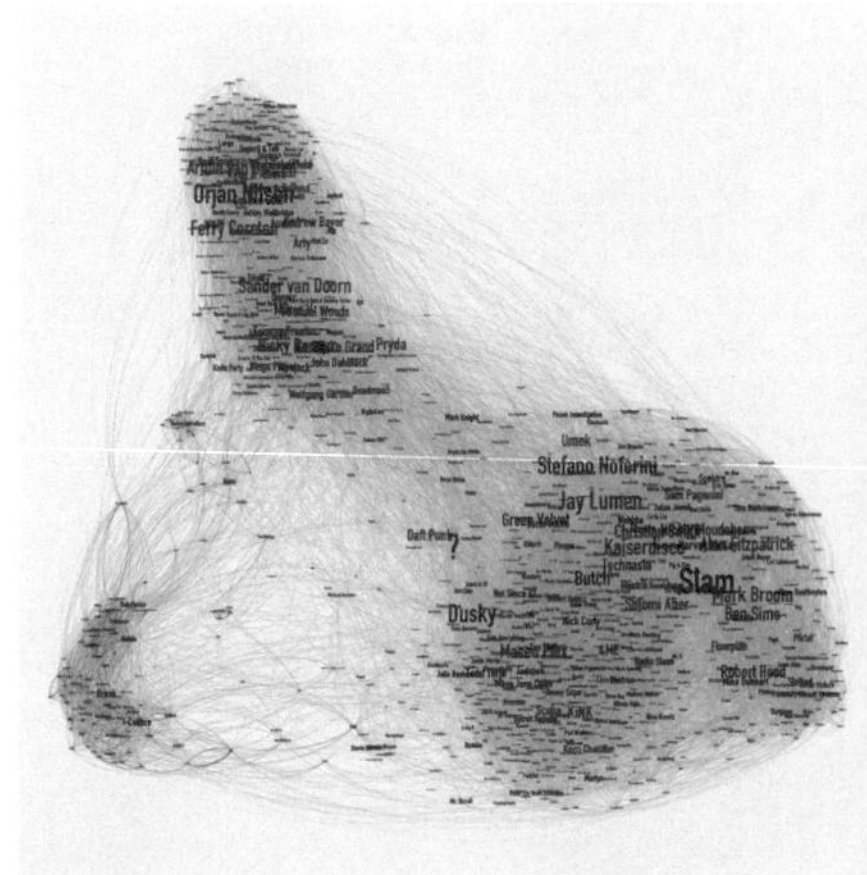

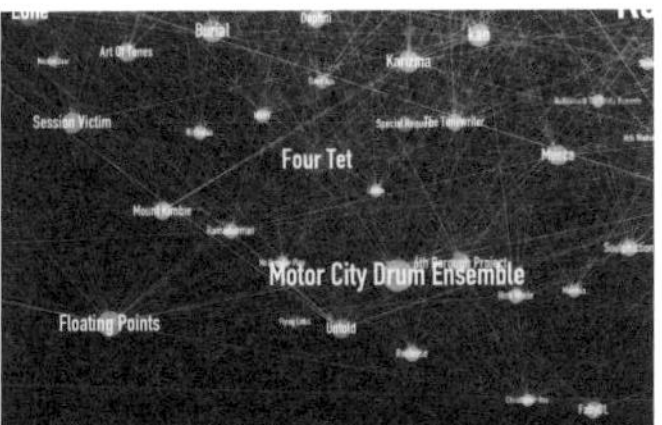

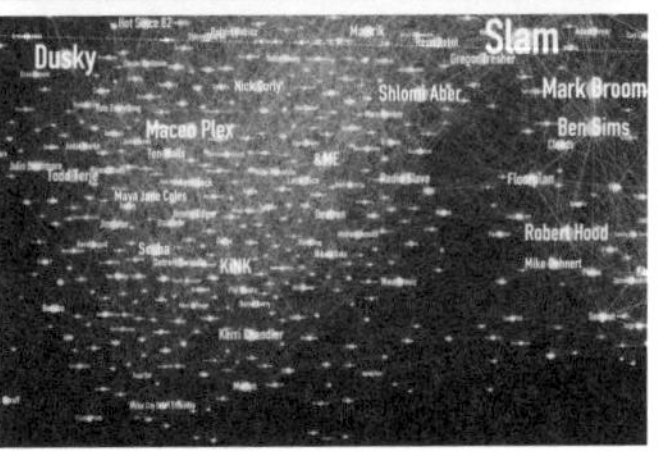

［10］
ソフトウェアでしかできないＤＪ表現があることも確かなので、ソフトウェアでのＤＪを否定しているわけではもちろんありません。

［fig5-11］
ＡＩＤＪの選曲の仕組み（概念図）

［fig5-12］
有名ＤＪのプレイリストの可視化

る結果に終わりました。尖ったセンスを持つアーティストを集めたとしても、その最大公約数をとると平凡なものにしかならない、というのは直感的にも納得できます。もしこれが初心者のＤＪを助けるためのシステムであれば、これでよかったのかもしれません。しかし、このプロジェクトのそもそもの目的はマンネリを抜け出すためのシステムだったはずです。

アップデートしたシステムでは、過去のＤＪの選曲パターンを反映せず、先に説明したように純粋に音楽的な印象の類似性のみから選曲するようにしました。このアップデートが意外性のある選曲につながったことを、筆者もパフォーマンスの度に実感しています。実際にＡＩと共にプレイしながら、その選曲に驚かされることが多々ありました。

なかでもある公演のリハーサル時、自分が２０００年前後のテクノの名曲をかけたときのことが印象に残っています。次の曲としてＡＩ ＤＪが選んだのは、たまたま候補曲に入っていたアンビエントとフリージャズの中間のような最新の曲でした。テクノにジャズが合うはずがない、内心そう思いながら実際にかけてみると、意外にも見事にハマる素晴らしいミックスが生まれたのです。その瞬間、この予想外の発見に鳥肌が立つような興奮を覚えたのを、鮮明に記憶しています。まさにコンピュータに驚かされた瞬間でした。自分が普段いかにジャンルや時代性といった情報に囚われて選曲しているか、思い知らされたものです[12]。

ほかのＤＪにも数名、ＡＩ ＤＪの仕組みを試してもらったところ[13]、異口同音に一曲一曲の選曲のセンスの良さは認めてくれました。一方で、どういう流れをつくろうとしているのか読み取れず、とてもやりにくかったという意見も度々聞きました。それなりに経験を

[11]
山口情報芸術センター［ＹＣＡＭ］
https://www.ycam.jp/

[12]
その後、リハーサルで私がかけたテクノの曲をＡＩが本番でプレイしたので、ＡＩのアイデアを盗もうと、このジャズの曲をかけたつもりが……レコードのA面とB面を間違えてかけてしまい、全然違った曲がかかってしまったというのはご愛嬌です。

[13]
２０１７年11月18日、サカナクション NF #08 RESTARTにて。

積んだＤＪであれば、選曲の起承転結、流れを意識しながらＤＪをします。相手がつくろうとしている流れと自分のそれをどう擦り合わせていくかが、Ｂ２Ｂの面白さなのですが、現在のシステムでは直前の数曲のみしか考慮に入れていないため、結果、場当たり的な選曲になっているようです。その辺りにまだまだアップデートの余地があります。

ここで再度強調したいのは、筆者はＡＩを自動化しようと考えたり、完璧なＤＪロボットをつくりたかったわけではないということです。ＡＩ ＤＪを構築する取り組みを通して、ＤＪの本質（少なくとも自分がどのようにＤＪをしているか）をより深く理解したいというのが、一番の目的です。コーエンが自分の絵の描き方を模倣するロボットを構築することで、絵を描くことの意味、アートの本質を理解しようと試みたのと同様です（3.5節）。

好むと好まざるとにかかわらず、ソフトウェアのサポートによるＤＪのタスクの自動化は、今後より一層進められることでしょう。簡易的に誰でもＤＪが楽しめるようになったときにも残る、ＤＪの本質とは何なのか。あえて現時点では不完全ともいえるＡＩ技術やリスキーなアナログ機材（ターンテーブル）を用いて、身をもって検証しようというわけです。

この実験を面白がってくれる人が、世界には一定数いたようです。２０１７年、２０１８年のヨーロッパでの公演（フランス、スロベニア、ルーマニア）を経て、２０１９年にはGoogleの年間最大の開発者向け会議、Google I/Oのオープニングアクトを任されました。GoogleのＣＥＯのキーノートスピーチの直前、一万五千人を超える人々の前でのＡＩ ＤＪとの共演はとてもスリリングな時間でした［fig 5-13］。

[fig5–13]

[fig5–13]
上―『ＡＩ ＤＪプロジェクト』／Google I/O 2019 Keynote Preshow
提供：Google
下―『ＡＩ ＤＪプロジェクト』の様子／２０１７年渋谷ＷＷＷ
写真：Rakutaro Ogiwara

違和感生成器

何度も試行錯誤を繰り返しながら、質を高めていったＡＩ ＤＪのシステムですが、中には大失敗に終わった試みもあります。カメラを使っての「場を読む」行為の実装です。カメラ画像から人の骨格を予測するＣＮＮモデルを用い[14]、ダンスフロアの客がどのくらい踊っているのかを定量化し、それを選曲に反映させようとする試みでした。

お客さんが気持ちよく踊っていて、体の動きの平均が総じて大きいときには、今の曲調を気に入っているものとみなして曲調をキープする、すなわち音楽のマップの中での現在地の周りで選曲するようにします。体の動きが小さくなってきたら、今かかっている曲がウケなかった、もしくは同じような曲が続きすぎて飽きてきたとして、次にＡＩが選曲する際にはあえて遠くを目指してジャンプするようにしました。いくら美味しいフレンチだとしても、しばらく続くと今度はシンプルにご飯とお味噌汁が食べたくなるというのが人情というものです。

この部分は完全にルールベースのシステムになっています。体の動きの定量化には深層学習を使っていますが、飽きてきたとみなすしきい値や遠くに飛ぶ際の距離などは、筆者が感覚で決めています。２０１７年のＹＣＡＭでのパフォーマンスで初めてこのシステムを試したのですが、公演スタート当初は遠くに飛ばす距離を大きく設定しすぎたようです［fig 5-14］。お客さんのノリが悪くなってくる度に、ＡＩ ＤＪは曲調を大きく変化させる選曲を

[14]
Alex Kendall, Matthew Grimes, Roberto Cipolla「PoseNet: A Convolutional Network for Real-Time 6-DOF Camera Relocalization」/ arXiv:1505.07427v4［cs.CV］（２０１６年２月改訂）http://arxiv.org/abs/1505.07427

[fig 5-14]

[fig5-14]
『ＡＩ ＤＪプロジェクト』／ＹＣＡＭ（２０１７年12月）
撮影：谷康弘 写真提供：山口情報芸術センター［ＹＣＡＭ］
背景のカメラ画像にオーディエンスの姿勢の解析結果を見て取れます。

します。その変化があまりに大きすぎるために、さらにお客さんを引かせる結果となってしまいました。そうなると、またAIはさらに遠くに跳ぼうとするために、ますますお客さんがついてこれなくなるという、変なフィードバックに陥ってしまったのです。予測可能性と意外性がDJの肝だと書きましたが、そのバランスが非常にデリケートであることを定量的に理解できた瞬間でした。うまくデータを集めることができれば、どのタイミングでどのくらい意外性を持たせるのがよいのか、すなわちどのくらい遠くに跳ぶのがよいのかも、今後、学習できるようになるのかもしれません。

どのくらい「犬っぽい」のか、犬と猫のどちらにより近いのかといった感覚を定量化できるのが、CNNをはじめとしたAIの利点だと前節で書きました。AI DJで使っているシステムでも、ジャンルや楽器を識別するモデルをつくることで、「ハウスっぽさ」、「ピアノっぽさ」を定量化するだけでなく、ハウスの曲に含まれるジャズ成分、テクノの低音のグルーブに含まれるレゲエ/ダブ成分などを定量化して比較できるようになったというのがポイントです。

どうしてもAIによる検索というと、最適なものを見つけられることに注目が行きがちです。自分がかけている曲の特徴に最も近い次の曲を探すというのが、一番無難な選曲になるでしょう。一方で、特徴を定量化できるということは、どのくらいズレているかを定量化できるということでもあります。最適解を見つけることだけでなく、あえて適度にズラすこともできるのです。

こうした「ズレ」「食い違い」「ギャップ」は、様々な表現の根幹ともいえるものでしょう。その最たるものはお笑いやユーモアの世界でしょうか。目黒の秋刀魚の世間知らずな殿様、たらちねの馬鹿丁寧な女房、知ったかぶりの長屋の御隠居。落語の世界では、ギャップからくる面白さがとりわけ目立ちます[15]。次節で触れる「見立て」も、本来あるべきコンテクストとはズレたコンテクストに置かれることで、その意味が引き立ちます。

「ズレ」というと、ヒップホップの世界で史上最高のプロデューサーといわれ、惜しまれながらも早逝したJ・ディラ（J Dilla、Jay Dee）のビートを思い出します。AKAI MPCシリーズのサンプラーを用いて紡ぎ出される彼の唯一無二のビートは、A Tribe Called QuestやD'Angelo、エリカ・バドゥなどの名曲で今も光を放っています[fig 5-15]。

サンプラーを使ってリズムを打ち込む場合、キックやハイハットといったドラムの音色を複数あるパッドにアサインして、指でリアルタイムに叩いてリズムをつくり出すため、メトロノームが刻むリズムからは微妙にズレてしまいます。そのためほとんどのサンプラーには、このズレを強制的にメトロノームのグリッドに合わせるクオンタイズ機能が搭載されていて、この機能を使ってビートをつくるのがそれまでの常識でした。ところが制限を嫌うJ・ディラは、グリッドからズレることを厭わず、あえてクオンタイズをかけずにビートを刻みます[16]。

[15]
亡き桂枝雀師匠が、笑いの本質を「緊張と緩和」と表現されていますが、良いDJの本質に通じるものがあります。

[fig 5-15]
J・ディラが使っていたAKAI MPC3000サンプラー

その結果生まれた「まるで酔っぱらった三歳児がドラムを叩いている」[17]ようなヨレたビートが、ヒップホップの歴史を変えることになります[18]。

さらにこのヨレたビートは、The Rootsのクエストラブをはじめ、そのあとに続く多くのドラマーのドラムの叩き方に影響を与えました。ドラマーを模倣するためにつくられたMPCのようなサンプラーでの、機械的で正確なリズムからの逸脱が、機械を使わない人の表現そのものにも影響を与えたわけです。模倣する機械が新しい表現を生み出す流れをここでも見てとることができます。

筆者が開発するM4L.RhythmVAE[19]は、音楽制作ソフトウェア用のリズム生成のためのプラグインです[fig 5-16]。AIの知識がないアーティストでも学習したい音楽データを普段の音楽制作ソフトウェア上でドラッグ・アンド・ドロップするだけで、自分だけのリズム生成用AIモデルを学習し、新しいリズムの生成を試すことができます。このプラグインでも、各ドラムの発音の強弱だけでなく、グリッドからの微妙なタイミングのズレを合わせて学習する仕組みを重視しました。学習が終われば、学習したズレやゆらぎをより強調したり、控えめにしたりとコントロールしながら新しいリズムを生成することが可能です。

このように、「AIは正確無比」というイメージを捨てて、ズレを生み出すものとして捉え直してみるのはどうでしょうか。いや、正確無比だからこそ、あえて正確にズラすことができるのです。AIを新たな違和感を生み出す仕組み、「違和感生成器」として捉えてみましょう。

2.7節で見たように、人類の文化は既知の領域に留まろうとする無意識の力と、未知を

[16]
Davide Sciortino「Why Would You Quantize All of This - J Dilla: The Perception of Groove and the Re-Definition of Hip Hop and Electronic Beat」/The Institute of Contemporary Music Performance (University of East London, 2014年4月) https://www.academia.edu/6864310/Why_would_you_quantize_all_of_this_J_Dilla_the_perception_of_groove_and_the_re_definition_of_hip_hop_and_electronic_beat

[17]
アメリカのヒップホップバンド、The Rootsのドラマー、クエストラブ（?uestlove）の言葉。
「5 Things We Learned From ?Uestlove at RBMA」https://www.redbull.com/us-en/5-things-we-learned-from-questlove

[18]
カニエ・ウエスト、ドレイク、チャンス・ザ・ラッパー、ロバート・グラスパー、フライング・ロータス。J・ディラのビートに影響を受けたビートメーカー、ミュージシャンのリストは際限なく続きます。

求める欲求が拮抗したときに、後者がほんの少し強いことによって、変化し、多様化してきました。皆が踊るのに飽きてきた頃には、毎回、気持ちよく期待を裏切る曲がダンスフロアに投入されてきたのです。

私たちもＡＩという新しいテクノロジーを使って、この流れに乗りましょう。これまでの流れをつくってきた先達に敬意を払いつつ、うまくそのグルーヴを引き継ぎながら、適度に意外な曲をかけてみましょう。そう、人類の文化を踊らせ続けるために。

ジョーダン・ファーガソン『J・ディラと《ドーナツ》のビート革命』（ＤＵ ＢＯＯＫＳ、２０１８年）

[19]
M4L.RhythmVAE: VAE Rhythm Generator for Ableton Live / Computational Creativity Lab（Keio University SFC） https://cclab.sfc.keio.ac.jp/projects/m4l-rhythmvae/

[fig5-16]
M4L.RhythmVAE

5.3

異質さを抱きしめる

エイリアンの知能

続いて、筆者自身がＡＩによる「模倣」を通じて、表現の多様化と理解の深化のプロセスを経験した話を紹介します。

筆者は、イスラエル・ガルバン（Israel Galván）という著名なフラメンコダンサーとのプロジェクトに２０１７年末から関わっています[1][fig 5-17]。ＡＩＤＪプロジェクトでもお世話になったＹＣＡＭと、イスラエルとのプロジェクトに、ＡＩ、機械学習を扱うエンジニア／アーティストという立場で参加しました。

イスラエル・ガルバン氏はフラメンコ界の革命児と呼ばれる人物です。僕たちがイメージする伝統的なフラメンコとは大きく異なる、モダンダンスやモダンバレエの世界にも通じる世界観を持つダンサーであり、コレオグラファー（振付師）です。美女がカスタネットを叩きながらバラを咥えて踊るといったステレオタイプのフラメンコ（そんなステレオタイプを持っているのはきっと筆者だけではないはず）からはほど遠い、ミニマルかつ身体性の高いダンスを志向しています。イスラエルを紹介する記事に、「controversial（議論を呼ぶ）」という単語が散見されることからもその革新性がよくわかります。

[1] イスラエル・ガルバン＋YCAM『Israel & イスラエル』／山口情報芸術センター（２０１９年）
https://www.ycam.jp/events/2019/israel-and-israel/

[fig 5-17]

[fig5-17]
『Israel & イスラエル』
撮影：守屋友樹 提供：山口情報芸術センター［YCAM］

「フラメンコ?・」「なぜ自分が?・」という疑問を持って臨んだ最初の本人とのミーティング。そのときに言われて印象に残っているのが、「フラメンコは音楽である」という言葉です。妖艶な上半身と手の動きのイメージを強く持っていたのですが、イスラエルに言わせると、フラメンコの肝はなんといってもサパテアード(タップダンスのような足のリズム)なのだそうです。サパテアードとパルマ(手拍子)がリズムだとしたら、手の動きは視覚的なメロディー。それらの踊りとギターと歌を統合した総合的な音楽として感情を伝えるのがフラメンコだと。技術的には音楽生成プロジェクトという観点で捉えればよいのだ、ということがわかってからは、作業の方向性がクリアになりました

彼はほかのフラメンコダンサーと一緒に踊ることが少ないことでも知られています。その理由というのも「どうしても既存のフラメンコの枠の中に収まってしまいがち」だからだというのです。代わりに、作品『Arena』では巨大なロッキングチェアを闘牛に見立てて踊ったり[fig 5-18]、『La Casa』では冷蔵庫のドアと向き合い、足を切って不安定にした椅子を相手に見立てて踊ったりと、私たちのフラメンコの概念を大きく裏切るコレオグラフィーの連続です。これらのオブジェクトは、自分のダンス(振動)に何かしら反応してくれるものでありつつ、そこには当然フラメンコのリズムはこうあるべきという固定観念はありません。かといってイスラエルのリズムがそのままエコーのように返ってくるものでもありません。イスラエルのダンスやそのリズムに対する物理的なリアクションが、ある程度の偶発性を伴って返ってきます。そこには、予測不可能性と予測可能性の微妙なバランス、そしてそのリズ

[fig 5-18]
『Arena』
MITO SettembreMusica「6.IX Israel Galván #1」CC BY 2.0 / Abalg「Israel Galván」CC BY 2.0 / Wikimedia Commons
https://commons.wikimedia.org/wiki/File:Israel_Galván.jpg

ムをイスラエルが再解釈する余地、曖昧性が残されているという点が重要なのでしょう。

そんな彼にYCAMがアプローチを開始したのが、2017年。当初はAIを使うという構想ではなかったそうです。議論を進める中で「自分の分身と踊りたい」「ドンキホーテにとってのサンチョ・パンサのような、相棒が欲しい」というイスラエルの気持ちに答えるかたちで、AIの利用が提案されたそうです。ちょうどその時期、同じYCAMでAIDJプロジェクトの制作を進めていたこともあり、筆者もプロジェクトに誘われることになります。「自分じゃない自分とDJをしたい」という思いからスタートしたAI DJと重なる部分が大きかったのはいうまでもありません。

とはいえ、実際にプロジェクトが立ち上がると、様々な問題に直面します。一般的な音楽とは違い、今回の場合は学習に使えるようなデータが全くありません。そこで、リズムのパターンをデータとして記録するために、専用のセンサーを埋め込んだフラメンコシューズを開発するところから始めることになります。YCAMインターラボのメンバーが、ピエゾセンサー、ジャイロセンサー、圧力センサーなどを仕込んだシューズをつくり、イスラエルのサパテアードのデータを、かかと、つま先、足の腹の三点で収集しました[2][fig5-19]。

本筋から逸れるので詳しくは書きませんが、このデータ収集用のシューズの制作一つをとっ

[2]
AI DJのコンピュータ制御のターンテーブルの制作同様、安藤充人さんに大変お世話になりました。

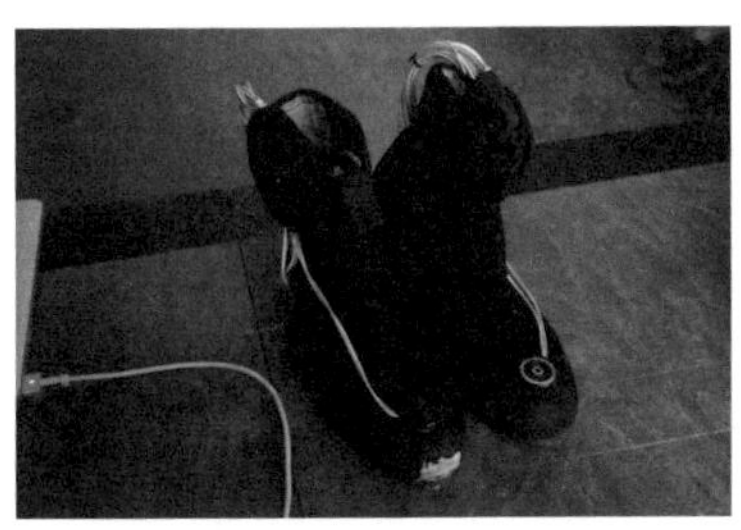

[fig5-19]
ガルバンのサパテアードのデータを取得するために製作された専用センサーブーツ

ても大変な苦労がありました。最初につくったシューズは、イスラエルの足の力が強すぎて3秒で壊れてしまったほどです。本番で使うために、ワイヤレス化する必要がある上に、最速で一秒間に十回以上のステップを踏むイスラエルのサパテアードを記録するために、どのように時間的な解像度（サンプリング周波数）を上げるかも技術的な課題として立ちはだかります。フラメンコでは、コンパスという12拍のリズムが一つの単位となって音楽的な展開が生まれていきます。マンネリを嫌うイスラエルにデータ収集用のシューズを履いてもらった上で、同じようなコンパスを繰り返し繰り返し踊ってもらうのにも苦労しました。

こうした苦労を超えて集めたサパテアードのデータを学習データとし、サパテアードを生成するモデルを実装します。本番でも使ったシューズを用いてイスラエルのステップを入力データとして受け取り、サパテアード生成モデルがイスラエルのサパテアードにつながる次のサパテアードの展開を予測し、生成することになります。生成モデルに関しては、音楽生成で使われる様々なモデルを試しました。2.4節で紹介したRNN／LSTMを用いて、直前の一連のステップから次のステップを推定するモデルを試したりもしましたが、最終的にはコンパス単位でサパテアードを生成する仕組みを採用しました[3]。コンパスを細かくグリッド化し、各グリッドの中に左右の足の各箇所の打点があるかどうか、またその打点の強さ、打点のグリッドからのズレなどを学習し、生成するモデルです。本番では、イスラエルの直前のコンパスのステップのデータを先に紹介したシューズで読み取った上で、次にくるコンパスを生成します。

[3] 前節で触れたM4L.RhythmVAEプラグイン同様、Variational Autoencoder（VAE）というアーキテクチャを用いています。

生成されたサパテアードのパターンは、ソレノイド[4]を用いて木の床を叩く簡易的な機械を作成し、物理的な仕掛けで音に変換します[fig 5-20]。ソフトウェア内で音に変換する方法を採用しなかったのは、物理的に動いて音を出すモノをステージ上に置くことで、極端に擬人化することなく、見えないAIの存在を立ち上らせるための判断でした。

作品の制作においては、データを集めて、サパテアード生成モデルの学習を行い、結果を検証するというプロセスを何度も何度も繰り返しましたが、学習したモデルの生成結果をイスラエルに聴かせたせたときに何度もこう言われました。

「フラメンコらしすぎる。」

「自分の劣化版コピーはいらない。」

したがって、イスラエルのフラメンコのステップを学習しつつ、どのようにフラメンコらしさ、イスラエルから適度に逸脱するのかというのが大きな課題となります。ブレリア、シギリージャといった伝統的なフラメンコのリズムとイスラエルがフリースタイルで踊るリズムのデータを学習時に適度に混ぜる、生成モデルの出力を確率分布として見立ててそこからランダムにサンプリングする、グリッドからのズレを極端に強調したり無効化する、そうした手法を生成モデルの学習と並行して試していきます。学習済みモデルのネットワークの一部

[4]
電磁力で機械的な直線運動を生み出す部品。ソレノイドを用いた機械の製作はアーティスト堀尾寛太さんが担当しました。

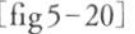

[fig5-20]

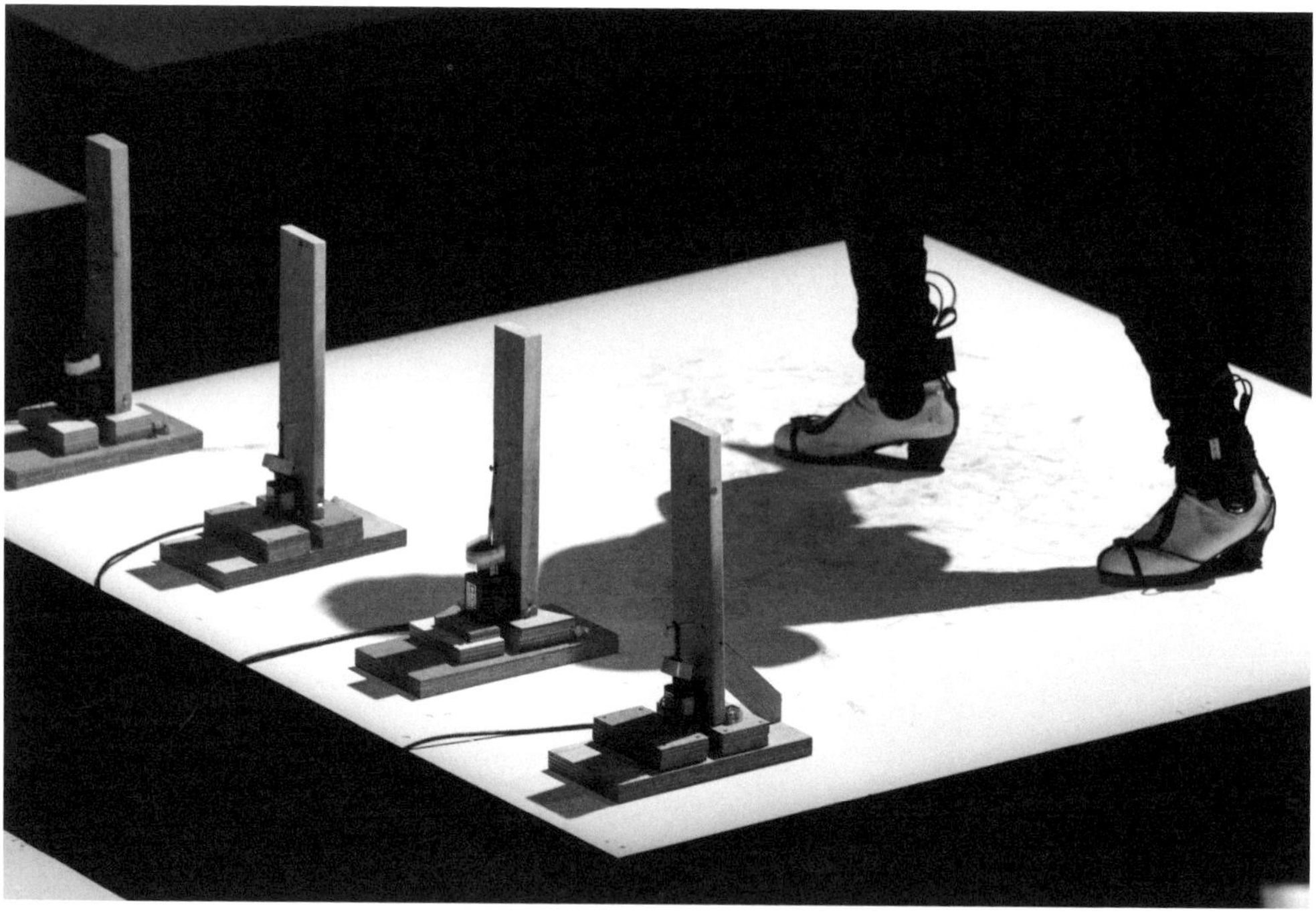

[fig5-20]
生成されたリズムを鳴らすための
ソレノイド
撮影：守屋友樹　写真提供：山口
情報芸術センター［YCAM］

を、あえて無作為に破損させてみるといった荒業にも挑戦しました[fig 5–21]。

ランダムなサンプリングに関しては、穴の大きさが不均等な大きな穴と小さな穴があるいびつなルーレットを考えていただけるといいかもしれません。穴の大きさが不均等なルーレットを回して、球を投げ込むと当然大きな穴に落ちる可能性が高くなります。何度も何度も繰り返せば、その穴に球が落ちる確率は、穴の大きさに比例するはずです。リズムの生成モデルはこのいびつなルーレットをつくることに似ています。例えば、コンパスの最初の一拍には打点がくる確率が非常に高いので、非常に大きな穴に対応します。例えば、コンパスの中で合計十回の打点があるとするならば、十個の球を投げ入れれば、穴の大きさ、すなわちそのグリッドに打点がある確率に沿ってコンパスの中で分布するはずです。

ここで大きな穴はより大きく、小さな穴はより小さくしてみるとどうなるでしょうか。より意外性の少ない結果となるはずです。逆に大小の差を小さくするように均してあげると、緩やかに予測結果に従いつつも、意外性を含む結果が生まれることになります。完全に大小の差をなくしてしまうと、ランダムな結果になるはずです。このランダム性をコントロールするパラメータは、temperatureと呼ばれ、こうした生成モデルを利用する際によく使われます。今回の公演では、シーンの展開に合わせてtemperatureの値を増減することで、生成されるサパテアードの表情をコントロールしました。

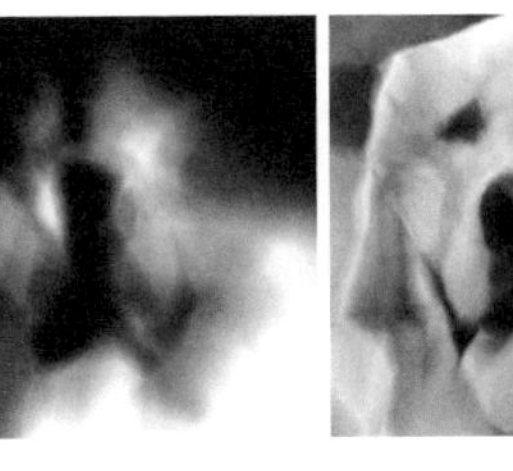
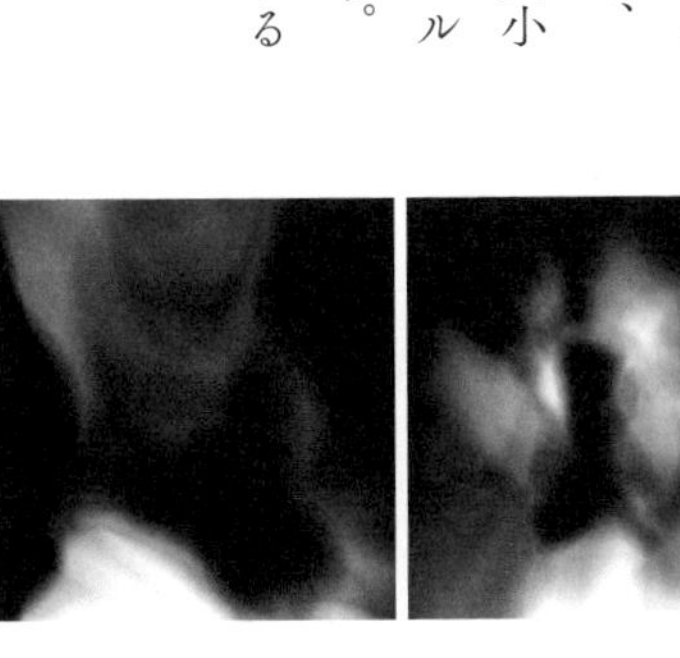

[fig 5–21]
例えば、学習済みの画像生成モデルの一部を故意に破損するとこのような結果になります。徐々に犬の顔が壊れていくのがわかります。

こうして試行錯誤を繰り返して制作した『Israel ＆ イスラエル』は、２０１９年の2月2日に初演を迎えます。作品のタイトルは、イスラエル本人（Israel）とＡＩのイスラエル、「二人」のイスラエルの存在を暗示しています（カタカナにしたのは日本製のＡＩだからという本人のアイデアからです）。

初演後、満足そうな顔を浮かべたイスラエルに個人的に呼ばれた私は、次のような声を掛けられました。

「もちろんフラメンコ・ダンサーではない、そもそも人間らしくもない、何か未知の生物、エイリアンがステージにいるような気がした。とっても刺激されたよ。」

「踊っているうちに、一人でいることを忘れる瞬間があったくらいだ。」

ＡＩならではの異質さを引き立てることで、イスラエル本人の創造性を刺激することを目的とした作品だっただけに、この言葉は私やチームの皆にとって最高の褒め言葉でした。そう、ＡＩは既存の常識やパターンに囚われない「エイリアンの知能」、Alien Intelligenceでもあったのです[5]。

もともとランダムな動きをするモノと踊ることで、自分のダンスの枠を崩そうとしてきた彼だけに、ＡＩならではの予測可能性と予測不可能性のバランスを感じ取り、それがダンサー

［5］
『ＷＩＲＥＤ』誌の創刊編集長、ケビン・ケリーは、「Artificial Intelligence」ではなくあえて「Alien Intelligence（エイリアンの知能）」と呼ぶことを提案しています。その異質さこそが大事なのだという主張です。
Kevin Kelly「The Myth of a Superhuman AI」/『WIRED』（２０１７年4月）https://www.wired.com/2017/04/the-myth-of-a-superhuman-ai/

としての彼の本能を刺激したのではないかと想像します。

> 「失敗してもいいから、自分を驚かせて欲しい。」

「驚き」を重視する姿勢は、本番直前までＡＩのシステムと踊りたがらなかったイスラエルの姿勢からも伺えました（そのせいで制作チームはかなりやきもきしましたが）。ＡＩがどんなリズムを生成しても、自分はそれに応えられる、という自信に裏打ちされているのはいうまでもありません。

本番から遡ること半年。２０１８年の夏に、私はＹＣＡＭインターラボのスタッフと共に、イスラエルの地元であるセビリアに飛び、彼のスタジオにお邪魔しています。データ収集用のシューズをイスラエルのもとに届け、環境をセットアップすることと、公演の方向性についての議論を進めることが主な目的でした。

滞在中のオフの時間は、フラメンコの文化をより深く理解するために、セビリアの街を歩いたり、ショーを見に行ったりもしました。タブラオと呼ばれる専用の会場で行われるショーもそれはそれで良かったのですが、何よりも一番感動したのは街中の居酒屋（タベルナ）で自然発生的に生まれる歌と踊りの輪に遭遇したことです。

客の輪の真ん中で自慢の喉を披露していたおばあさんが歌い終わった途端、自分の前で立って聴いていた若い女の子が進み出て、今度は私の番とばかりに踊り始めます[fig 5-22]。特に前もって打ち合わせることもなく、あうんの呼吸で続いていく、歌、踊り、手拍子。フラメンコの文化の中で生まれ育った人たちが共有する不文律によって成立する世界を目の当たりにしました。

これだけしっかりと根付いている伝統的なフラメンコの世界に、全く新しい価値観を持ち込もうとするのがいかに難しいことか。門外漢ながら、そのことを初めて肌で感じた瞬間でした。ほかのフラメンコダンサーとはなるべく踊らないといった境地を経て、AIと踊ることを試そうとしたイスラエルの思考の片鱗を、そのとき垣間見たような気がしています。

[fig 5-22]
スペイン、セビリアのタベルナでのひとコマ。筆者撮影

5.4

誤用によって価値を転換する

見誤りと見立て

2.7節では、過去の作品や表現を学習に利用しながらも、それらの模倣ではない新しい表現をAIを使ってつくり出すにはという観点で、Creative Adversarial Networks、CANを紹介しました。これは、ジャンル識別の曖昧さを表現の新しさとして捉え、既存の表現の領域からの適度な逸脱を目指したアルゴリズムでした。

それ以外にAIを用いてH-Creativityにつながるような新しい表現を生み出すには、どのような方法があり得るのでしょう。これまでの節で取り上げた、筆者自身の取り組み、AI DJやフラメンコダンサーとのコラボレーションなど、人とAIを組み合わせるというのも一つのやり方でしょう。2.2節で紹介したAIモデルに顔認識されないように（人が似顔絵を描く作品もそうした取り組みの一つです。AIの生み出すある種の（人のこれまでやり方や常識を正解としたときの）間違いや、異質さを人が拾い上げることで、表現の領域を拡張する。あるいはAIが課す制約を意図的に用いることで、既知の表現の領域の少しだけ外側へと誘う。そういった試みでした。

本節では、CANのように、なるべく人の関与を少なくしながらも、アルゴリズム自体が新しい何かを生み出す方法について考えます。ここで題材として取り上げるのは、ニュージランドのアーティスト、トム・ホワイト（Tom White）の『Perception Engines』という作品です [1] [fig 5-23]。

[1] 「Dribnet」https://drib.net

[fig5-23]

[fig5-23]
『Perception Engines』
提供：Tom White

『Perception Engines』は、彼独自のプログラミング・ベースの描画の仕組みと一般的なAIモデルを用いて抽象画を描く作品です。プログラミングを駆使した映像表現、またその手法自体を指して、Generative Art[2]、Creative Coding[3]といった言葉が広く使われるようになっていますが、ホワイトは、こうした分野を広めたパイオニアであるジョン前田のもと、MITメディアラボで研究に取り組んだ人物です。

この作品では、まずターゲットとなるオブジェクト、扇風機やアイロン、あごひげといった描きたい対象を、作者であるホワイトが決めるところからスタートします。例えば扇風機（換気扇）を描くことに決めたとしましょう。ターゲットを決めたところで、ホワイトが実装した、少し歪んだ円や線、弧を描くシステムが、ランダムな絵を描画します。今度はそれを一般的な画像認識のモデルにかけ、指定したオブジェクトとしてどのくらい認識されるかを測ります[4]。当然最初はランダムに描いているので扇風機と認識される度合いはほとんどゼロでしょう。その上で、この絵を構成する円や線などの要素をランダムに少しずつ動かしてみることにします。動かした結果、扇風機として認識される度合いが高くなればその操作を残し、低くなるか変わらなければ別の要素を動かしてみます。2.1節で軽く触れたランダムサーチの応用です。こうして更新を繰り返すことで、徐々に扇風機らしいものが出来上がっていく

[2]
アルゴリズムやルールに従って動作するシステムが生み出す、生成的で予測不可能性を含む振る舞いに基づくアート。本書で扱っているAIを用いた作品のほとんどがこのカテゴリーに当てはまります。狭義にはプログラミングを用いたビジュアル作品を指す場合もあります。
Jason Bailey「Why Love Generative Art?」/ Artnome（2018年8月）https://www.artnome.com/news/2018/8/8/why-love-generative-art

[3]
何か機能的なものをつくるという一般的なプログラミングのイメージから離れて、表現のためにプログラミング（コードを書く＝コーディング）する行為を広く指す言葉。

[4]
指定するオブジェクトが、利用する画像認識モデルのカテゴリーとして存在していることが必要になります。

わけです。

実際に画像認識モデルが学習に使っている扇風機（Electric Fan）クラスの写真を見ると、私たちが扇風機と聞いて想像するようなものから、レストランの厨房にあるような巨大な換気扇、コンピュータのCPU冷却用の小型ファンなど、様々なタイプのElectric Fanがあるのがわかります［fig 5-24］。画像認識モデルは、こうした様々な扇風機、換気扇をElectric Fanとして識別するために、これらが共通して持つ特徴や、共通して持たない特徴を学習しているわけです。その結果出来上がったモデルを使っているため、本作品で「扇風機らしい」として描かれる絵は、扇風機に共通した特徴＝扇風機の本質（というと大袈裟でしょうか）が詰まった絵になっていると考えられます。

さらに生成された絵を印刷し写真に撮った上で、様々な画像認識モデルにかけても、いずれも意図通りに扇風機（Electric Fan）として認識されることが確かめられています［5］。画像の最適化の際に、多色刷りで印刷されるシルクプリントの色ごとの微妙なズレやライティングのムラ、見る角度による変形なども考慮しているそうです。

AIを使って扇風機のテーマにした抽象画を描こうとする場合、多くの人は扇風機を描いた抽象画を集めて学習するのではないでしょうか（どのくらい扇風機の抽象画が見つかるかは疑問ですが）。そうすることで、オブビアスのGANの肖像画やレンブラントのプロジェクトのように、それらしいものは生成できるかもしれません。抽象画の集合から生成する抽象画がどういったものになるのか、検討もつきませんが、何の象徴性も感じられないものに

［5］
実際に前のページの絵を写真に撮って画像認識にかけてみてください。どう識別されるでしょうか。

[fig5-24]

[fig5-24]
ImageNetデータセットの「Electric Fan」カテゴリー
http://www.image-net.org/synset?wnid=n03271574

なりそうです。

前にも書いたように、囲碁や将棋などと違って、ルールがはっきりしていない表現の世界では、これまでにない未知の表現の価値判断をすることは、ＡＩにとって不可能だといえます。せいぜい生成された絵のレンブラントらしさや、中世の肖像画のスタイルに当てはまっているかどうかといった評価ができる程度です。それに対して、この作品では画像認識というＡＩにとって定量化が得意な指標を応用しています。ＡＩには難しい「絵としての良し悪し」の価値判断をするのではなく、あくまでも「どれだけ扇風機らしく見えるか」が評価基準になっている点がポイントです。

絵の作品としての良し悪しや斬新さといった指標ではなく、ＡＩが得意な指標を用いることで、結果的にこれまでにない、人の過去の作品の模倣ではない新しい表現に結び付けているわけです。写真に写っているモノを識別するためのＡＩモデルを用いて、これまでにない表現をつくる。ＡＩの創造的な誤用の好例だといえるでしょう。

バベッジとラブレスの「The Analytical Engine（解析機関）」（2.5節）から『Perception Engines』（知覚機関とでも訳せばよいでしょうか）へ。「コンピュータは何かを独創するようにはつくられていない」と書いたラブレスが、この絵を見たら何と言うでしょうか。妄想

は膨らみます。

人の関与を減らしてアルゴリズム自体で新しい表現を生み出そうとする取り組みとして、本作品を紹介しましたが、もちろんアルゴリズムを選択し学習の枠組みを設定したのは、人間です。『Perception Engines』という、仕組みを指す言葉が作品名になっていることからもわかるように、この枠組み自体がアーティスト、ホワイトの作品であるともいえるでしょう。

『Perception Engines』の一連の作品には「THIS IS NOT ○○」（○○には選択したターゲットのオブジェクト名が入る）の文字が書き加えられていますが、ルネ・マグリットの有名な作品『The Treachery of Images（イメージの裏切り）』に書かれた「Ceci n'est pas une pipe.（This is not a pipe.）」を想起させます（ホワイト本人に聞いたところ、現在のタイトルに落ち着く前はこの作品を画像データセットの名前にかけて『The Treachery of ImageNet』と呼んでいたそうです）。

マグリットがいかに写実的にパイプを描いても、それは紙の上の絵具のパターンであって、パイプそのものではなかったのに対して、ホワイトのシステムが生成する画像がどんなにAIにとって扇風機に見えたとしても、それは扇風機の絵ですらないのです。このステートメントは、逆説的にこれらのただの線や丸の組み合わせが、AIにはどうしても扇風機そのものに見えてしまうということを強調していると思われます。

AIの見間違い。そう言ってしまえばそれまでですが、この作品はAIを使った「見立て」の行為と捉えることもできるでしょう。見立てといえば、千利休が漁師が使う魚籠を花入として茶会に持ち込んだ例などが有名ですが[6]、枯山水の日本庭園や古今和歌集なども見ても、日本人は古来見立てが大好きなようです。現代美術でも、鈴木康広氏がファスナーのスライダーのかたちをした船とその航跡によって、巨大なファスナーが開いていく様子を海上に再現して話題になりました。

見立てとは価値の転換のメカニズムです。あるモノをそこにはない別のモノになぞらえることで、新しい価値を付与します。なんの変哲もない便器が現代美術の最重要作品の一つとされたり、歪んでヒビが入っている茶器が名器としてもてはやされ高額で取引されるようになった例などが象徴的です。本作品は、ＡＩの見間違いを単なる間違いとして切り捨てるのではなく、人とは違った観点での見立てとして捉えることで、新しい価値を生み出したわけです。

チンパンジーの絵から芸術の起源を考える齋藤亜矢氏によると、そもそも人類の絵画表現の原点には見立ての存在があるといいます[7]。旧石器時代の洞窟壁画として有名なアルタミラ洞窟でも、壁の亀裂やくぼみを輪郭や陰影として生かしたバイソンの絵が見つかっています。太古の人類も見立てを行っていたのです。同じように、顔の輪郭のみを抽象化して描いた紙を渡された幼児が、そこに書かれていなかった目や鼻を書き入れたりするのに対して、チンパンジーは輪郭をなぞったり隙間を乱暴に埋めたりするだけで、そこにないものを書き加えるようなことは決してないそうです。人間の子どもも二歳半くらいになるまではチンパンジーと似た反応をすることからも、そこにないものの存在を想像する能力が、人の知能の発達と密接に関係しているといえます。

[6] 千利休のもう一つの顔は、堺の魚問屋の主人。魚籠を茶会で用いたのは、そうした日常の感覚からきているのかもしれません。
赤瀬川原平『千利休―無言の前衛』（岩波書店、１９９０年）

[7] 齋藤亜矢『ヒトはなぜ絵を描くのか―芸術認知科学への招待』（岩波書店、２０１４年）

深層学習を使った表現の実験として非常に有名な「Deep Dream」[8]は、オブジェクトを識別する画像認識モデルが見つけた画像の特徴を、さらに強調するように画像自体を改変していくことで、サイケデリックな画像を生成します[fig 5-25]。もし雲のかたちがほんの少し、犬の顔に似ていたとしたら、よりそれがＡＩにとって犬に見えるように少しずつ画像をアップデートしていくのです[9]。Deep Dreamという名前が示唆するように、ＡＩの妄想を見ているかのようです。

ホワイトの作品やDeep Dreamは、チンパンジーと子どもに試した顔の見立ての実験をＡＩにやらせていると考えることもできます。人の知能を模倣するものとはいえ、人とは異なるロジックを持つＡＩが、どのように世界を見ているのか。世界の見方に新しい切り口を与えてくれるとともに、私たちの想像力をかき立てます。

こういった作品以外にも、一般的な画像の上に人の目には見えない程度のノイズを被せることで、画像認識のＡＩに特定の誤認識を引き起こせることが知られています。一見無害な落書きが、実は自動運転車のＡＩを騙すようなものだったとしたら、止まれのサインがＡＩの目には制限時速八十キロメートルの看板に見えてしまうとしたら、大きな問題になります。こうした画像はAdversarial Examplesと呼ばれ、セキュリティの観点からこれらに対抗

［8］
Google AI Blog「Inceptionism: Going Deeper into Neural Networks」（２０１５年６月）
http://ai.googleblog.com/2015/06/inceptionism-going-deeper-into-neural.html

［9］
Deep Dreamの画像をよく見ると、犬らしきものがたくさん登場することに気付きます。これは、画像認識モデルの学習に使われるデータセット、ImageNetの１０００あるカテゴリーのうち、１００近くをフレンチブルドッグやハスキー犬といった犬が占めていることが影響していると考えられます。ゴルフカートとパイナップルの違いのような大きな差異だけでなく、犬種のような細かい画像の特徴も認識できるようなモデルを学習するために、意図的に偏った配分になっています。

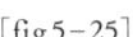

[fig5-25]
Deep Dreamで生成された画像の例

する研究が進められています[10][fig5-26]。

実際には扇風機とは似ても似つかない絵が自信を持って扇風機として認識されてしまうという、『Perception Engines』は、ＡＩと人の視覚的な感覚の違い、Adversarial Examplesを利用して新しい表現を生み出したとみることもできるでしょう。

筆者の研究室の学生たちは、このAdversarial Examplesをむしろ利用する形で、21世紀の迷彩服をつくり出すというプロジェクトを行っています[11]。

現在、社会秩序を保持しテロの脅威から市民を守るという名目で、世界の多くの都市で監視カメラを用いた市民の監視が強化されています。こうした監視カメラの多くで深層学習を用いたＡＩが活用されていることはいうまでもありません。特にCOVID-19の感染拡大が続く２０２０年現在、個人のプライバシーと社会全体の利益が天秤にかけられていることを否応なしに感じさせられます。タクシーに乗れば年齢や性別がカメラによって認識され、自分に「最適」な広告が表示されることにも慣れてしまいました。映画『マイノリティー・レポート』で描かれた、近未来の広告に向けた動きが加速しようとしています。

きちんとした議論がないままに、全体主義的なＡＩ監視社会、行き過ぎたＡＩ資本主義社会がなし崩し的に実現してしまう前に、こうした現状に少しでも焦点を当てたいとの思い

[10]
Ian J. Goodfellow, Jonathon Shlens, Christian Szegedy「Explaining and Harnessing Adversarial Examples」/ arXiv:1412.6572v3 [stat.ML]（２０１５年３月改訂）http://arxiv.org/abs/1412.6572

[fig5-26]
パンダをテナガザルと誤認識させるAdversarial Examplesの例。[10]の論文から引用

からスタートしたこのプロジェクト。ＡＩ画像認識モデルによって「人」として識別される率を少しでも下げるように学習した柄を用いて、ＡＩに対する迷彩服を制作しました［fig 5-27］。ＡＩによって勝手にラベル付けされたくないとの思いから、『UNLABELED』と名付けています［12］。

技術的には『Deep Dream』の真逆のことをやっていると考えていただいて構いません。画像認識モデルが画像の中の人を人として認識する際の手がかり、「人らしさ」を少しでも減らすように、画像を変更していくわけです。その際、変更できる領域を画像の中の人が着ている服の領域にだけ限定しています。学習のために人体を3Dスキャンしてモデルをつくり、服飾用のCADを用いて、服の型紙からその服を着た人物の3Dモデルを起こせるようなシミュレーション環境を構築しました。

カモフラージュ柄はすでに一つのファッションアイテムとして根付いていますが、ＡＩによって生成されたＡＩ時代のカモフラージュ柄が、意思表明のツールとして世の中に受け入れられ、建設的な議論につながることを願っています。

［11］天野真、平田英子、中嶋亮介、斉友華、田中直基、川島梨紗子、徳井直生『UNLABELED – Camouflage against the machines』（２０２０年）https://cclab.sfc.keio.ac.jp/projects/unlabeled/
Dentsu Lab Tokyoとの共同研究。

［12］服のブランドのことをレーベルと呼ぶことがあることにもかけています。

[fig 5-27]

[fig 5-27]
『UNLABELED – Camouflage against the Machines』
撮影：Ryo Hanamoto

5.5

ＡＩと創造的に付き合うためのヒント

ＡＩとの付き合い方

この章での議論のまとめとして、筆者自身がどうＡＩと向き合っているのか、どのようにＡＩやコンピュータ（を含む計算やルールに基づくシステム）と付き合うことで、自分自身の創造性を拡張しようとしているのかに触れたいと思います。

「はじめに」に書いたように、楽器も弾けない・楽譜も読めない自分の能力を棚に上げて、誰も聴いたことがない音楽をつくってみたいという、大それた欲求から始まった私のこれまでの取り組み。複数のプロジェクトを通して得られた、私なりの指針です。

1．ＡＩに「モノマネ」をさせる。

まずは人が、あるいは自分自身が、これまでやってきたやり方を踏襲させるところからスタートします。

ハロルド・コーエンの『アーロン』のように、模倣を通して、その本質を明らかにしようとするのが第一歩です。鏡としてＡＩを使いましょう（3.5節）。

その上で大事なのは、完璧な鏡像をつくろうとしないことです。コロッケさんや清水ミチコさんのようなモノマネ芸人が、モノマネの対象になる人物のある側面、特徴だけを極端に強調するように、ＡＩでも対象の本質に着目します。それ以外のディテールは捨ててしまっても構いません。

また初音ミクやTR-808のように、模倣し切れなかったところ、不完全さから新しいアイデアや表現が生まれることを常に意識します（3.4節）。

2. ＡＩの「間違い」や「予測不可能性」を大切にする。

人のこれまでのやり方や定石、常識が「正解」だとすれば、ＡＩは面白い「間違い」をしてくれる存在です。

もちろん、ランダムではダメです。マーティンデールのアートの進化の過程や心理学のヴント曲線の話にもあった通りで、あまりに常識から外れてしまったものには拒否反応を持たれてしまうでしょう。そもそもランダムであれば、ＡＩを使う必要もないともいえます。

ポロックやジョン・ケージ[1]のようにランダム性や確率的なプロセスを通して、既知の表現の領域の外部を探索しようとする試みは古くから存在します。ＡＩがそれらと違うのは、既知の領域の半歩外側といった「適度な」逸脱を生み出せること、またその逸脱の程度を比較的コントロールしやすい点だと考えます（5.2節）。

エンジニアの不条理な日常を描く人気コミック、『ディルバート（Dilbert）』の作者、スコッ

[1] アメリカ出身の作曲家。偶然の要素を取り入れた独自の作曲技法「チャンス・オペレーション」を提示。演奏家が従来の意味での演奏を行わない『4分33秒』などの音楽作品を通して、その後の実験音楽、アートのあり方そのものに影響を与えました。

ト・アダムス（Scott Adams）は、こう言います。

> 創造性とは自分が間違いを犯すのを許すこと、アートとはどの間違いを残すかを選ぶこと。[2]

筆者にとっての創造性は、ＡＩに間違いを許すことにあると言い換えてもいいかもしれません。その上で、どの間違いを生かすかは、私が決めます。アートの領域は、私、人間の側に属しているのです。

[2] Creativity is allowing yourself to make mistakes. Art is knowing which ones to keep.

3. ＡＩの「園芸家」になる。

本書の中で、数多くのＡＩを使った作品やそのシステムを紹介してきましたが、ＡＩのシステムを自作して、創作活動に応用している人を想像してみてください。どんなイメージを想起するでしょうか？

作品やシステムの構想があり、それに向けて設計図を引いて合理的にシステムの構造を組み上げていく。そんな建築家のようなイメージが近いかもしれません。ＡＩモデルの構造を「アーキテクチャ」と呼んだり、ＡＩシステムを「構築」する仕事として「ＡＩアーキテクト」

という言葉が使われ始めていることからもわかります。アーキテクト、建築家にとっては、予測できないことが起こるのは避けたいことでしょう。もちろん、自動運転や株の売買のためのAIであれば、常に想定内の動作をしてほしいと考えるのは当然のことです。創作のために間違いやズレを大事にと言われても困るはずです[3]。

そこで私は、建築家としてではなく、「ガーデニング」をするかのようにAIと向き合いたいと考えています[4]。種を植えるのも剪定するのも私ですが、予測できないことが起きることをあらかじめ見越しておく、いえ、むしろそれを楽しみにしているのです。

当然、ガーデナー、園芸家は自分がイメージする庭に少しでも近づけようと、育てたい種を選んで適切な肥料を与えて世話をします。AIシステムをつくるときに、目的にあったAIのアーキテクチャを選択し、学習データを与えるようなものです。ところが、園芸の場合、相手は自然ですから、どのような花が咲き、どのような実がなるかは、実際に種から芽が出て育つまではわかりません。大きく甘い実が育って喜ぶこともあれば、うまくいかずにガッカリすることもあるでしょう。下草が生えてきたら刈り取る必要があるでしょうし、雑草だと思っていたものが、思いもかけない美しい花に成長するかもしれません。

大事なのは、すべてをコントロールしようとしないこと。コントロールを手放して、自然という外部のシステムに任せる意識を持つこと[5]。「委譲」すること。その上で生まれるものと真摯に向き合い、それを愛でる姿勢なのだと思います。そうすれば、カール・シムズの作品『ガラパゴス』のように、進化のシミュレーションのような比較的シンプルなルールか

[3]
建築家のあいだでもある種の予測不可能性を大事にする設計手法があります。例えば、大江戸線飯田橋駅のエスカレーター。頭上のフレームの複雑な構造は、建築家の渡辺誠さんが生成的なアルゴリズムに基づいて設計しました。
渡辺誠「ALGORITHMIC DESIGN / INDUCTION DESIGN 都営地下鉄 大江戸線 飯田橋駅 2000」https://www.makoto-architect.com/iidabashiPro_j.html

[4]
建築家と園芸家の対比は次の記事を参考にしています。
Brian Eno「Composers as Gardeners」/ Edge.Org https://www.edge.org/conversation/brian_eno-composers-as-gardeners

[5]
しつこいですが、あくまでも創造性という観点でのAIとの付き合い方を書いています。

らなる土壌から、想像もできなかった果実が実るかもしれません（2.6節）。

私があらかじめ設計した通り、コントロールされた範疇での創造のほうがより効率的なのは間違いありませんが、それでは、私の限界を超えることはできません。誰も聴いたことがない音楽をつくるという目的には、そぐわないわけです。私は存在することすら知らなかった「外部」から来るものを掬い上げるためのツールとして、AIというシステムを捉えようとしています[6]。

[6] 「自分からは感じることもできない、自分の知らない向こう側、これを外部と言うことにします。創造とは、外部からやってくるものを受け容れること、なのです。」郡司ペギオ幸夫『天然知能』（講談社、2019年）

4. AIを「誤用」する

画像認識のモデルを使って抽象画を描いたトム・ホワイト（5.4節）、文章生成のモデルを使って小説を書くことをより難しく、そしてより面白くするロビン・スローン（2.3節）。

彼らはAIのもともと想定されていた使い方以外の使い方をすることで、既知の領域の外部に向けて創作を方向づける働きを期待しています。ここでのAIは最適化ではなく、多様化のために存在します。改めて述べるまでもないことですが、AIを監視や個人情報の取得、さらには兵器などに応用するような「誤用」を推奨しているわけではありません。

例えば、Googleが公開する「Teachable Machine[7]」は、機械学習の知識がなくても簡単にウェブカメラを用いて画像認識モデルをつくることができるウェブサイトです。学習した

[7] 「Teachable Machine」https://teachablemachine.withgoogle.com/

モデルをエクスポートして、自分のソフトウェアに組み込めるようになっていることから、様々な創造的な誤用が生まれています[8]。

またニューヨークのスタートアップが運営する「RunwayML[9]」も同様です。専用のソフトウェアを用いて、最新のＡＩモデルを試したり、自分で用意した画像でＧＡＮのモデルを学習したりといったことが、簡単なマウス操作だけで行えます。

今後、ＡＩをめぐるディスカッションにおいては、より広い視野、多様な視点がますます必要になることでしょう。ＡＩの専門家以外が自由にＡＩツールを誤用できる環境を用意することで、幅広いバックグラウンドを持った人々がこうしたディスカッションに新しい切り口をもたらしてくれるはずです。

これらの指針を胸に、私はこれからも作品制作や研究開発に取り組んでいきます。あらゆる表現やアイデアの「バベルの図書館」の中には、私たちにとって未開拓の本棚や、足を踏み入れていない部屋がまだまだたくさんあるはずです。その探索の旅は決して楽なものではないでしょう。それでも、こうした取り組みやこの本を通して、旅の仲間が一人でも現れるかもしれない、そしていずれは人類のバベルの図書館の拡張に、ほんのわずかでも貢献できるかもしれない。「この粋な希望のおかげで、わたしの孤独も華やぐ」[10]のです。

[8] 慶應義塾大学ＳＦＣで筆者が担当する授業では、Teachable Machineを「誤用」するサイトをつくる、という課題を学生に取り組ませています。

[9] RunwayML「Machine Learning for Creators」https://runwayml.com

[10] ボルヘス『バベルの図書館』の最後の一文より。

終章

AIと創造性の未来

AIとのサーフィン

オルタナティブな知性

AIと創造性をめぐる本書の旅も、いよいよ終わりが近づいてきました。

最初の章では、この本におけるAIという言葉を定義した上で、AIと創造性に関する論点を整理しました。

第2章では、創造性とは何かをコンピュータの観点からまとめた上で、バベルの図書館の寓話を通して、創作行為を「探索」としてみなす観点を提示しました。AIによる創作に関わる研究、創作のほとんどが、学習データを通して、過去の作品やアイデアのパターンに近いものを、「バベルの図書館」すなわち組み合わせのパターンの探索空間の中から探しているという点を整理しました。

第3章では、AIに限らず人の行為を模倣する機械による「モノマネ」が、結果的に創造性の拡張に寄与してきた歴史を振り返りました。

さらに次の4章では、AIがより広く創作活動に使われるようになった近未来を念頭に、学習データに含まれるバイアスが与える影響、作品や著者といった概念の変化について、想いを馳せました。

そして前章では、筆者自身のプロジェクトなどを題材に、「子どもの目」「違和感生成器」「エイリアンの知能」「AIの誤用」といったキーワードを通して、AIを創作に使う上でのヒントを提示しました。

1.1節で、Artificial Intelligenceという言葉には、「人工」がポジティブな意味を持っていた時代の語感が残っているため、より中立なMachine Intelligence（機械知能）と呼んだほうが実態に合っているのではないかと述べたのを覚えているでしょうか。

もしAIという言葉を引き続き使うのであれば、それは「Alternative Intelligence」、すなわち人の知能とは異なる「代替知能」と呼ぶほうがいいのかもしれません。そうすることで、AIが人の知能の二番煎じであるとして軽んじたり、その逆にAIが人を駆逐するといった過度な懸念を持たれることを防げるかもしれません。

自動車が「自動馬車」や「人工馬」ではないように、人工知能と人間の知能は別物であることをはっきりさせることが重要です。同じスピードを競う場合でも、ウサイン・ボルトと自転車、あるいはレースカーを比較する人はいません。当たり前ですが、同じ「走る」ものでも全く別の種類のものとしてみなされているからです。ところが実際には、発明当初の蒸気自動車は「馬なし馬車（Horseless carriage）」と呼ばれました[fig 6-1]。特にイギリスでは、従来の（馬付きの）馬車の安全を阻害するとして、車の数メートル先を旗を持って先導する人を用意すること、市内では時速三キロ程度（市外では六キロ強）を制限時速にするなどとした法律（いわゆる赤旗法）が定められたことが知られています[1]。私たちが今後すべき

[fig 6-1]
赤旗法下の馬なし馬車

[1]「馬なし馬車」が競争相手になることを恐れた馬車、鉄道業界からの圧力が背景にあったとされます。イギリスの自動車産業の進展を阻害し、ドイツ、アメリカの台頭を許したとして、のちに悪法の代表例として挙げられるようになります。

ことは、ＡＩのための新しい交通ルールをつくることであって、生きた「脳細胞あり知能」のルールにＡＩを従わせることではありません。

ＡＩは人工馬鹿であるべきという、さらに極端な意見もあります。

以前筆者は4章でも言及したブライアン・イーノ氏と仕事をご一緒する機会がありました。彼のアルバム『The Ship』のためのミュージック・ビデオにあたるウェブサイトの企画と制作を、Dentsu Lab Tokyoのチームと一緒に担当しました[2]。私にとって学生時代からの憧れのヒーローであるイーノ氏と、ゆっくり話せるだけで、夢のような時間でした。

アルバムのタイトル『The Ship』は、百余年昔に沈没したタイタニック号を指しています。タイタニックは、テクノロジーや社会システムに対する自信過剰、傲慢さと極度の自信喪失を繰り返してきた人間の歴史を象徴しているというのが、イーノ氏の考えでした。浮沈艦といわれたタイタニックの存在は、二度と世界大戦を起こさないという目的で第一次世界大戦直後の同時期に設立された国際連盟の存在と重なります。結果はいずれもご存知の通りです。

このプロジェクトが始動したのは２０１６年のことです。この年の最大のニュースは、トランプ大統領の誕生とイギリスのＥＵ離脱（ブレグジット）をめぐる国民投票でした[3]。世界をより開かれた平等な場所にする仕組みとして期待されたインターネットが、実際には

[2]
『Brian Eno's "THE SHIP" A Generative Film』/ Dentsu Lab Tokyo https://dentsulab.tokyo/works/the-ship

[3]
「フェイクニュース」という言葉が日常的に使われるようになったのもこの頃からでしょう。

世界により大きな分断をもたらす一因になってしまったというのは、なんとも皮肉なことです。
——歴史は繰り返す[4]。

このことを表現するために、私たちはＡＩを用いたウェブサイトを制作しました[5]。ベースになっているのは、日々刻々とＳＮＳ上に流れるニュース写真をもとに、歴史的な写真アーカイブから、画像認識のモデルを用いて類似する写真を検索する仕組みです。検索された画像は、見る人の想像力を挑発するかのように、ゆっくりと溶けるように変化しながら画面に表示されます[6][fig 6-2]。

ここで使っているＡＩには、歴史的なコンテクストの情報は一切持たせていません。画像の表面的な類似度を見ているだけです。当然見間違いを起こします。印象的だったのは、四つん這いの姿勢で拷問を受ける捕虜たちの歴史的な写真と、公園のベンチの写真を関連づけるという見間違いです。制作中はちょうど前述のアメリカ大統領選挙の真っ只中であったこともあり、プロトタイプの画面には、多くの熱狂的な支持者の前で演説を行うヒトラーとキング牧師の写真がよく登場しました。画像の表面的な情報しか与えられていないＡＩには、善悪という価値観は存在しないのです。こうしたＡＩが引き起こす「見間違い」を通して「違和感」を覚えて欲しい、そして繰り返す人間の歴史について新しい視点と考えるきっかけを提供する——それが私たちの狙いでした。

この取り組みに対して、イーノ氏の意見は「自分はArtificial Intelligenceには興味はない」というものでした。

[4]
「我々が歴史から学ぶことは、人間は決して歴史から学ばないということだ」。ドイツの哲学者、ヘーゲルの言葉を思い出します。

[5]
残念ながらサイトはすでに閉鎖しています。

[6]
イーノ氏に制作中のサイトを見せる度に、「もっともっとゆっくりに」「変化が速すぎる」と繰り返し言われたのをはっきり覚えています。

[fig 6-2]

[fig6-2]
『Brian Eno's The Ship – A Generative Film』
提供：Dentsu Lab Tokyo

「コンピュータの特徴、すなわちArtificial Stupidityを活かすことに興味がある。コンピュータは非常に変な間違いをよく犯す。そしてそれらの間違いは得てしてとても興味深い。アーティストのテクノロジーに対する興味は、テクノロジーが想定外のことをするという点にある。どんな時代でもその時代の重要な特徴は、テクノロジーの不十分さとして明確に現れているんだ。[7]」

「人工馬鹿」という言葉が、不完全なＡＩがもたらす不都合を指す言葉として軽蔑的に使われることがありますが、ここではＡＩが引き起こす間違いを、既成概念や常識を壊す興味深い間違いとして捉えています。何度も繰り返し書いているように、従来の方法論が正解だとするならば、ピカソやＤＪのスクラッチがそうだったように、革新的な表現やアイデアの始まりは「間違い」や「過ち」だったはずなのです。

もちろんＡＩの間違いがすべて良いわけではありません。私たち人間の取捨選択の判断がしっかりしていて初めて、そうした「過ち」を新しい価値基準に正しく反映することが可能になります。アルゴリズムの言葉を使えば「探索空間を拡張する」、「評価関数をアップデートする」ことにつながるわけです。

[7]
「Brian Eno Talks About Using Artificial Intelligence To Create Music And Art」/ Fast Company https://www.fastcompany.com/3061088/brian-eno-talks-about-using-artificial-intelligence-to-create-music-and-art
「INTERVIEW Session with クリエーティビティー・マシン・インテリジェンス」／『Dentsu Lab Tokyo』（２０１６年６月）https://dentsulab.tokyo/article/?p=935

ＡＩとの付き合い方の理想を、私はサーフィンに見いだします。サーフィンというスポーツは（サーフィンをスポーツと呼ぶことには異論もありますが）、主体性と受動性が入り混じった不思議なスポーツです［8］。

当たり前ですが、サーフィンは波がないことには始まりません。波に「流される」という受け身の状態でありながら、波を主体的に選択しターンしていきます。乗りたい波、乗れる波を見極めるためには、経験が必要であると同時に、まずは波がブレイクするポイントにまでパドルアウトする必要があります［9］。大きな波がブレイクするポイントであればあるほど、パドルアウトするだけでも大変です。適切なポイントで波待ちし、適切な波を選び意識的に流される。完全にコントロールすることを諦め、コントロールを一部手放す。主体性を持って波に身を任せることで得られる独特のフロー体験が、サーフィンの根源的な喜びです［10］。

本書の最後に登場するキーワードは「ＡＩとのサーフィン」です。ＡＩが生み出すある種の間違いを取捨選択し、その意外性を積極的に楽しむ。その上で、自分の価値観や評価基準をアップデートしていく。この姿勢は表現や創造性以外の領域にも当てはまることでしょう。

ＡＩに任せて人がコントロールを手放すべき領域とそうでない領域を見分け、手放せる

［8］
やったことがないので推測でしかありませんが、合気道やペアで踊るダンスなどにも同じような側面があるのではないでしょうか。

［9］
イスラエル・ガルバンが、フラメンコ「らしくない」リズムの良し悪しを見極められたのは、フラメンコの伝統を体に染みつかせていたからです。経験に裏打ちされた目利き力がないと、良い波を選ぶことは難しいでしょう。

［10］
ブライアン・イーノの言葉を再び借りるならば、「エントロピーをサーフィンする」です。
Kevin Kelly「Gossip Is Philosophy—Brian Eno Interview」/『WIRED』（1995年1月）https://www.wired.com/1995/05/eno-2/

部分では積極的にＡＩに委譲してみることが、豊かな文化や社会につながります。例えば、私のように運転が苦手な人間にとっては、車のハンドルは今すぐにでも文字通り手放したい対象です。ＡＩが自動で運転してくれるのであれば、それに越したことはありません。一方で、私が目にするニュースなどの情報のコントロールをＡＩに任せ切ってしまうことには、強い抵抗感があります。波に乗ることと波に飲み込まれ、溺れるのでは大きな違いです。私たち個々人の違いも念頭に、すべてをＡＩに任せることが、幸福につながるのではないことに留意し続ける必要があるでしょう。

ＡＩという言葉自体を考案したとされるＡＩ研究のパイオニア、ジョン・マッカーシー（John McCarthy）は、カリフォルニア工科大の学生だった頃にサーフィンと出会い、次のような言葉を残しています。

「サーフィンはこの地球上で最も甘美な経験だ。天国にいるような感覚だよ。［11］」

さぁ、あなたもＡＩとのサーフィンを始めることにしましょう。きっと新しい世界があなたを待っているはずです。

［11］『サーファーへ１００の言葉』（枻出版社、２０１８年）

あとがき

やっと書けた。

ＡＩと創造性についての自分の考えを一般向けにまとめたい――二十年来温めてきた思いをようやく実現できた、今の率直な気持ちです。

ときに音楽やメディア・アート作品に取り組むかと思えば、大学の教員として論文を書くこともあり、会社を経営する立場でもある筆者。自分が何者なのかを説明するために、これまで常に苦労してきました。

目に見える、耳に聴こえるアウトプットのかたちにこだわらず、そのアウトプットにつながるアイデアが生まれる瞬間、アイデアが突然変異しメタモルフォーズしていく「プロセス」に興味があり、そういった意味で自分の中では一貫した活動なのですが、傍から見るとそうは見えなかったようです。

ハロルド・コーエンのメタ芸術家という言葉を援用し、メタ・クリエイターなどという言葉も使ったこともありましたが、なんとなくしっくりこず、最近では厚かましくも単にアーティストと自称するようになりました。「芸術は、常にそれによって法の網をくぐり抜けることができる何かである」という、マーシャル・マクルーハンの言葉を念頭に、まだうまく形容できない未分化の何かに取り組む人間を指し示す言葉として、アーティストという言葉を便利に使わせてもらっているというのが実情です（もちろん、違法なことをしたいということではありませんが)。

力不足といえばそれまでなのですが、日々の活動や作品を通して自分の考え方をなかなか理解してもらえないことに、モヤモヤ感を募らせていた頃に、この本の計画が立ち上がりました。

2018年に池上高志さんのお誘いで、「Computational Creativity 概論」という授業を東京大学で開講しました。この授業の概要をまとめたツイートが伊藤ガビンさんの目に留まり、BNNの編集部にご紹介いただいたのがことの始まりです。本のお話を正式にいただいたのが、授業を終えた2018年の年末。執筆がスタートした直後に慶應大学SFCへの着任が決まります。慣れない日々の業務に追われる中でなかなか筆が進まず、本の題材を集める作業だけで一年が飛ぶように過ぎていきました。

本格的に原稿を書き始めたのは、2020年3月、新型コロナウイルス(COVID-19)の脅威が日本国内でも叫ばれ始めた頃でした。会社や大学でリモートワークが導入され、自分の時間の使い方の裁量が増したことが大きかったのでしょう。ようやく執筆にもエンジンがかかりました。十年余り前に会社を始めて以来、どうチームとして動くかを常に考えてきたこともあり、自分自身の中に深く潜っていくような営みはとても刺激的でした。また、月並みな言葉ですが、この時間が本当に自分がやりたいことを見直すきっかけになったのは間違いありません。不謹慎な言い方かもしれませんが、コロナ禍のおかげで書けた一冊と言ってもおかしくないくらいです。

まだほとんど何の構想もない中で、面白くなるかもと声をかけてくださった伊藤ガビンさん。なかなか筆が進まない筆者と辛抱強く付き合ってくれたＢＮＮ編集部の石井早耶香さん、アシスタントの河野和史さん、編集長の村田純一さんにまずは心から感謝いたします。装丁を含む本書のデザインを担当していただいた畑ユリエさん、ＡＩ ＤＪプロジェクトでのコラボレーターであり、カバーと章扉のグラフィックスを制作・提供していただいた堂園翔矢さん。皆さんとのチームワークでつくり上げた本です。ありがとうございました。

急に大学で教えると言い出したかと思うと、業務もそっちのけで本の執筆に取り組み始めた筆者を温かく見守ってくれたQosmoの面々。Dentsu Craft Tokyoの仲間たち。筆者が主宰する慶應義塾大学SFC Computational Creativity Labの学生たちに。皆さんとの活動を通して取り組んできた様々なプロジェクトや議論がこの本の根幹にあります。

進路などで迷いがちな学生たちには、「主体的に流されてみるといいよ」という話をよくしています。こう言うといつも不思議そうな顔をされるのですが、この本を通して私の意図するところが少しでも伝わると嬉しいです。

ＡＩ ＤＪやイスラエル・ガルバンとのプロジェクトでご一緒したＹＣＡＭ（山口情報芸術センター）の皆さまにも心より感謝します。２０１８年、２０１９年の二年間で合計四ヶ月近く山口に滞在させていただきましたが、みなさんのホスピタリティと実験精神（加えて温泉と美味しい日本酒に魚（ギョ）ロッケ）のおかげで、いずれも楽しく充実したプロジェクト・滞在になりました。

本書、いえ、自分の知的人生に大きな影響を与えた人物を挙げるとしたら、ブライアン・イーノ、ケビン・ケリー、リチャード・ドーキンスの三人の名前が真っ先に浮かびます。特にイーノには音楽やアートに対する見方のみならず、大局的な人生観においても個人的に大いに感化されています。彼の『Music for Airports』や『Reflection』は、執筆の背景のアンビエント（環境）であり続けました。そんなイーノとの仕事のきっかけをつくってくれた電通の菅野薫さんにはいくら感謝してもしきれません。ありがとうございました。

SFCで未知のデザインに取り組むXDプログラムの教員の皆さま、特に音楽に関する研究・制作を共に行うX-Musicラボの藤井進也さん、Patrick Savageさん。ゲラの段階での原稿に目を通して、コメントをくださった城一裕さん、ドミニク・チェンさん、瓜生健一さん、矢吹太朗さんにも感謝いたします。研究室の同窓でもある矢吹さんには、特に丁寧なフィードバックをいただきました。皆さんとの議論によって、本に深みが生まれました。皆さんの知見やアイデアを参考にさせていただきましたが、不十分な部分があったとしたら、それはひとえに筆者の力不足の結果であることをあらかじめお断りしておきます。

また、コロナ禍で家に引きこもっていた筆者を唯一外に連れ出してくれたのが、近所のサーフィン仲間でした。中道洋平さん、小林正知さん、田中直基さん、大塚彰宏さんと波をシェアしたあの時間がなければ、この本は完成しなかったことでしょう。

最後に両親と家族に心から感謝します。自然科学やテクノロジーへの興味は中学の理科教師だった父に育まれ、文章を書く喜びは小学校で作文教育を専門としていた母によって教えられたと感じています。

創造性が足りないといわれて久しい日本の社会。COVID-19の大流行が図らずも明らかにした、常識が常識として通用しない時代。ＡＩが社会により浸透していく中で、異質な知能としてのＡＩとともに時代の波をしなやかに乗りこなす、そんな意識を持った人が一人でも増えることを願いつつ、筆をおきます。

２０２０年11月。茅ヶ崎の自宅にて。徳井直生

徳井直生

アーティスト／研究者

Computational Creativity and Beyondをモットーに、ＡＩと人の共生による創造性の拡張を模索。ＡＩを用いたインスタレーション作品群や楽曲で知られる。アーティスト、デザイナー、ＡＩ研究者／エンジニアなどから構成されるコレクティブ、Qosmo（コズモ）を率いて作品制作や技術開発に取り組むほか、慶應義塾大学ＳＦＣでComputational Creativity Labを主宰する。これまでに手がけた作品は、ＭｏＭＡ（ニューヨーク）、バービカン・センター（ロンドン）、NTT InterCommunication Center、アルスエレクトロニカなどで展示されている。

株式会社Qosmo 代表取締役／慶應義塾大学政策・メディア研究科准教授／Dentsu Craft Tokyo, Head of Technology
東京大学工学系研究科電子工学専攻博士課程修了 博士（工学）

創るためのＡＩ　機械と創造性のはてしない物語

２０２１年１月15日　初版第１刷発行
２０２３年５月15日　初版第２刷発行

著者　徳井直生

発行人　上原哲郎
発行所　株式会社ビー・エヌ・エヌ
〒１５０－００２２
東京都渋谷区恵比寿南一丁目20番６号
メール　info@bnn.co.jp
ＦＡＸ　０３－５７２５－１５１１
www.bnn.co.jp

印刷・製本　シナノ印刷株式会社

ブックデザイン　畑ユリエ
ビジュアル生成　堂園翔矢
編集　石井早耶香
編集アシスタント　河野和史

ISBN978-4-8025-1200-8